普通高等教育"十五"规划教材

PUTONG GAODENG JIAOYU SHIWU GUIHUA JIAOCAI

建筑结构试验

主　编　张曙光

编　写　高剑平　董世贵

主　审　潘景龙

中国电力出版社

http://jc.cepp.com.cn

内 容 提 要

本书是根据高等学校土木工程专业的教学要求，按照“建筑结构试验”教学大纲的要求编写而成。其主要内容包括结构试验概论、结构试验荷载模拟、结构试验量测技术、结构静载试验、结构动载试验、结构现场检测试验、结构模型试验、结构试验的数据处理。本书在阐述传统试验方法及手段的基础上，介绍了国内外最新发展的试验理论及方法，注意理论与实践相结合，在阐明建筑结构试验基本原理的基础上，重点介绍试验方法与技能，内容精练，重点突出，适用性强。

本书可作为高校土木工程专业的教材，也可供从事结构试验的工程技术人员参考。

图书在版编目（CIP）数据

建筑结构试验/张曙光主编. —北京：中国电力出版社，2005.9（2014.8 重印）

普通高等教育“十五”规划教材

ISBN 978-7-5083-3521-6

Ⅰ.建… Ⅱ.张… Ⅲ.建筑结构-结构试验-高等学校-教材 Ⅳ.TU317

中国版本图书馆 CIP 数据核字（2005）第 079673 号

中国电力出版社出版、发行

（北京市东城区北京站西街 19 号 100005 http://jc.cepp.com.cn）

北京市同江印刷厂印刷

各地新华书店经售

*

2005 年 9 月第一版 2014 年 8 月北京第五次印刷

787 毫米×1092 毫米 16 开本 13.5 印张 312 千字

定价 **19.80** 元

序

由中国电力教育协会组织的普通高等教育“十五”规划教材，经过各方的努力与协作，现在陆续出版发行了。这些教材既是有关高等院校教学改革成果的体现，也是各位专家教授丰富的教学经验的结晶。这些教材的出版，必将对培养和造就我国21世纪高级专门人才发挥十分重要的作用。

自1978年以来，原水利电力部、原能源部、原电力工业部相继规划了一至四轮统编教材，共计出版了各类教材1000余种。这些教材在改革开放以来的社会主义经济建设中，为深化教育教学改革，全面推进素质教育，为培养一批批优秀的专业人才，提供了重要保证。原全国高等学校电力、热动、水电类专业教学指导委员会在此间的教材建设工作中，发挥了极其重要的历史性作用。

特别需要指出的是，“九五”期间出版的很多高等学校教材，经过多年的教学实践检验，现在已经成为广泛使用的精品教材。这批教材的出版，对于高等教育教材建设起到了很好的指导和推动作用。同时，我们也应该看到，现用教材中有不少内容陈旧，未能反映当前科技发展的最新成果，不能满足按新的专业目录修订的教学计划和课程设置的需要，而且一些课程的教材可供选择的品种太少。此外，随着电力体制的改革和电力工业的快速发展，对于高级专门人才的需求格局和素质要求也发生了很大变化，新的学科门类也在不断发展。所有这些，都要求我们的高等教育教材建设必须与时俱进，开拓创新，要求我们尽快出版一批内容新、体系新、方法新、手段新，在内容质量上、出版质量上有突破的高水平教材。

根据教育部《关于“十五”期间普通高等教育教材建设与改革的意见》的精神，“十五”期间普通高等教育教材建设的工作任务就是通过多层次的教材建设，逐步建立起多学科、多类型、多层次、多品种系列配套的教材体系。为此，中国电力教育协会在充分发挥各有关高校学科优势的基础上，组织制订了反映电力行业特点的“十五”教材规划。“十五”规划教材包括修订教材和新编教材。对于原能源部、电力工业部组织原全国高等学校电力、热动、水电类专业教学指导委员会编写出版的第一至四轮全国统编教材、“九五”国家重点教材和其他已出版的各类教材，根据教学需要进行修订。对于新编教材，要求体现电力及相关行业发展对人才素质的要求，反映相关专业科技发展的最新成就和教学内容、课程体系的改革成果，在教材内容和编写体系的选择上不仅要有本学科（专业）的特色，而且注意体现素质教育和创新能力与实践能力的培养，为学生知识、能力、素质协调发展创造条件。考虑到各校办学特色和培养目标不同，同一门课程可以有多本教材供选择使用。上述教材经中国电力教育协会电气工程学科教学委员会、能源动力工程学科教学委员会、电力经济管理学科教学委员会的有关专家评审，推荐作为高等学校教材。

在“十五”教材规划的组织实施过程中，得到了教育部、国家经贸委、国家电力公司、中国电力企业联合会、有关高等院校和广大教师的大力支持，在此一并表示衷心的感谢。

教材建设是一项长期而艰巨的任务，不可能一蹴而就，需要不断完善。因此，在教材的使用过程中，请大家随时提出宝贵的意见和建议，以便今后修订或增补。（联系方式：100761 北京市宣武区白广路二条1号综合楼9层　中国电力教育协会教材建设办公室 010-63416237）

中国电力教育协会

前　言

本教材是根据高等学校土木工程专业的教学要求，按照“建筑结构试验”教学大纲的要求编写而成，可作为高等院校土木工程专业的教材，也可供从事结构试验的工程技术人员参考。

本书主要内容包括：结构试验概论、结构试验荷载模拟、结构试验量测技术、结构静载试验、结构动载试验、结构现场检测试验、结构模型试验、结构试验的数据处理。

本书在阐述传统试验方法及手段的基础上，介绍了国内外最新发展的试验理论及方法，注意理论与实践相结合，在阐明结构试验基本原理的基础上，重点介绍试验方法与技能，并注意由浅入深安排教材内容。

参加本书编写工作的有：长春工程学院张曙光（第1章、第3章、第4章），华东交通大学高剑平（第5章、第7章、第8章），吉林建筑工程学院董世贵（第2章、第6章）。

本教材由张曙光任主编，承蒙哈尔滨工业大学潘景龙教授担任主审，潘老师审稿认真仔细，提出了许多中肯的修改意见，在此表示衷心感谢。

在本书的编写过程中，得到了编者所在院校领导以及中国电力出版社教材中心领导的鼓励和支持，在此表示深深的谢意。

限于编者的水平，书中难免有错误和不足之处，敬请读者批评指正。

编　者

目　录

第1章 结构试验概论

结构试验是一项科学性、实践性很强的活动，是研究和发展结构新材料、新体系、新工艺以及探索结构设计新理论的重要手段，在工程结构科学研究和技术革新等方面起着重要的作用。

理论的预言要通过实践的检验来证实，而试验是最有效的实践。新的试验技术（包括仪器、设备、方法等）能够向人们揭示新的事实，提出新的问题，导致新的假设和新学说的出现。结构理论和结构试验在建筑结构历史上的相互关系正是这样的。

17世纪初期，伽利略（1564～1642）首先研究材料的强度问题，提出许多正确理论，但在1638年出版的著作中，也错误地认为受弯梁的横截面应力分布是均匀受拉。过了46年，法国物理学家马里奥脱和德国数学家兼哲学家莱布尼兹对这个假定提出了修正，认为应力分布是不均匀的，而是按三角形分布的。后来伯努里又建立了平面假定学说。1713年法国人巴朗进一步提出中和层的理论，认为受弯梁横截面上的应力分布以中和层为界，一边受拉，一边受压。由于当时无法验证，巴朗的理论不过只是一个假设而已，受弯梁横截面上存在压应力的理论仍未被人们接受。

1767年法国科学家容格密里率先用简单的试验方法，令人信服地证明了受弯梁横截面上压应力的存在。他在一根木制简支梁的跨中，沿上缘受压区开槽，槽的方向与梁轴垂直，槽内塞人硬木垫块。试验证明，这种梁的承载能力丝毫不低于整体的未开槽的木梁。这说明只有上缘受压，才可能出现这样的结果。当时科学家们对容格密里的这个试验给予很高的评价，誉为“路标试验”，因为它总结了人们一百多年来的摸索，象十字路口的路标一样，给人们指出了进一步发展结构强度计算埋论的正确方向和方法。

1821年法国科学院院士拿维叶从理论上推导出现在材料力学中受弯构件横截面应力分布的计算公式；然而用试验方法验证这个公式，则又经过了二十多年，才由法国科学院另一位院士阿莫列恩完成。人类对这个问题经历了二百多年的不断探索，才告一段落。从这段漫长的历程中可以看到，试验技术在理论验证以及研究方法的正确选择上，均起到了重要的作用。结构理论的发展与结构试验就是这样紧密地联系在一起的。

土木工程结构中的建筑结构、桥梁结构、地下结构、水工结构、隧道结构及各类特种结构（如高耸结构及各种构筑物），都是以各种工程材料为主体构成的不同类型的承重构件相互连接而成的组合体。在一定的经济条件制约下，为满足结构在功能及使用上的要求，必须使得这些结构在规定的使用期内能安全有效地承受外部及内部形成的各种作用。为了进行合理的设计，要求工程技术人员必须掌握在各种作用下结构的实际工作状态，了解结构构件的承载力、刚度、受力性能以及实际所具有的安全储备等。

在进行结构应力分析时，一方面可以利用传统的力学理论计算方法解决，另一方面也可以利用试验方法，即通过结构试验，采用试验应力分析方法来解决。特别是电子计算机技术的飞速发展，为采用数学模型方法进行结构计算分析创造了条件。同样，利用计算机控制的结构试验技术，也为实现荷载模拟、数据采集、数据处理，以及整个试验过程实现自动化提供了有利条件，使结构试验技术的发展，产生了根本性的变化。利用计算机控制的多维地震模拟振动台可以实现地震波的人工再现，模拟地面运动对结构作用的全部过程；用计算机联机的拟动力伺服加载系统可以实现在静力状态下量测结构的动力反应；由计算机完成的各种数据采集和自动处理系统可以准确、及时、完整地收集并表达荷载与结构行为的各种信息。计算机增强了人们进行结构试验的能力。因此，结构试验仍然是发展结构理论和解决工程设计方法的主要手段之一。

建筑结构试验是土木工程专业的一门技术基础课程。它研究的主要内容有：结构静力试验和动力试验的加载模拟技术，结构变形参数的量测技术，试验数据的采集、信号分析及处理技术，最终对试验对象作出科学的技术评价或理论分析。

1.1 结构试验的目的与任务

1.1.1 结构试验的目的

在实际工作中，根据不同的试验目的，结构试验可归纳为两大类，即科学研究性试验和生产鉴定性试验。

1. 科学研究性试验

科学研究性试验其目的在于验证结构设计理论，或验证各种科学判断、推理、假设及概念的正确性，或者是为了创造某种新型结构体系及其计算理论，而有系统地进行的试验研究。因此具有研究、探索和开发的性质。

研究性试验的试验对象即试件，它不一定是研究任务中的具体结构，而常常是通过力学分析后抽象出来的模型。模型必须反映研究任务中的主要参数。因此，研究性试验的试件都是针对某一研究目的而设计和制作的。研究性试验一般都在室内进行，需要使用专门的加载设备和数据测试系统，以便对受载荷试件的变形性能进行连续观察、测量和全面的分析研究，从而找出其变化规律，为验证设计理论和计算方法提供依据。这类试验通常研究以下几个方面的问题：

(1) 验证结构计算理论的假定。在结构设计中，人们经常为了计算上的方便，对结构构件的计算图式和本构关系作出某些简化的假定。如在构件静力和动力分析中，本构关系的选择，则需通过试验加以确定。

(2) 为制订设计规范提供依据。我国现行的各种结构设计规范除了总结已有大量科学试验和经验以外，为了理论和设计方法的进一步发展，进行了大量钢筋混凝土结构、砌体结构和钢结构的构件及足尺和缩尺模型的试验，为我国编制各类结构设计规范提供了基本资料与试验数据。事实上现行规范采用的钢筋混凝土结构构件和砌体结构的计算理论，几乎全部是以试验研究的直接结果为基础的。这进一步体现了结构试验学科在发展设计理论和改进设计方法上的作用。

(3) 为发展和推广新结构、新材料与新工艺提供实践经验。随着土木工程科学和基本建设发展的需要，新结构、新材料和新工艺不断涌现。例如在钢筋混凝土结构中各种新结构体系的应用，钢—混凝土组合结构、轻型钢结构的设计推广，升板、滑模施工工艺的发展，以及大跨度结构、高耸结构、超高层建筑与特种结构的设计施工等，都离不开结构试验。而且一种新材料的应用，一个新结构的设计和新工艺的使用，往往需要经过多次的工程实践与科学试验，即由实践到认识，再由认识到实践的多次反复，以便积累资料，丰富认识，使设计计算理论不断改进、不断完善。

2. 生产鉴定性试验

生产鉴定性试验一般是在经过成熟的设计理论设计的实际结构上进行的。其目的是通过试验来检验结构构件是否符合设计要求和相应的结构设计规范以及施工验收规范的要求，并对检验结果作出技术结论。因此生产鉴定性试验是非探索性的。

检验性试验的试验对象一般是真实的结构、构件或其中的一部分，这类试验通常应用在以下几方面：

(1) 检验结构的质量，说明工程的可靠性。对某些重要性结构或采用新材料、新工艺及新设计计算理论而设计建造的结构物或构筑物，在建成后需进行总体的结构性能检验，以综合评价其结构设计及施工质量的可靠性。例如南浦大桥、杨浦大桥建成后的载荷试验就是为检验该结构的质量，说明工程的可靠性而进行的试验。

(2) 检验构件或部件的结构性能，判定构件的制作质量是否满足设计要求或相应的技术标准要求。对于预制构件厂或建设工地生产的预制构件，在出厂或吊装前均应对其承载力、刚度和变形性能进行抽样检验，以确定其结构性能是否满足结构设计和构件检验规程所要求的指标。此外对某些结构构造较复杂的部件（如网架节点、焊接构件等）均应进行严格的质量检验。检验时应严格按照有关的检验规程或规定进行。

(3) 判断旧结构的实际承载力，为改造、扩建工程提供数据。当结构物由于使用功能发生了变化，例如已使用多年的结构需要扩建加层，或由于生产需要提高吊车起重能力，要求对原有结构物进行加固、改造。这时往往需要通过现场试验实测及分析，来确定原有结构物的实际潜力。检测手段大多采用无损检测方法，或微破损检测方法。

(4) 为处理工程事故提供依据。对于因遭受地震、水灾、火灾、爆炸而损伤的结构，或在建造期间及使用过程中发现有严重缺陷（如质量事故、过度的变形和裂缝）的结构物，往往要求通过试验，为加固和修复工作提供依据。

1.1.2 结构试验的任务

结构在外荷载作用下，就会产生各种反应。如钢筋混凝土简支梁在静力集中荷载作用下，可以通过测定梁在不同受力阶段的挠度、截面转角、截面上纤维应变和裂缝宽度等参数，来分析梁的整个受力过程及其承载力、刚度和抗裂性能。当一个桥梁承受动力荷载或移动荷载作用时，同样可以通过测定结构的自振频率、阻尼系数、振幅（动位移）和动应变等，来研究结构的动力特性和结构承受动力荷载时的动力反应。近年来在结构抗震研究中，经常是通过结构在低周反复荷载作用下，由试验所得的恢复力与变形关系，即滞回曲线来分析结构的承载力、刚度、延性、耗能及抗倒塌能力等。

由此可见，结构试验的任务就是在结构物或试验对象（实物或模型）上，以设备、仪器为工具，采用各种试验技术手段，在荷载（重力、机械扰动力、地震作用、风力等）或其他因素（温度、变形）作用下，通过量测与结构工作性能有关的各种参数（变形、挠度、应变、振幅、频率等），从强度（稳定性）、刚度和抗裂性以及结构实际破坏形态来判断结构的实际工作性能，估计结构的承载能力，确定结构对使用要求的符合程度，并用以检验和发展结构的计算理论。

简言之，结构试验就是以不同形式的试验方法为手段，以测定结构构件的工作性能、承载能力和相应的安全程度为目的，为结构的安全使用和设计计算理论的建立提供重要的根据。

1.2 结构试验分类

结构试验除了上述按试验目的分为生产鉴定性试验和研究性试验以外，还经常按试验对象、荷载性质、试验场合、试验时间等不同因素进行分类。

1.2.1 原型试验和模型试验

结构试验按试验对象分为原型试验和模型试验。

1. 原型试验

原型试验的试验对象是实际结构或构件。

对于实际结构的试验一般均用于生产鉴定性试验。例如核电站安全壳加压整体性的试验、工业厂房结构的刚度试验、楼盖承载力试验等均在实际结构上加载量测，另外在高层建筑上直接进行风振测试和通过环境随机振动测定结构动力特性等均属于原型试验，它们是在现场进行试验。而对于一些预制构件，如一根梁、一块板或一榀屋架等，也可以在试验室内进行试验。

2. 模型试验

由于进行原型结构试验投资大、周期长，而且测量精度容易受环境因素等影响，在经济上或技术上存在一定困难。因此，在结构设计的方案阶段进行初步探索比较或对设计理论和计算方法进行科学研究时，可以采用模型试验。建筑结构中的局部构件（如梁、板、柱）大多可做足尺的结构试验，而对整体结构通常是做缩尺比例的模型试验。因此，模型试验也是结构试验的一个重要组成部分。

模型是仿照原型（真实结构）并按照一定比例关系复制而成的试验代表物，它具有实际结构的全部或部分特征。模型的设计制作及试验是根据相似理论，用适当的比例和相似材料制成与原型几何相似的试验对象，在模型上施加相似力系（或称比例荷载），使模型受力后再现原型结构的实际工作，最后按照相似理论由模型试验结果推算实际结构的工作情况。为此这类模型要求有比较严格的模拟条件，即要求做到几何相似、力学相似和材料相似。目前，在试验室内进行的大量结构试验均属于模型试验。

1.2.2 静力试验和动力试验

结构试验按荷载性质分为静力试验和动力试验。

1. 静力试验

静力试验是结构试验中最常见的基本试验。因为大部分工程结构在工作时所承受的是静力荷载。一般可以通过重力或各种类型的加载设备来实现并满足加载要求。静力试验的加载过程是从零开始逐步递增一直到结构破坏为止，也就是在一个不长的时间段内完成试验加载的全过程。故称它为结构静力单调加载试验。

静力试验的最大优点是加载设备相对比较简单，荷载可以逐步施加，并可根据试验要求分阶段观测结构的受力及变形的发展情况，给人们以最明确和清晰的破坏概念。静力试验的缺点是不能反映应变速率对结构的影响，特别是在结构抗震试验中与任意一次确定性的非线性地震反应相差很远。目前在抗震静力试验中发展一种计算机与加载器联机试验系统，可以弥补后一种缺点，但设备耗资较大，同时每个加载周期还是远远大于实际结构的基本周期。

2. *动力试验*

对于那些在实际工作中主要承受动力作用的结构或构件，为了了解结构在动力荷载作用下的工作性能，一般要进行结构动力试验，通过动力加载设备直接对结构构件施加动力荷载。如研究厂房结构及桥梁结构等在动力设备作用下的振动特性，吊车梁及桥墩的疲劳强度与疲劳寿命，高层建筑和高耸结构（电视塔、烟囱等）在风载作用下的动力问题等。特别是在结构抗震性能的研究中除了用上述静力加载模拟以外，更为理想的是直接施加动力荷载进行试验，目前抗震动力试验一般用电液伺服加载设备或地震模拟振动台等设备来进行。对于现场或野外的动力试验，则可以利用环境随机振动试验测定结构动力特性及模态参数。另外还可以利用人工爆炸产生人工地震的方法，甚至直接利用天然地震对结构进行试验。由于荷载特性的不同，动力试验的加载设备和测试手段也与静力有很大的差别，并且要比静力试验复杂得多。

1.2.3 短期荷载试验和长期荷载试验

结构试验按试验进行时间长短分为短期荷载试验和长期荷载试验。

对于主要承受静力荷载的结构构件实际上荷载是长期作用的。但是在进行结构试验时限于试验条件、时间和基于解决问题的步骤，我们不得不大量采用短期荷载试验，即荷载从零开始施加到最后结构破坏或到某阶段进行卸荷的时间总和只有几十分钟，几小时或者几天。对于承受动载荷的结构，即使是结构的疲劳试验，整个加载过程也仅在几天内完成，与实际工作有一定差别。对于爆炸、地震等特殊荷载作用时，整个试验加载过程只有几秒甚至是几微秒或几毫秒，这种试验实际上是一种瞬态的冲击试验。所以严格地讲这种短期荷载试验不能代替长年累月进行的长期荷载试验。这种由于具体客观因素或技术的限制所产生的影响，在分析试验结果时必须加以考虑。

对于研究结构在长期荷载作用下的性能，如混凝土结构的徐变，预应力结构中钢筋的松弛，钢筋混凝土受弯构件裂缝的开展与刚度退化等就必须要进行静力荷载的长期试验。这种长期荷载试验将连续进行几个月甚至于数年才能完成，通过试验以获得结构的变形随时间变化的规律。为了保证试验的精度，经常需要对试验环境进行严格的控制，如保持恒温恒湿，防止振动影响等，这就要求试验必须在试验室内进行。如果能在现场对实际结构进行系统、长期的观测，那么这样积累和获得的数据资料对于研究结构的实际工作情况，以及进一步完善和发展工程结构的理论都具有极为重要的意义。

1.2.4 试验室试验和现场试验

结构试验按试验场合分为试验室试验和现场试验。

结构和构件的试验可以在有专门设备的试验室内进行，也可以在现场进行。试验室试验可以获得良好的工作条件，因此可以应用精密和灵敏的仪器设备进行试验，量测结果具有较高的准确度。在试验室内，甚至可以人为创造一个适宜的工作环境，以减少或消除各种不利因素对试验的影响，所以适宜于进行研究性试验。这样有可能突出研究的主要方面，而消除一些对试验结构实际工作情况有影响的次要因素。这种试验可以在原型结构上进行，也可以采用模型试验，并可以将结构一直试验到破坏。特别是近年发展起来的足尺结构的整体试验，大型试验室的建设为之提供了比较理想的条件。

现场试验与室内试验相比由于客观环境条件的影响，使用高精度的仪器设备来进行观测受到了一定程度的限制，相对来看，进行试验的方法也比较简单，所以试验精度和准确度较差。现场试验多数用以解决生产鉴定性的问题，所以试验是在生产和施工现场进行的，有时研究或检验的对象就是已经使用或将要使用的结构物，它可以获得近乎完全实际工作状态下的数据资料。

1.3 结构试验程序

1.3.1 结构试验的一般程序

结构试验包括试验设计、试验准备、试验实施和试验分析等主要环节。它们之间的关系如图 1-1 所示。

1. 试验设计

结构试验设计是整个结构试验中极为重要的，并且具有全局性的一项工作。它的主要内容是对所要进行的结构试验工作进行全面的设计与规划，从而使设计的计划与试验大纲能对整个试验起统管全局和具体指导的作用。

在进行结构试验的总体设计时，首先应该反复研究试验的目的，充分了解本项试验研究或生产鉴定的任务要求。因为结构试验所具有的规模与所采用的试验方法都是根据试验研究的目的、任务、要求不同而变化的。试件的设计制作、加载量测方法的确定等各个环节不可单独考虑，必须对各种因素的相互联系综合考虑才能使设计结果在执行与实施中最后达到预期的目的。

研究性试验的一般工作程序框图如图 1-2 所示。它反映了试验设计的主要内容。对于研究性试验首先应根据研究课题，了解其在国内外的发展现状和前景，并通过收集和查阅有关的文献资料，确定试验研究的目的和任务；确定试验的规模和性质，在此基础上决定试件设计的主要组合参数，并根据试验设备的能力确定试件的外形和尺寸；进行试件设计及制作；确定加载方法和设计加载系统；选定量测项目及量测方法；进行设备和仪表的率定；作好材料性能试验或其他辅助试件的试验；制定试验安全防护措施；提出试验进度计划和试验技术人员分工；工程材料需用计划、经费开支及预算、试验设备、仪表及附件的清单等等。

检验性试验的设计，试件往往是某一具体结构，一般不存在试件设计和制作问题，但

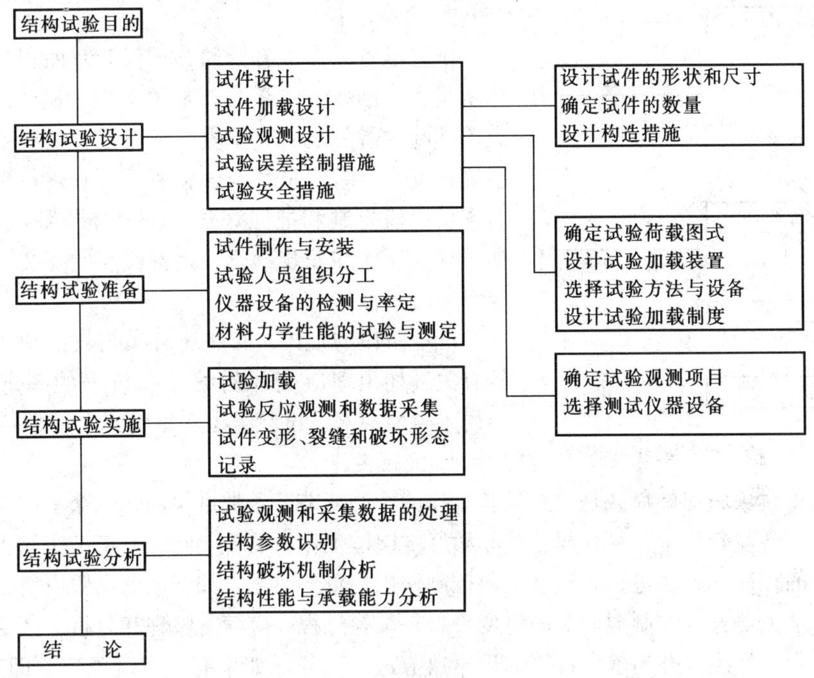

图1-1 结构试验设计总框图

需要收集和研究该试件设计的原始资料、设计计算书和施工文件等，并应对构件进行实地考察，检查结构的设计和施工质量状况，最后根据检验的目的要求制订试验计划。对已建结构物作技术鉴定时，其工作程序框图如图1-3所示。这时需要了解该结构物在使用期限内是否遭受过严重损伤、地震、爆炸或火灾等损害，根据初步调查情况成立专门的鉴定机构，组织有关技术人员拟定试验方案和鉴定计划。

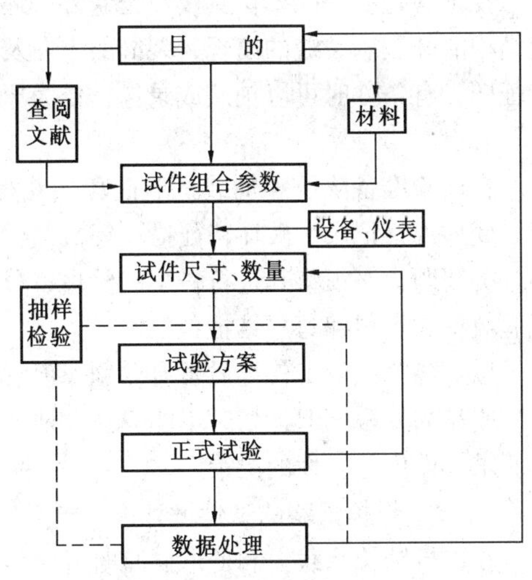

图1-2 研究性试验工作程序

制订试验计划应具有针对性。先对试件做初步的理论计算及必要分析，这样就可以有目的地设置观测点，选取相匹配的试验设备和量测仪表，以及确定加载程序等等。由于现代仪器设备和测试技术的不断发展，大量新型的加载设备和测量仪器被使用到结构试验领域，这对试验工作者又提出了新的技术要求，对这些新技术的知识掌握不足和操作过程中的微小疏忽，都会导致对整个试验不利的后果，所以在进行试验总体设计时，要求对所使用的仪器设备性能进行综合分析，对试验人员事先组织学习，以利于试验工作的顺利进行。

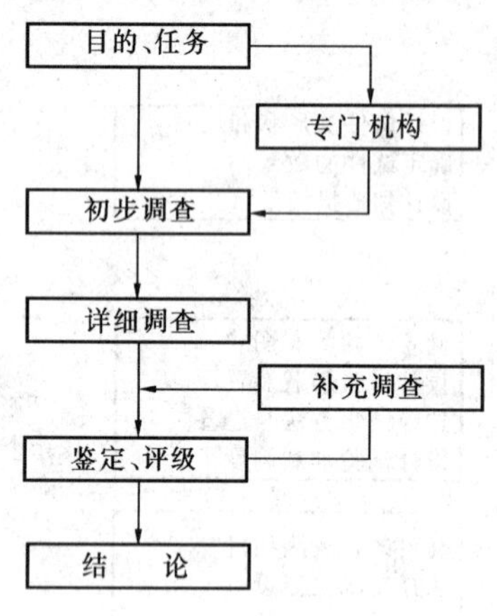

图1-3 检验性试验工作程序

2. 试验准备

试验准备工作十分繁琐，不仅涉及面很广，而且工作量很大，准备工作约占全部试验工作量的1/2~2/3以上。试验准备阶段的工作质量将直接影响到试验结果的准确程度，有时还关系到试验能否顺利进行到底。在试验准备阶段控制和把握好几个主要环节是极为重要的，如试件的制作和安装就位，设备仪表的安装、调试和率定等都应该做好。

准备阶段的工作，有些还直接与数据整理和资料分析有关（如预埋应变片的编号和仪表的率定记录等），为便于事后核对，试验组织者每天都应做好工作日记。

3. 试验实施

对试验对象施加外荷载是整个试验工作的中心环节。参加试验的每一个工作人员都必须集中精力，各就其位，各尽其职，尽心做好本岗位工作。试验期间，一切工作都要按照试验规划规定的程序和方法进行。对试验起控制作用的重要数据，如钢筋的屈服应变，构件的最大挠度和最大侧移，控制截面上的应变等，在试验过程中应随时整理和分析，必要时还应跟踪观察其变化情况，并与事先计算的理论数值进行比较。如果有反常现象应立即查明原因，排除故障，否则不得继续加载试验。

在试验过程中除要认真读数记录外，还必须仔细观察结构的变形，例如砌体结构和混凝土结构的开裂和裂缝的出现，裂缝的走向及其宽度，破坏的特征等。试件破坏后要绘制破坏特征图，有条件时可以拍照或录像，作为原始资料保存，以便今后研究分析时使用。

4. 试验分析

在试验准备阶段和加载试验阶段，获得了大量数据和有关资料（如量测数据、试验曲线、变形观察记录、破坏特征描述等），这些数据和资料一般不能直接回答试验研究所提出的各类问题，必须将其进行科学的整理、分析和计算，做到去粗取精，去伪存真。最后根据试验数据和资料编写总结报告。

以上各阶段的工作性质虽有差别，但它们都是互相联系又互相制约的，各阶段的工作虽没有明显的界限，但计划时不能只孤立地考虑某一阶段的工作，必须兼顾各阶段工作的特点和要求，作出综合性的决策。

1.3.2 结构试验的试件设计

在进行结构承载力和变形试验时，作为结构试验的试件可以取为实际结构的整体或是它的一部分，当不能采用足尺的原型结构进行试验时，也可以采用其缩尺的模型。采用模型试验可以大大节省材料、减少试验工作量和缩短试验时间。用缩尺模型作结构试验时，应考虑试验模型与试验结构之间力学性能的相关关系，但是要想通过模型试验的结果来正确推断实际结构的工作情况，模型设计要做到完全相似，往往有困难，此时应根据试验目的设法使主要的试验内容能满足相似条件。采用原型结构进行结构试验是最为理想的，但是由于原型结构试验规模大、试验设备的容量和费用也大，所以大多数情况下还是采用缩尺的模型试验。

就我国目前开展试验研究工作的实际情况来看，采用整体原型结构的试验还是少数，在规范编制过程中所进行的构件基本性能试验大都是采用缩尺的构件，由这类试件试验结果所得的数据，直接作为分析的依据。

试件设计应包括试件形状的选择、试件尺寸与数量以及构造措施的选择等，同时还必须满足结构与受力的边界条件、试件的破坏特征、试验加载条件的要求，以最少的试件数量获得最多的试验数据，来反映研究的规律以满足研究任务的需要。

1.3.3 结构试验方案拟定

试验方案包括加载方案，量测方案以及试验安全防护措施等。

1. 加载方案

试验加载方案取决于试验对象的结构形式、试验的目的和要求，结构所承受的荷载性质和受荷形式等。例如楼盖是结构体系中的承重结构，其主要承受竖向均布荷载；而框架除承受竖向集中荷载外还承受水平方向的风荷载和地震作用。显然这两种结构的加载方案和所需要选用的设备有很大差别，因而每进行一项试验都应针对具体试验对象选择相应的加载方案。

结构静力试验的加载方案可分为重力加载、杠杆重力加载、机械力加载、气压加载、结构试验机加载、液压千斤顶加载以及电液伺服加载等。实现以上加载方案都必须具有产生荷载作用的设备、承受荷载作用的承力台以及载荷架（反力架），只有将它们组成配套的加载系统才能对试验对象实现加载。

结构动力试验的加载方案，由动力试验目的所决定。一般包括结构的动力特性试验，结构抗震性能试验及结构疲劳性能试验等。它们所用的设备包括各种激振器和振动台，使结构承受重复疲劳荷载的结构疲劳试验机，使结构承受反复地震作用的拟动力试验装置以及模拟地震振动台等。这些设备都必须根据试验需要，有目的地选择和有针对性地进行组合设计，才能正确使用。尤其当由计算机控制试验过程时更应做好加载方案设计。具体加载设备和试验方案的拟定将分别在本书第二、四、五章中作详细介绍。

2. 量测方案

量测方案应针对试验对象的被测参数来选定。结构试验量测的参数主要有结构的整体变形（如挠度、侧移、振幅等）和局部纤维的变形（如应变等）两种。这两种不同形式的参数，所采用的量测仪表与量测方法也随之而各不相同。例如对于单个静态参数，可以利用简单的单一仪表进行测定。当量测与时间因素有关的动态参数或两个变量之间相互关系的静态曲线时，则必须采用多种仪表组成的测试系统来完成。按测量结果的表达方式不同，可将测试系统归纳为两类：非连续测试系统和连续测试系统。

(1) 非连续测试系统

对于非连续测试系统，例如用单个机械式仪表，量测静力试验结构的挠度和侧向移动等整体变形时，所测得的结果都是非连续的数据。又如测量应变用的电阻应变仪，一般采用人工控制，即每个测点的应变由人工逐点读取并分别记录，所测得的结果是指某一时刻或与某一级荷载对应的应变值，也是一组非连续的数据。

(2) 连续测试系统

对于连续测试系统，其所得量测结果为一连续的曲线。例如荷载－位移曲线，需要配备的量测仪表有荷载传感器，位移传感器以及记录两者关系所用的 $X-Y$ 函数记录仪，进行测读时需要将以上仪表按一定线路通过电阻应变仪连接组成测试系统，才能得到荷载－位移曲线。

现代的连续测试系统，还可以借助计算机进行自动控制，对试验参数进行自动扫描、高速记录、储存、显示以及进行数据处理和分析等。

因而，量测方案设计的内容除应确定被测参数和参数的测点布置外，还应正确选择量测仪表，并将其组成相互匹配的测试系统，最后对测试系统的灵敏度进行标定。关于测试系统选用的仪表和量测方案设计的具体内容，请参阅本书第三、四、五章有关部分。

3. 安全防护措施

结构试验中的安全问题，是关系到工作人员人身安全的大事，是保证试验设备不受损坏、试验能够顺利进行的基础。因此，在试验工作中应自始至终贯彻“安全第一、预防为主”的方针。

在制订试验计划时，对试验准备阶段，加载试验阶段和试验结束后的构件拆除阶段，都应提出可靠的安全防护技术措施。尤其在进行大型结构试验时更应给予足够重视。

(1) 试验准备与结束阶段的安全与防护

对结构试验所发生的事故调查表明，有相当多的事故发生在试验准备阶段，例如在试件安装就位、加载设备的起吊与拆除时，都曾发生过安全事故。试验环节的安全操作规定，可参照我国有关安全规程中的条文执行。例如《建筑企业安全生产工作条例》、《建筑安装工人安全技术操作规程》等。此外，还应针对结构试验的特点，在试验方案中拟定更具体的安全操作细则。

试验中所使用的各种加载设备，尤其是大型加载设备，例如各种试验机，拟动力试验装置，计算机控制系统，车间的吊车等，均应有各自的操作规程，并应指定专人使用、维修和保养。

试验用的载荷架、支座、支墩及支撑等均应具有足够的承载力、刚度和稳定性，能够承受试验荷载可能产生的冲击作用。此外，还应注意载荷架的连接件及其与承力台的紧固件必须工作可靠。

在进行大型构件（如屋架、桁架和桥梁）的试验时，由于构件比较高，为防止可能产生的侧向失稳或倒塌现象，应设置侧向支撑或安全架。支撑或安全架不应与构件直接接触，以免阻碍结构的正常变形。

试验中，为便于工作人员读数、观察裂缝及进行加载等操作，在试件附近或周围应设置安全可靠的工作平台。

(2) 试验阶段的安全与防护

试验过程中，为保证人员、仪表设备的安全，试验区域内宜设置明显标志，非试验人员不得入内。

各种机械式量测仪表，如千分表、百分表及杠杆引伸仪等，当结构进入破坏阶段时，由于变形过大或因试件表面材料酥松，可能导致安装在试件上的仪表发生松动，严重的甚至跌落。因而当试验荷载达到极限荷载的85%左右时，可将大部分量测仪表拆除，留下少量起控制作用的仪表并应对其加强保护，或改变量测方法后继续工作。

在结构试验中，还可能发生试验结构的局部倒塌或整体倒塌事故，因而事先应设置安全托架或支墩，但不应阻碍结构可能产生的自由变形。

对于在试验中可能跌落的千斤顶、荷载分配梁和个别仪表等，均应使用保护绳悬吊在试件附近的固定点上。

试验前，必须对参与试验的全体工作人员进行安全教育，在现场进行大型结构试验时，一般应设安全员随时检查安全工作。

1.3.4 结构试验结果分析与结论

由于试验目的不同，试验的技术结论内容和表达形式也不完全一样。检验性试验的技术结论，可根据现行《建筑结构设计统一标准》中的有关规定进行编写。在该标准中，对结构设计规定了两种极限状态，即承载能力极限状态和正常使用极限状态，因而在结构性能检验的报告书中必须阐明试验结构在承载能力极限状态和正常使用极限状态两种情况下，是否满足设计计算所要求的功能。例如构件的承载能力、变形、稳定、疲劳或裂缝开展等。只有检验结果同时满足两个极限状态设计所要求的功能，该构件的结构性能才可以评为“合格”，否则为“不合格”。

判断结构是否已经达到承载力极限状态设计所要求的功能，或正常使用极限状态设计所要求的功能，《结构设计统一标准和构件检验标准》对此均作了相应的规定，并给出了具体的“极限状态标志”作为判断的依据。详细内容参见本书第四章有关部分。

检验性（或鉴定性）试验的技术报告，主要应包括下列内容：

(1) 检验或鉴定的原因和目的；

(2) 试验前或试验后，存在的主要问题，结构所处的工作状态；

(3) 采用的检验方案或鉴定整体结构的调查方案；

(4) 试验数据的整理和分析结果；

(5) 技术结论或建议；

(6) 试验计划、原始记录、有关的设计、施工和使用情况调查报告等附件。

研究性试验，大多是为了探讨或验证某一新的结构理论，因而试验的技术结论无论从深度和广度上都远比检验性试验结论复杂，要求的内容也完全取决于具体的试验研究目的。

第2章　结构试验荷载模拟

2.1 概　　述

建筑结构上的作用分为直接作用与间接作用。直接作用主要是荷载的作用，包含结构自重与施加在结构上的外力；间接作用主要是温度变化，地基不均匀沉降和结构内部物理变化或化学作用等。

建筑结构首先应满足承受直接作用。直接作用又分为动荷载作用与静荷载作用。静荷载作用是指对结构或构件不引起加速度或加速度可以忽略不计的直接作用；动荷载作用则是使结构或构件产生不可忽略的加速度反应的直接作用。直接作用还可以按荷载作用的范围分，有分布荷载、集中荷载；按荷载作用的时间长短分，有短期荷载、长期荷载。

结构试验除极少数是在实际荷载下实测外，绝大多数是在模拟条件下进行的。结构试验的荷载模拟即是通过一定的设备与仪器，以最接近真实的模拟荷载再现各种荷载对结构的作用。荷载模拟是最基本的技术之一。

结构试验中荷载模拟的方法多种多样。在静力试验中可以利用重物直接加载或通过杠杆作用间接加载；可以利用液压加载器（千斤顶）和液压试验机等液压加载方法；可以利用绞车、滑轮组、弹簧和螺旋千斤顶等机械加载方法；也可以利用气压模拟加载方法。在动力试验中可以利用惯性力或电磁系统激振；比较先进的设备是由自动控制、液压和计算机系统相结合而组成的电液伺服加载系统和由此作为震源的地震模拟振动台等设备；此外也可以采用人工爆炸和利用环境随机激振（脉动法）的方法。

荷载模拟无论采用何种方法，加载设备必须满足以下基本条件：

(1) 试验荷载的作用应与实际荷载作用的传递方式一致，使被试验结构、构件再现其实际工作状态的边界条件，使控制截面或部位产生的内力与设计计算等效。

(2) 产生的试验荷载值应该明确，满足试验的准确度，除模拟动载作用之外，试验荷载值应保持相对稳定，不会随时间环境条件的改变和结构的变形而发生变化。保证其相对误差不超过±3%。

(3) 试验加载设备本身应有足够的强度和刚度，并有足够的储备，保证使用时安全可靠。

(4) 加载设备不应参与结构工作，以致改变结构受力状态或使结构产生次应力。

(5) 应能方便调节和分级加（卸）载，控制加（卸）载速度，又能适应同步加载或先后加载的不同要求。

(6) 尽量采用先进技术，减轻劳动强度，提高试验效率和质量。

2.2 重力荷载模拟

2.2.1 重力直接加载法

重物直接加载就是利用物体本身的重量施加于结构作为荷载。在试验室内，可以利用的重物有专门浇铸的标准铸铁块、混凝土块、水箱等；在现场则可以就地取材，经常用普通的砖块、砂、石等建筑材料，或是钢锭、铸铁、废构件等。

图2-1为重物直接有规则地放置于结构表面上形成的均布荷载。也可以将重物置于载荷盘上，通过吊盘形成集中荷载，如图2-2所示；也可借助钢索和滑轮导向，对结构施加水平荷载，如图2-3所示。

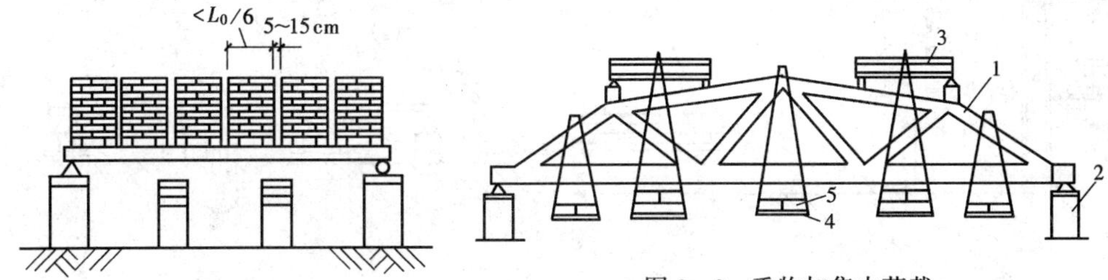

图2-1　用重物在板上加均布荷载

图2-2　重物加集中荷载

1—试件；2—支座；3—分配梁；4—吊盘；5—重物

重力加载时为了方便加载和分级需要，并尽可能减少加载时的冲击力，重物的块（件）重不宜太大，一般以不大于20kg为宜，并不超过加载面积上荷载标准值的1/10，保证分级精度及均匀分布。对于均匀块材，应随机抽取20块检查，若每块误差不超过平均重量的±5%时，荷载值可按平均重量计算。吸水性大的重物必须干燥，保持恒重，使用中应有防雨措施。重物排列在结构上作为均布荷载时，应分垛堆放，垛间保持5~15cm的间隙，如图2-1所示。散粒状重物应装成袋或装入放在试件上面不带底的箱子中，箱子沿试件跨度方向不得少于二个，箱子间距不小于25cm，以避免荷载本身的起拱作用引起结构局部卸载。

水直接作均布荷载时，可用水的高度计算、控制荷载值，如图2-4所示。加载时可用水管进水，大大减轻了运输及加载的劳动强度。

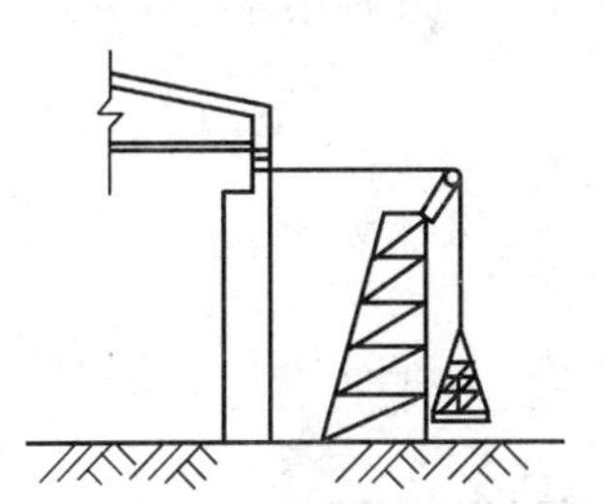

图2-3　用重物加水平荷载

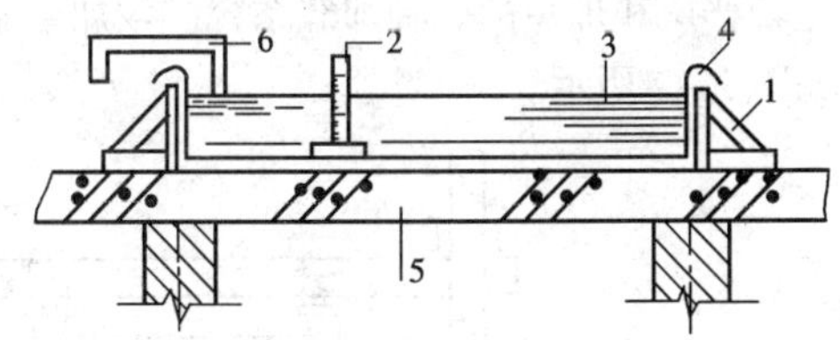

图2-4　用水加均布荷载

1—侧向支撑；2—标尺；3—水；4—防水胶布或塑料布；5—试件；6—水管

用重物荷载进行破坏试验时，应该特别注意安全。试验过程中为保证安全，试件底部或荷载盘底下，应加可调节的托架或垫块，并随时与试件或盘底保持5cm左右间隙，以备破坏时托住，防止倒塌造成事故。

2.2.2　杠杆加载法

利用重物施加集中荷载，经常会受到荷载量的限制。这时可以利用杠杆将荷重放大后作用在结构上，这不仅扩大重力荷载的使用范围，而且可以减轻加载的劳动强度。图2-5和

图2－6为几种杠杆加载示意图。

杠杆应有足够刚度，杠杆比一般不宜大于5。三个支点应在同一直线上，避免杠杆放大比例失真，保证荷载稳定、准确。

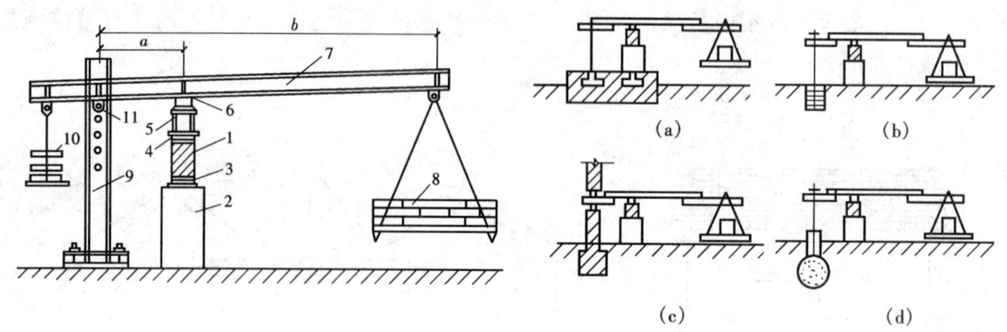

图 2－5　杠杆加载示意图

1—试件；2—支墩；3—试件铰支座；4—分配梁铰支座；5—分配梁；6—加载点；7—杠杆；8—加载重物；9—杠杆拉杆；10—平衡重；11—钢销（支点）

图 2－6　几种杠杆加载装置

(a) 利用试验台座；(b) 利用墙身；(c) 利用平衡重量；(d) 利用桩

重力加载的优点是设备简单，取材方便，荷载恒定，加载形式灵活。采用杠杆间接重力加载，对持久荷载试验及进行刚度与裂缝的研究尤为合适。因为荷载是否恒定，对裂缝的开展与闭合有直接影响。重力加载的缺点是荷载重量不能太大，操作笨重而且费工。

2.3　液压模拟加载

液压加载一般为油压加载，可用于静力或动力试验，由于其诸多优点，是目前结构试验中应用比较普遍和理想的一种加载系统。该加载系统由加载千斤顶、油泵控制台和载荷架等组成，如图 2－7 所示。

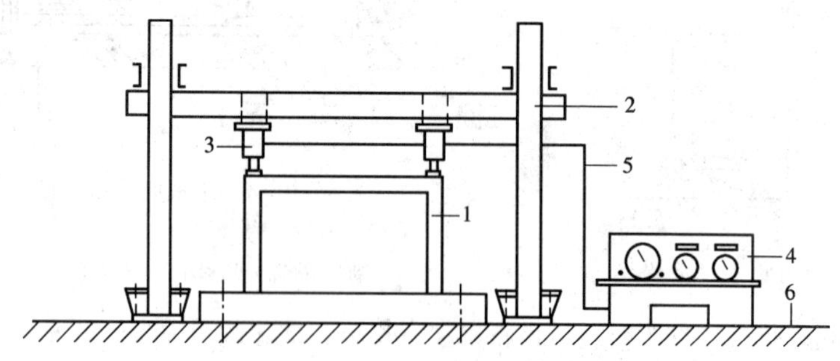

图 2－7　液压加载系统

1—试件；2—载荷架；3—液压加载器；4—操纵台；5—管路；6—台座

当采用千斤顶加载系统时，为提高加载精度，对加载量应进行直接测定。只有在条件受到限制时，才允许用油压表来测定加载量。此时应满足：

(1) 油压表精度不应低于1.5级（量测误差在1.5%以内）；

(2) 使用前应对配套的油压千斤顶进行标定，并利用绘制的标定曲线确定加载量。

绘制标定曲线时至少应在千斤顶不同行程位置上重复三次，取其平均值。任一次的测量值与标定曲线对应的偏差不应超过±5%。

当采用试验机加载时，应满足以下要求：

(1) 万能试验机、拉力试验机、压力试验机的精度不应低于2级；

(2) 结构疲劳试验机静态测力误差应在±2%以内；

(3) 电液伺服结构试验系统的荷载，位移测量误差应在±1.5%F.S.（满量程）以内。

2.3.1 手动液压千斤顶加载

手动液压千斤顶包括手动油泵和液压加载器两部分，其工作原理如图2-8所示。当手柄6上提带动油泵活塞5向上运动时，油液从储油箱3经单向阀11被抽到油泵油缸4中。当手柄6带动油泵活塞5向下运动时，油泵油缸4中的油经单向阀11压出到工作油缸2内。手柄不断的上下运动，油被不断地压入工作油缸，从而使工作活塞不断上升。如果工作活塞运动受阻，则油压作用力将反作用于底座10。试验时千斤顶底座放在加载点上，使结构受载。卸载时只要打开阀门9，使油从工作油箱2流回储油箱3即可。

手动油泵一般能产生40N/mm^{2}或更大的液体压力。为了确定实际的荷载值，可在千斤顶活塞上部装一个荷重传感器，或在工作油缸中引出紫铜管，安装油压表。根据油压表测得的液体压力和活塞面积即可算出荷载值。千斤顶活塞最大行程为20cm左右，通常可满足结构试验的要求。其缺点是一台千斤顶需一人操作，多点加载时难以同步。

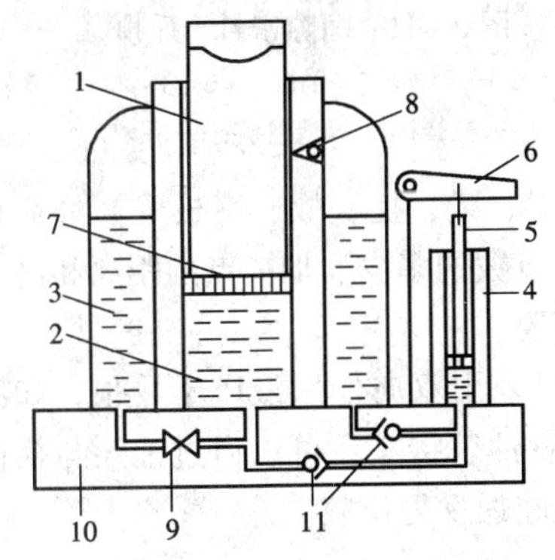

图2-8 手动液压千斤顶

1—工作活塞；2—工作油缸；3—储油箱；4—油泵油缸；5—油泵活塞；6—手柄；7—油封；8—安全阀；9—卸油阀；10—底座；11—单向阀

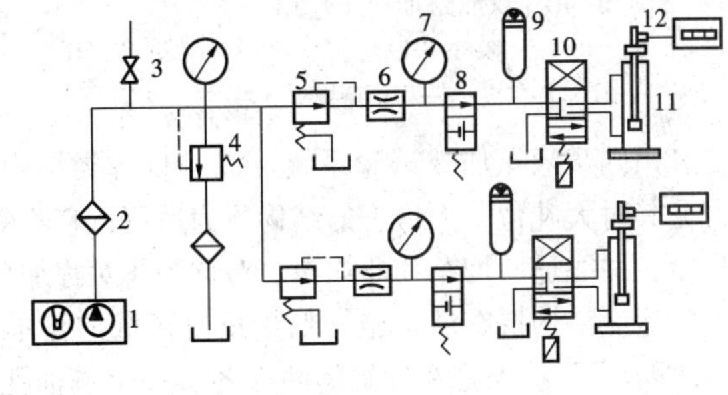

图2-9 同步液压加载系统

1—高压油泵；2—滤油器；3—截止阀；4—溢流阀；5—减压阀；6—截流阀；7—压力表；8—电磁阀；9—蓄能器；10—电磁阀；11—加载器；12—测力器

2.3.2 同步液压加载系统

若在油泵出口接上分油器，可以组成一个油源供多个加载器同步工作系统，适应多点同步加载要求。分油器出口再接上减压阀，则可以组成同步异荷加载系统，满足多点同步异荷加载需要。图2-9所示为其组成原理图。

同步液压加载系统所采用的单向作用液压千斤顶，其特点是储油缸、油泵、阀门等不附在加载器上，构造比较简单，只由活塞和工作油缸两者组成。其活塞行程较大，顶端装有球铰，可在15°范围内转动，整个加载器可按结构试验需要倒置安装，并适宜于多个加载器组成同步加载系统使用，适应多点加载要求。目前常用的单向作用液压加载器有双油路千斤顶和间隙密封千斤顶两种。

双油路千斤顶，又称同步液压缸，其构造如图2－10所示。其中上油路用来回缩活塞，下油路用来加荷。这种千斤顶自重轻，但活塞与油缸的摩阻力较大。

间隙密封千斤顶，是靠弹簧进行活塞复位的千斤顶，如图2－11所示。这种活塞与油缸的摩阻力小，使用稳定，但加工精度高。

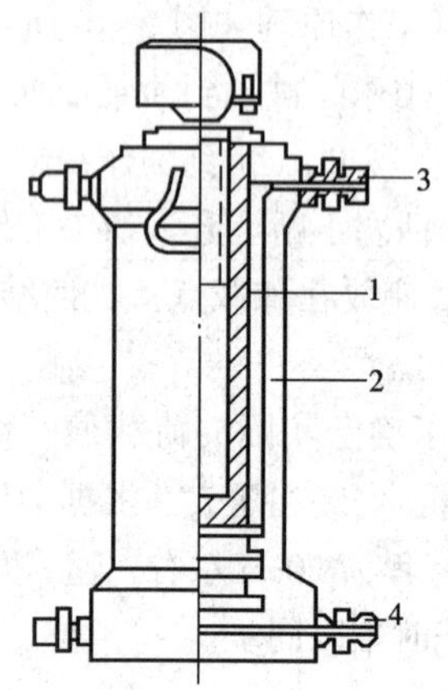

图2－10 双油路加荷千斤顶

1—活塞；2—油缸；

3—上油路接头；4—下油路接头

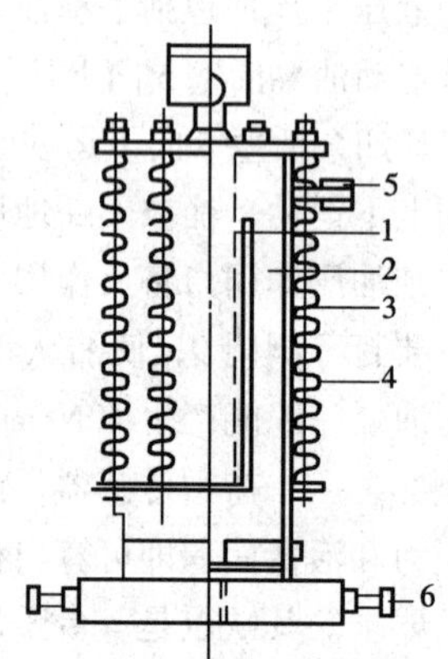

图2－11 间隙密封千斤顶

1—活塞；2—油缸；3—丝杆；

4—拉簧；5—油管接头；6—吊杆

利用同步液压加载试验系统可以进行各类结构（屋架、梁、柱、板、墙板等）静荷试验，尤其对大吨位，大跨度的结构更为适用，它不受加荷点数的多少、加荷点的距离和高度的限制，并能适应均布和非均布、对称和非对称加荷的需要。

为适应结构抗震试验施加低周反复荷载的需求，可以采用双向作用液压千斤顶，如图2－12所示，其特点是在油缸的两端各有一个进油孔，设置油管接头，可以通过油泵与换向油阀交替进行供油，由活塞对结构产生拉、压双向作用，施加反复荷载。

2.3.3 专用结构试验机

专用结构试验机本身就是一种比较完善的液压加载系统。它是在结构试验室内进行大型结构试验的一种专门设备、比较典型的是结构长柱试验机和疲劳试验机。

1. 结构长柱试验机

结构长柱试验机用来进行柱、墙板、砌体、节点与梁的受压与受弯试验。这种设备的构造和原理与一般材料试验机相同，由液压操纵台、大吨位的液压加载器和试验机架三部分组成。为了满足进行大型构件试验的需要，其液压加载器的吨位要比一般材料试验机的大，至少在2000kN以上，机架高度在3m左右或更大。目前我国普遍使用的长柱试验机的最大吨位

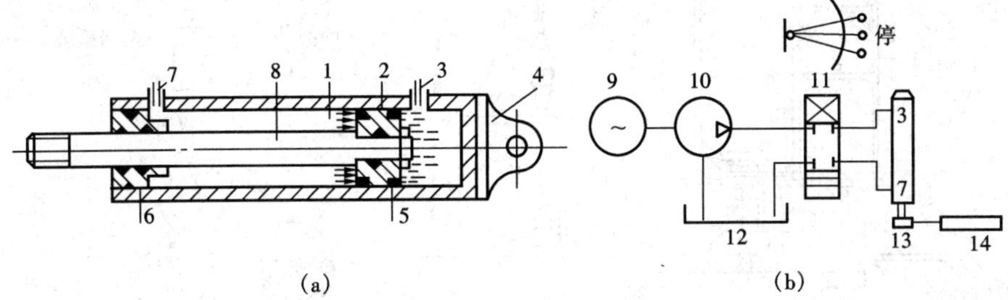

图 2-12 双向作用液压千斤顶

(a) 双向作用千斤顶构造示意；(b) 换向阀工作原理

1—工作油缸；2—活塞；3、7—油管接头；4—固定环；5—油封；6—端盖；8—活塞杆；9—电源；10—油泵；11—三位四通换向阀；12—油箱；13—荷重传感器；14—电子秤（应变仪）

是 10000kN，试件最大高度可达 6m，如图 2-13 所示。国外有高达 7m 净空、最大荷载为 10000kN 甚至更大的结构试验机。

日本最大的大型结构构件万能试验机的最大压缩荷载为 30000kN，同时可以对构件进行抗拉试验，最大抗拉荷载为 10000kN，试验机高度达 22.5m，四根立柱间净空为 3m×3m，可以进行高度为 15m 左右的构件受压试验，最大跨度为 30m 构件的弯曲试验。这类大型结构试验机还可以通过专用的中间接口与计算机相连，由程序控制自动操作，此外还配有专门的数据采集和处理设备，试验机的操纵和数据处理能同时进行。

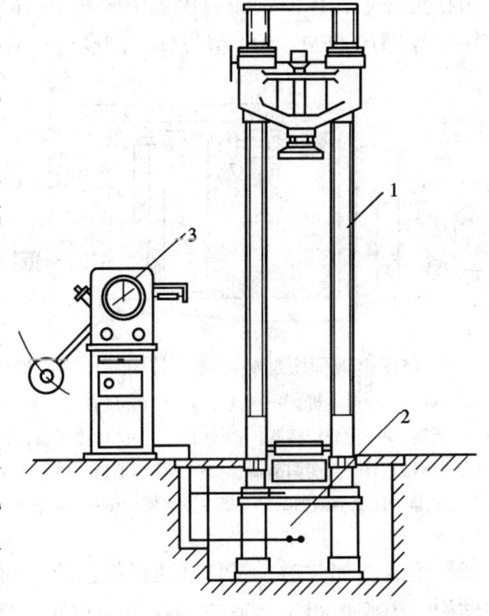

图 2-13 结构长柱试验机

1—试验机架；2—液压加载器；3—操纵台

2. 结构疲劳试验机

结构疲劳试验机可以做正弦波形荷载的疲劳试验，也可做静载试验等。结构疲劳试验机主要由脉动器、工作千斤顶和控制工作系统三部分组成，如图 2-14 所示。从高压油泵打出的高压油经脉动器再与工作千斤顶和装于控制系统中的油压表连通，使脉动器、千斤顶、油压表都充满压力油。当飞轮带动曲柄运动时，就使脉动活塞上下移动而产生脉动油压。

脉动频率用电磁无级调速电机控制飞轮转速进行调整。国产的 PME-50A 机，频率可在 100～500 次/min 内任意选用。

疲劳次数由计数器自动记录，计数至预定次数或试件破坏时自动停机。

进行疲劳试验时，由于千斤顶运动部件的惯性力和试件质量的影响，会产生一个附加力

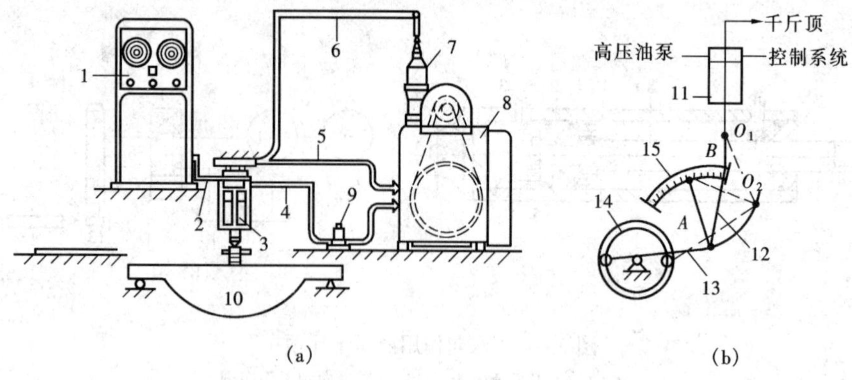

图 2-14 结构疲劳试验机

(a) 结构疲劳试验；(b) 结构疲劳试验机脉动工作原理

1—控制系统；2—校准管；3—脉动千斤顶；4—回油管；5—喷油管；6—输油管；7—分油头；8—脉动发生系统；9—卸油泵；10—吊车梁；11—脉动器；12—顶杆；13—曲柄；14—飞轮；15—脉动调节器

作用在构件上，该值在测力仪表中未测出，故实际荷载值需按机器说明加以修正，目前国内使用的除国产 PEM-50A 型机外，同类的还有瑞士 Amsler 机等。

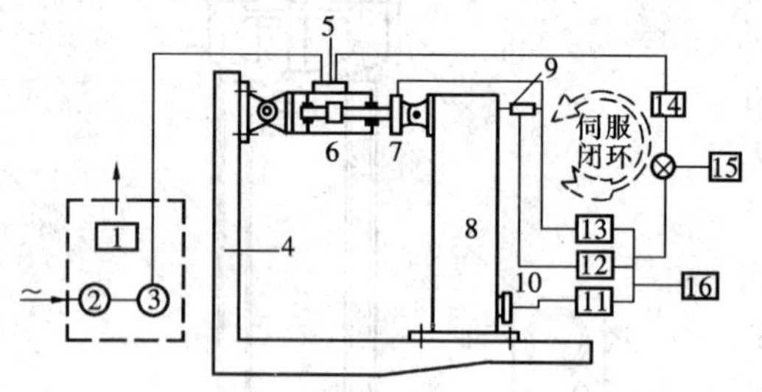

图 2-15 电液伺服加载系统及其闭环控制原理图

1—冷却器；2—电动机；3—油泵；4—支承机构；5—伺服阀；6—加载器；7—荷载传感器；8—试件；9—位移传感器；10—应变传感器；11—应变调节器；12—位移调节器；13—荷载调节器；14—伺服控制器；15—指令发生器；16—记录显示器

2.3.4 电液伺服加载系统

电液伺服加载系统是一种先进的液压试验设备，特别是用来进行抗震结构的静力或动力试验，尤为适宜。电液伺服加载系统主要由液压源、控制系统和执行系统三大部分组成，图 2-15 为其主要组成及控制原理框图。

供油系统，又称泵站，输出高压油，通过伺服阀控制，进出加载器的两个油腔产生推拉荷载。系统中一般带有蓄能器以保证油压的稳定性。

执行机构是由刚度很大的支承机构和加载器组成。加载器，又称液压激振器或作动器，其基本构造如图 2-16 所示，为单缸双油腔结构，内摩擦很小，适应快速反应要求，尾座内腔和活塞前端分别装有位移和荷重传感器，能自动记录和发出反馈信号，分别实行按位移、应变或荷载自动控制加载。两端头均做成铰连接形式。规格有 1~3000kN，行程 ±5~35cm，活塞运行速度 2mm/s 和 35mm/s 等多种。

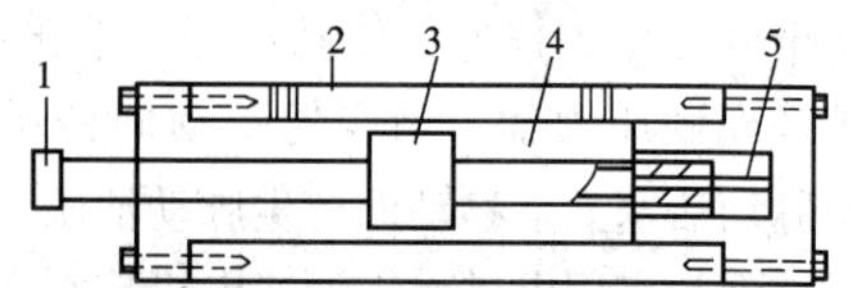

图 2-16 液压激振器构造示意图

1—荷载传感器；2—缸体；3—活塞；4—油腔；5—位移传感器

电液伺服阀是电液伺服系统的关键部件，电-液信号转换和控制主要靠它实现。按放大级数可分为单级、双级和三级。双级采用较多。其构造原理如图2-17所示，由力矩马达，喷嘴，挡板，反馈杆，阀芯和阀套等组成。三级阀就是在二级阀的滑阀与加载器间再经一次滑阀功率放大。多数大、中型振动器就使用三级阀。

伺服控制器接受指令发生器送来的信号，控制伺服阀对液压加载器供油工作，给试件加载。试件所受的荷载及所发生的应变和位移通过传感器可以输入记录器进行记录显示，同时也可以分别送到比较器与指令信号进行比较，校正差值信号，再由伺服控制器输给伺服阀调节加载器工作。指令信号由函数发生器提供或外部输入，能完成信号所提供的正弦波、方波、梯形波、三角波荷载，称为模拟控制系统，亦称小闭环控制系统。

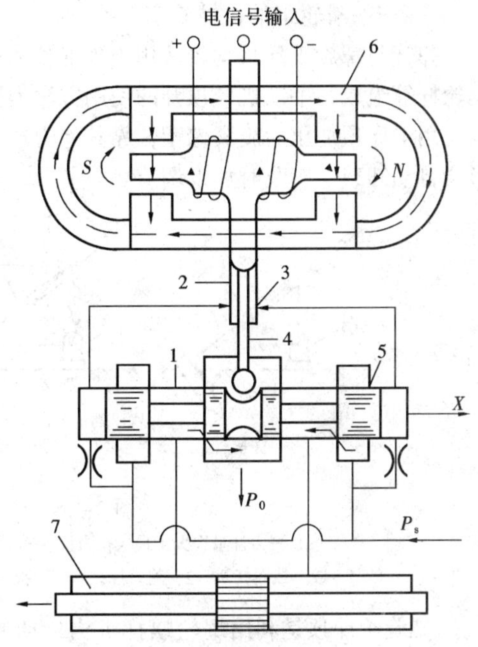

图2-17 电液伺服阀原理图

1—阀套；2—挡板；3—喷嘴；4—反馈杆；5—阀芯；6—永久磁铁；7—加载器

若连接电子计算机，则组成程序控制电液伺服系统，称为计算机控制系统，又称计算机—试验机联机系统或大闭环控制系统。能进行数值计算与荷载试验相组合的试验，实现多个系统的大闭环同步控制，进行多点加载。完成模拟控制系统所不能实现的随机波荷载试验。是目前对真型或接近足尺结构模型进行非线性地震反应试验（又称拟动力试验）的一种有效手段。

电液伺服加载系统，具有响应快、灵敏度高，量测与控制精度好、出力大、波形多、频带宽、可以与计算机联机等优点，使试验新技术开发逐渐由硬件技术转向软件技术，在结构试验中应用愈来愈广泛。可以做静态、动态、低周疲劳和地震模拟振动台试验及造波机用于海洋结构试验等。但目前投资大，维护费高，使用受到一定限制。

2.4 其他加载技术

2.4.1 机械机具加载

常用的机械加载机具有绞车、卷扬机、倒链葫芦、螺旋千斤顶和弹簧等。

绞车、卷扬机、倒链葫芦等主要用于远距离或高耸结构施加拉力，如图2-18（a）、图2-18（b）所示。连接滑轮组可改变作用力的方向或提高加载能力，其拉力值可通过拉力测力计量测。当测力计量程大于最大加载值时，可采用图2-18（a）所示的串联方式，直接从测力计上测出绳索拉力。当测力计量程较小时，可采用图2-18（b）方式连接，此时作用在结构上的实际拉力应按式（2-1）计算。

$$P = \varphi nkp \tag{2-1}$$

式中 p——拉力测力计读数；

φ——滑轮摩擦系数（对普通涂有良好润滑剂的滑轮可取0.96～0.98）；

n——滑轮组的滑轮数；

k——滑轮组的机械效率。

弹簧与螺旋千斤顶均较适用于施加长期试验荷载，如图2－18（c）所示。螺旋千斤顶由蜗轮杆等组成，手动机械顶升的使用方法类同普通手动液压千斤顶。弹簧可直接旋紧螺帽，或先用千斤顶加压后旋紧螺帽，靠其弹力加压，用百分表测其压缩变形确定荷载值。结构变形会自动卸载，应及时加以调节。

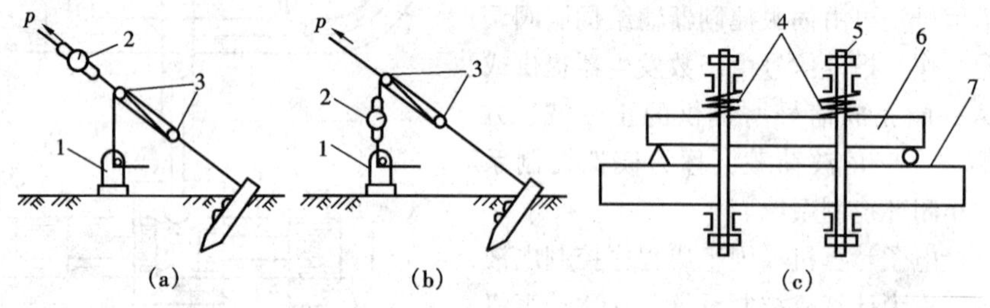

图2－18 机械机具加载示意图

(a) 测力计量程大于最大拉力值；(b) 测力计量程小于最大拉力值；(c) 弹簧加载

1—绞车或卷扬机；2—测力计；3—滑轮；4—弹簧；5—螺杆；6—试件；7—台座或反弯梁

螺旋千斤顶是利用蜗轮蜗杆机构传动原理制成。使用时，需由测力计测定其加载值，适用于对结构施加等变形荷载。

机具加载的优点是设备简单，当采用索具加载时很容易改变荷载的方向，其缺点是荷载值不可能太大。

2.4.2 气压加载

气压加载有两种，一种是用空气压缩机对气包充气，给试件加均匀荷载；另一种是用真空泵抽出试件与台座围成的封闭空间的空气，形成大气压力差对试件加均匀荷载。

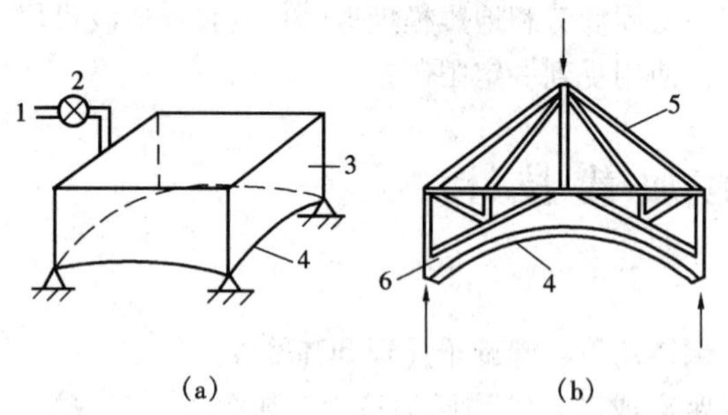

图2－19 压缩空气加载示意图

1—压缩空气；2—阀门；3—容器；4—试件；5—支承装置；6—气囊

空气压缩机对气包充气，加均匀荷载，如图2－19所示。为提高气包耐压能力，四周可加边框，最大压力可达180kN/m^2，压力用不低于1.5级的压力表量测。此法较适用于板、壳试验，但当试件为脆性破坏时，气包可能爆炸。防范的有效办法一种是当监视位移计示值不停地急剧增加时，立即打开泄气阀卸载；另一种是试件上方架设承托架，承力架与承托架间用垫块调节，随时使垫块与承力架横梁保持微小间隙，以备试件破坏时搁住，不致引起因气包卸载而爆炸。

用真空泵抽出空气，形成大气压力差对试件加均匀荷载，如图2－20所示。最大压力可达 80～100kN/m²，压力值用真空表（计）量测。保持恒载由封闭空间与外界相连通的短管与调节阀控制。试件与围壁间缝隙可用薄铁皮、塑料薄膜等涂黄油粘贴密封。这种方法适用于不能从板顶加载的板或斜面、曲面的板壳等施加垂直均布荷载。

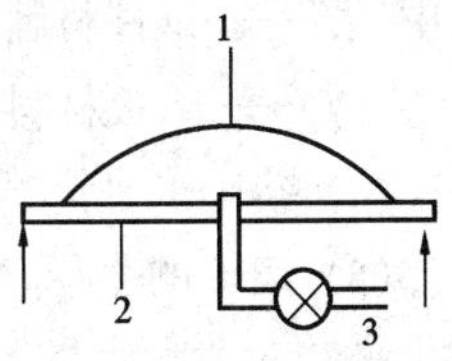

图 2－20 大气压差加载
1—试验结构；2—支承装置；3—接真空泵

气压加载的优点是加、卸载方便，荷载稳定、安全，构件破坏时能自动卸载，构件外表面便于观察与安装仪表。其缺点是内表面无法直接观察。

2.5 结构试验支承装置

2.5.1 支座与支墩

结构试验中的支座与支墩是试验装置中模拟结构受力和边界条件的重要组成部分，是支承结构、正确传递作用力和模拟实际荷载图式的设备，对于不同的结构形式、不同的试验要求、有不同的形式与构造的支座和支墩。这也是工程结构试验设计中需要着重考虑和研究的重要问题。

1. 支座

按作用方式不同，支座有滚动铰支座、固定铰支座、球铰支座和刀口支座（固定铰支座的一种特定形式）。

铰支座一般都用钢材制作，常见的构造形式如图 2－21 所示。对铰支座的基本要求如下：

(1) 保证试件在支座处能自由转动；

(2) 保证试件在支座处力的传递。

如果试件在支承处没有预埋支承钢垫板，试验时必须另加垫板。其宽度一般不得小于试验支承处的宽度，支承垫板的长度 $2l$ 可按式（2－2）计算：

$$2l = \frac{R}{bf_c} \tag{2-2}$$

式中 R——支座反力，N；

b——试件支座宽度，mm；

f_c——试件材料的抗压强度设计值；

l——滚轴中心至垫板边缘的距离，mm。

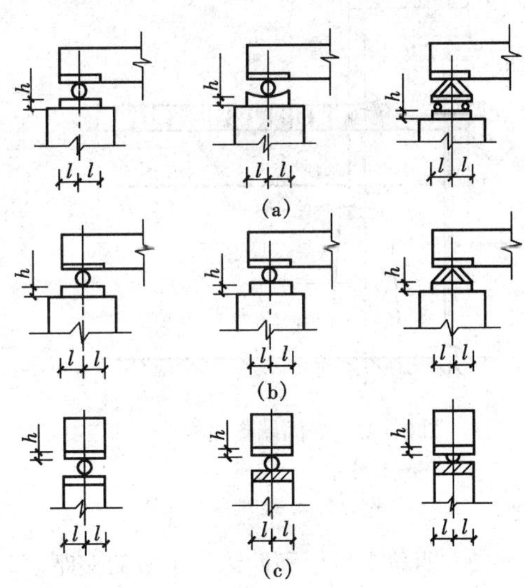

图 2－21 常见铰支座的形式
(a) 活动铰支座；(b) 固定铰支座；(c) 球铰支座

(3) 构件支座处铰的上下垫板要有一定刚度，其厚度为

$$\delta = \sqrt{\frac{2f_c l^2}{f_y}} \geqslant 6\text{mm}$$

式中 f_c——试件材料的抗压强度设计值，N/mm²；

f_y——垫板材料的强度设计值，N/mm²。

（4）滚轴的长度，一般取等于试件支承处截面宽度 b。

（5）滚轴的直径，可参照表 2－1 选用，并按式（2－3）进行强度验算

$$\sigma = 0.418\sqrt{\frac{RE}{rb}} \tag{2-3}$$

式中 E——滚轴材料的弹性模量，N/mm²；

r——滚轴半径，mm。

表 2－1　滚轴直径选用表

滚轴受力（kN/mm）	≤2	2～4	4～6
滚轴直径（mm）	50～60	60～80	80～100

对于不同的结构形式，要求有不同的支座形式，具体如下：

（1）简支梁和连续梁支座

这类试件通常一端为固定铰支座，其他为滚动支座。安装时各支座轴线应彼此平行并垂直于试件的纵轴线。各支座间的距离取为试件的计算跨度。

当需要模拟梁的嵌固端支座时，在试验室内可利用试验台座用拉杆锚固，如图 2－22 所示，只要保证支座与拉杆间的嵌固长度，即可满足试验要求。

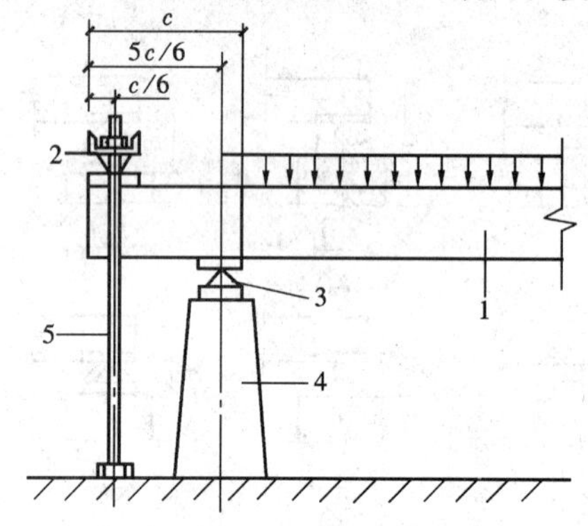

图 2－22　嵌固端支座构造

1—试件；2—上支座刀口；3—下支座刀口；4—支墩；5—拉杆

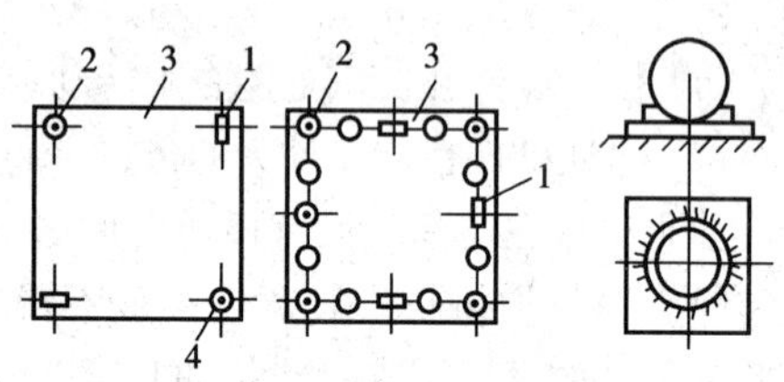

图 2－23　板壳结构的支座布置方式

1—滚轴；2—钢球；3—试件；4—固定球铰

（2）四角支承板和四边支承板的支座

在配置四角支承板支座时应安放一个固定滚珠；对于四边支承板，滚珠间距不宜过大，宜取板在支承处厚度的 3～5 倍。此外，对于四边简支板的支座应注意四个角部的处理。当四边支板无边梁时，加载后四角会翘起。因此，角部应安置能承受拉力的支座。板、壳支座的布置方式如图 2－23 所示。

（3）受扭试件两端的支座

对于梁式受扭构件试验，为保证试件在受扭平面内自由转动，支座形式可如图 2－24 所

示。试件两端架设在两个能自由转动的支座上，支座的转动平面应相互平行，并与试件的扭曲轴相垂直。

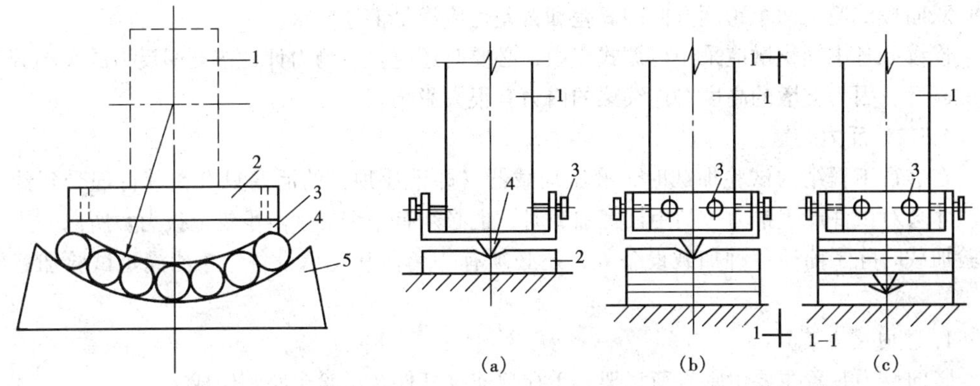

图 2-24 受扭试验转动支座构造

1—受扭试验构件；2—垫板；3—转动支座盖板；4—滚轴；5—转动支座

图 2-25 柱与压杆试验的铰支座

(a) 单向铰支座；(b) 双向铰支座

1— 试件；2—铰支座；3—调整螺丝；4—刀口

(4) 受压试件两端的支座

在进行柱与压杆试验时，试件应分别设置球形支座或双层正交刀口支座。如图 2-21、图 2-25、图 2-26 所示。球铰中心与加载点重合，双层刀口的支点应落在加载点上。

目前试验柱的对中方法有两种，即几何对中法和物理对中法。从理论上讲，物理对中法比较好，但实际上不可能做到整个试验过程中永远处于物理对中状态。因此，较实用的办法是，以柱控制截面（一般等截面柱为柱高度的中点）的形心线作为对中线，或计算出试验时的偏心距，按偏心线对中。

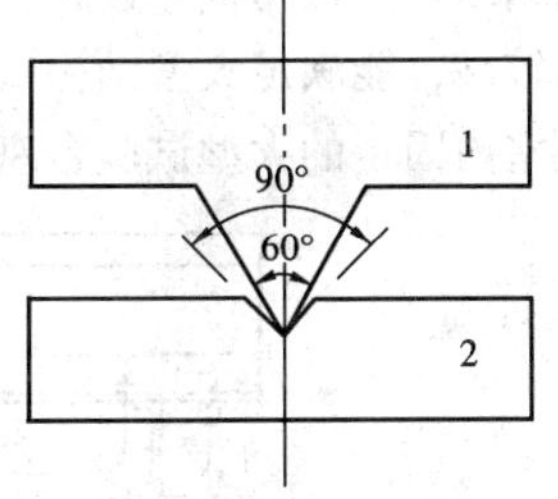

图 2-26 刀口支座

1—刀口；2—刀口座

进行柱或压杆偏心受压试验时，对于刀口支座，可以用调节螺丝调整刀口与试件几何中线的距离，以满足不同偏心矩的要求。

在试验机中做短柱抗压承载力试验时，由于短柱破坏时不发生纵向挠曲，短柱两端面不发生相对转动，因此，当试验机上下压板之一已有球铰时，短柱两端可不加设刀口。这样处理是合理的，且能和混凝土棱柱强度试验方法一致。

2. 支墩

支墩本身的强度必须进行计算，保证试验时不致发生过度变形。支墩在现场多用砖块临时砌成，支墩上部应有足够大的平整支承面，最好在顶部铺钢板，支承面积要按地耐力复核。在试验室内一般用钢或钢筋混凝土制成的专用设备。

为了使用灵敏度高的位移量测仪表量测试验结构的挠度，提高试验精度，要求支座和地基有足够的刚度与强度，在试验荷载下的总压缩变形不宜超过试验构件挠度的 1/10。

当试验需要使用两个以上的墩时，如连续梁、四角支承板等，为了防止支墩不均匀沉降及避免试验结构产生附加应力而破坏，要求各支墩应具有相同的刚度或应高度是可调的。

单向简支试件的两个铰支座的高差应符合结构构件的设计要求，偏差不宜大于试件跨度的1/50。因为过大的高差会在结构中产生附加应力，改变结构的工作机制。

双向板支墩在两个跨度方向的高差和偏差也应满足上述要求。

连续梁各中间支墩应采用可调式支墩，必要时还应安装测力计，按支座反力的大小调节支墩高度，因为支墩的高度对连续梁的内力有很大影响。

2.5.2 反力装置

在进行工程结构试验加载时，液压加载器（即千斤顶）的活塞只有在其行程受到约束时，才会对试件产生推力。利用杠杆加载时，也必须有一个支承点承受上拔力。所以，进行试验加载时除了前述各种加载设备外，还必须有一套荷载支承设备，才能满足试验加载要求。

1. 竖向反力装置

竖向反力装置主要由垂直荷载架、千斤顶连接杆件及试验台座等组成。

(1) 荷载架

在试验室内荷载架一般是由横梁、立柱组成的反力架和试验台座等连接组成，也可利用适宜于试验中小型构件的抗弯大梁或空间桁架式台座。在现场试验时则通过反力架用平衡重块、锚固桩头或专门为试验浇筑的钢筋混凝土地梁平衡试件的荷载，也可用箍架将成对试件作卧位或正反位加载试验。

荷载架主要是由立柱和横梁组成。它可以用型钢制成，特点是制作简单，取材方便，可按钢结构的柱与横梁设计，横梁与柱的连接采用精制螺栓或圆销。对荷载架的强度、刚度要求较高，能满足大型结构试验的要求。荷载架的高度和承载力可按试验需要设计，可成为试验室内固定的大型试验台座上的荷载支撑设备。图2－27为组合式荷载架 。

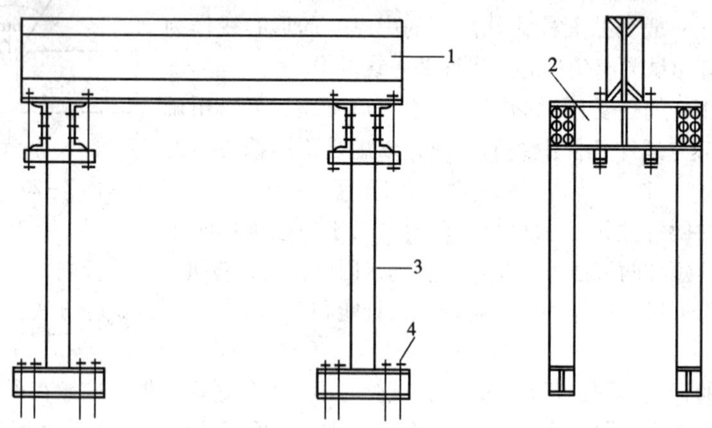

图2－27 组合式荷载架示意

1—大梁；2—横梁；3—立柱；4—地脚螺栓

(2) 试验台座

在试验室内，结构试验台座是永久性的固定设备，用以平衡施加在试验结构物上的荷载产生的反力。

试验台座的台面一般与试验室地坪标高一致，这样可以充分利用试验室的地坪面积，使室内水平运输搬运物件比较方便，但易干扰试验活动；也可以高出地平面，使之成为独立体系，这样试验区划分比较明确，不受周边活动及水平交通运输的影响。

试验台座的长度可从十几米到几十米，宽度也可达十余米。台座的承载能力一般在200~1000kN/m。台座的刚度极大，所以受力后变形极小，这样就允许在台面上同时进行几个结构试验，而不考虑相互的影响，试验可沿台座的纵向或横向进行。

设计台座时，纵向和横向均应按各种试验组合可能产生的最不利受力情况进行验算与配筋，以保证具有足够的强度和整体刚度。用于动力试验的台座还应有足够的质量和耐疲劳强度，防止引起共振和疲劳破坏，尤其应注意局部预埋件和焊缝的疲劳破坏。如果试验室内同时有静力和动力台座，则静力试验台座与动力试验台座应分离设置，避免动力试验对静力试验的干扰。按结构的不同，目前国内外常见的试验台座有以下几种：

1）槽式试验台座。这是目前国内用得较多的比较典型的静力试验台座。其构造特点是沿台座纵向全长布置几条槽轨。该槽轨是用型钢制成的纵向框架式结构，埋置在台座的混凝土内，如图2-28所示。槽轨的作用在于锚固加载支架，用以平衡结构物上的荷载产生的反力。如果荷载架立柱为圆钢制成，直接可用两个螺帽固定于槽内；如果荷载架立柱由型钢制成，则在其底部设计成钢结构柱脚的构造，用地脚螺丝固定在槽内。在试验加载时，立柱受向上拉力，故要求槽轨的构造应该和台座的混凝土部分有很好的联系，不致拔出。

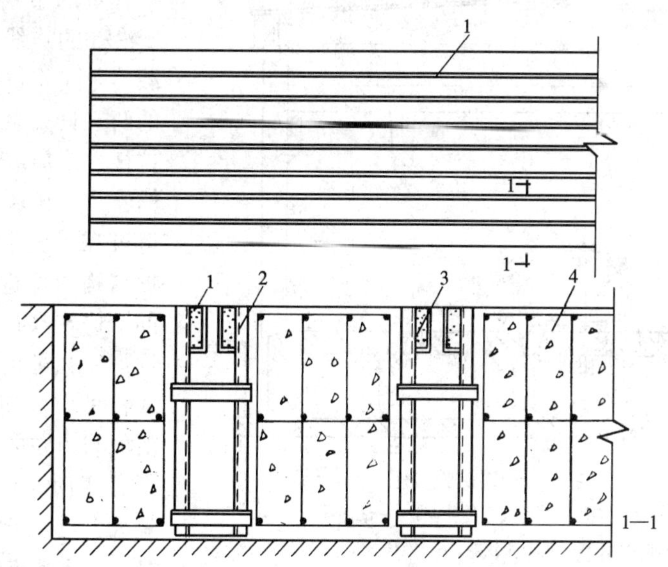

图2-28 槽式试验台座横向剖面图

1—槽轨；2—型钢骨架；3—高强度混凝土；4—混凝土

2）地锚式试验台座。这种台座在台面上每隔一定间距设置一个地脚螺丝，螺丝下端锚固在混凝土内，顶端伸出到台座表面特制的地槽内，并略低于台座表面标高，如图2-29所示。使用时，通过套筒螺母与荷载架立柱连接。平时用盖板将地槽盖住，以保护螺丝端部，并防止杂物落入孔穴。这种台座的缺点是螺丝受损后修理困难。此外，由于螺丝位置是固定的，所以安装试件的位置受到限制，不如槽式台座方便。

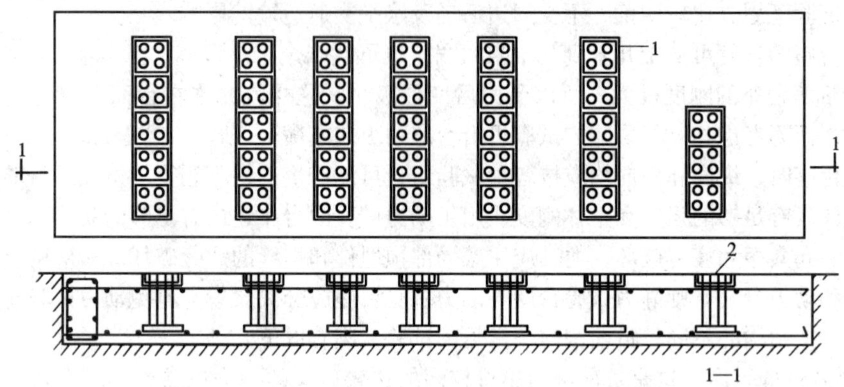

图 2-29 地锚式试验台座

1—地脚螺丝；2—台座地槽

3）箱式试验台座。这种台座本身就是一个刚度很大的箱形结构，台座顶板沿纵、横两个方向按一定间距留有竖向贯穿的孔洞，以固定立柱或梁式槽轨，如图 2-30 所示。台座配备有短的梁式活动槽轨，便于沿孔洞连线的任意位置加载，即先将槽轨固定在相邻的两孔间，然后将立柱（或拉杆）按加载的位置固定在槽轨中。试验量测与加载构造可在台座上面，也可在箱形结构内部进行，所以台座的结构本身也就是试验室的地下室，可供长期荷载试验或特种试验使用。这种台座的加载点位置可沿台座纵向任意变动。其缺点是型钢用量大，槽轨施工精度要求较高。由于地脚螺丝容易松动，故不适用于动力试验。更大型的箱形试验台座同时还可兼作为试验室房屋的基础。因而场地的空间利用率高，加载器设备管路易布置，台面整洁不乱。它的主要缺点是安装和移动设备较困难。

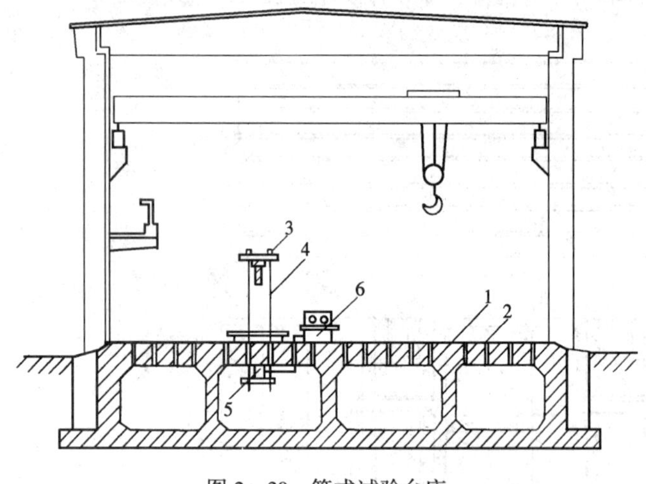

图 2-30 箱式试验台座

1—箱形台座；2—顶板上的孔洞；3—试件；4—加荷架；5—液压加载器；6—液压操纵台

4）槽锚式试验台座。这种台座兼有槽式及地锚式台座的特点，如图 2-31 所示，同时由于抗震试验的需要，利用锚栓一方面可固定试件，另一方面可承受水平剪力。

5）抗弯大梁式台座。在预制构件厂和小型结构试验室中，当缺少大型试验台座时，也可以采用抗弯大梁式或空间桁架式台座，以满足中小型构件试验或混凝土制品检验的要求。抗弯大梁台座本身是一根刚度极大的钢梁或钢筋混凝土大梁，其构造如图2-32所示。当用液压加载器和分配梁加载时，产生的反作用力通过门型荷载架传至大梁，试验结构的支座反力也由台座大梁承受，使之保持平衡。抗弯大梁式台座由于受大梁本身抗弯强度与刚度的限制，一般只能试验跨度在7m以下、宽度在1.2m以下的板和梁。

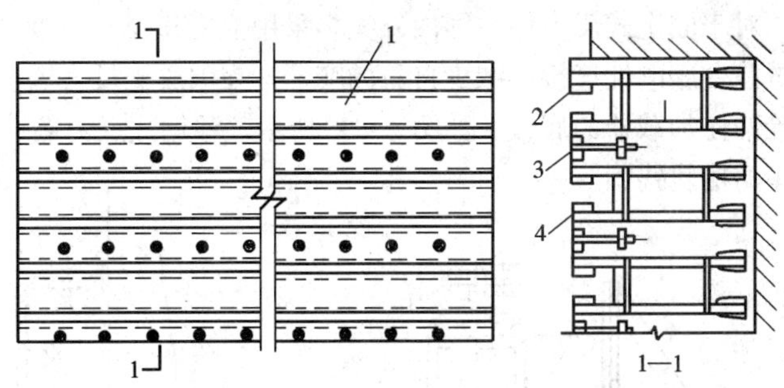

图2-31 槽锚式试验台座

1—滑槽；2—高强度等级混凝土；3—槽钢；4—锚栓

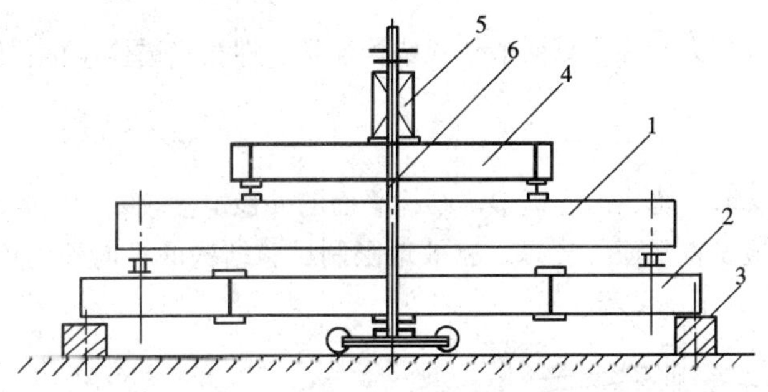

图2-32 抗弯大梁台座的荷载试验装置

1—试件；2—抗弯大梁；3—支墩；4—分配梁；5—液压加载器；6—荷载加载架

6）空间桁架式台座。这种台座是由型钢制成的专门试验架，一般用于进行中等跨度的桥架及屋面大梁的试验，如图2-33所示。它可施加为数不多的集中荷载，液压加载器的反作用力由空间构架自身平衡。

（3）加载器（千斤顶）与荷载架连接件

在一般静力试验时，只要使千斤顶与试件及荷载架之间保持稳定即可。但在抗震试验时，由于水平地震反复作用，试件要发生侧移。此时垂直千斤顶要求对试件的荷载点保持不变，即必须同试件一起移动。这时需要依靠千斤顶与横梁之间的滚轴来实现。图2-34所示为千斤顶滚轴连接图。

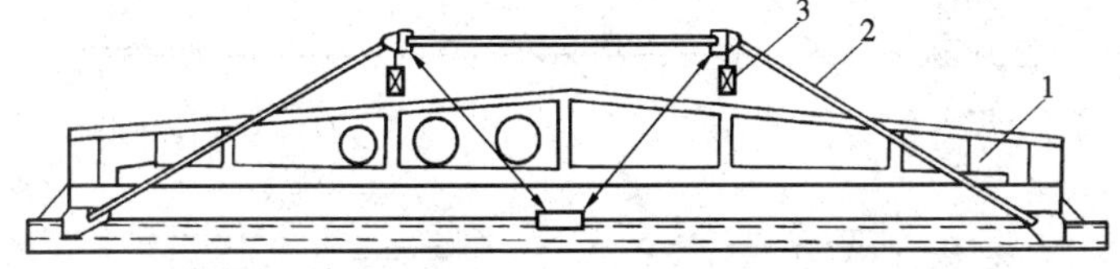

图2-33 空间桁架式台座

1—试件（屋面大梁）；2—空间桁架式台座；3—液压加载器

2. 水平反力装置

水平反力装置主要由反力墙（反力架）及千斤顶水平连接件等组成。

反力墙一般为固定式，而反力架则有固定式和移动式两种。

对于固定式反力墙，国内外大多采用混凝土结构（钢筋混凝土或预应力混凝土），而且和试验台座刚性连接以减少自身的变形。在混凝土反力墙上，按一定距离设有孔洞，以便用螺栓锚住加载器的底板，如图2－35所示。移动式反力墙一般采用钢结构，通过螺栓与试验台座的槽轨锚固。

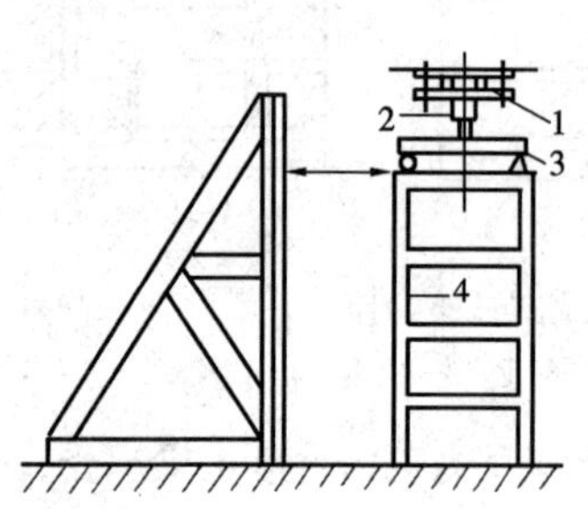

图2－34 千斤顶辊轴连接

1—辊轴；2—千斤顶；3—分配梁；4—试件

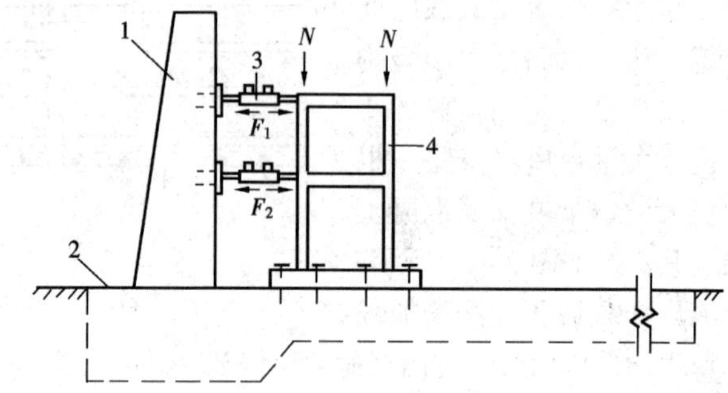

图2－35 双向反复加载试验装置

1—反力墙；2—试验台座；3—推拉加载器；4—试件

反力墙与千斤顶的连接方式大致分为三种，纵向滑轨式锚栓连接、螺孔式锚栓连接、横向滑轨式锚栓连接。

2.5.3 其他装置

由于屋架、桁架、薄腹梁、多层剪力墙、多层框架等结构平面的外稳定性较差，试验时应严格按结构的实际工作条件可靠地设置平面外支撑，有效地限制试验结构的平面外侧移，

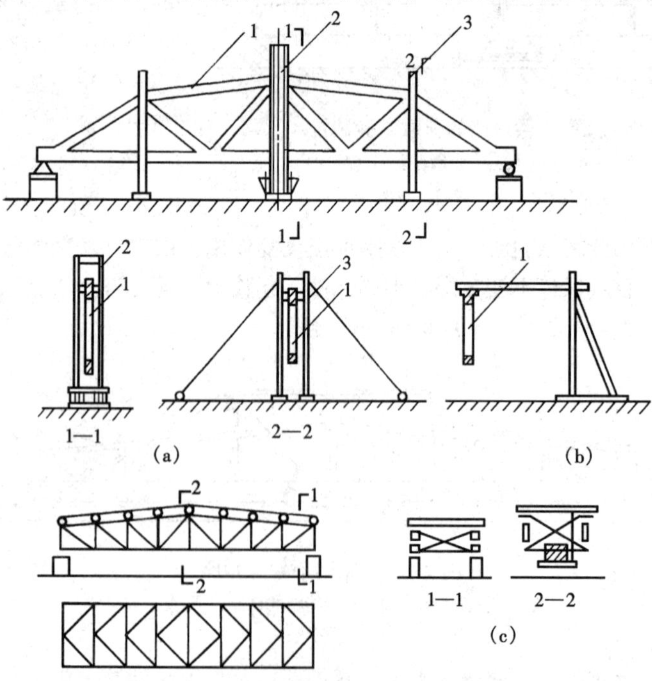

图2－36 屋架试验的侧向支撑

1—试件；2—荷载支撑架；3—拉杆式侧向支撑

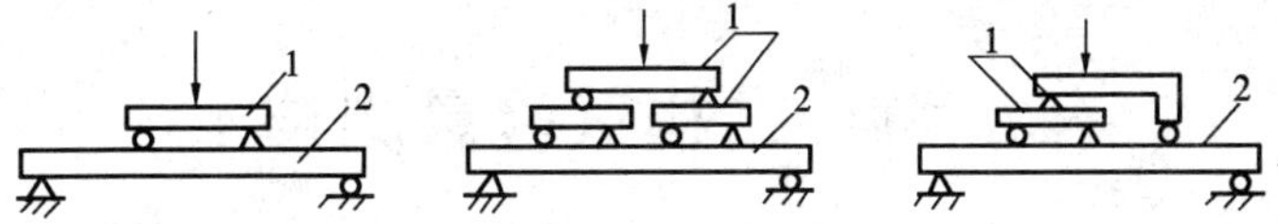

图 2-37　分配梁加载示例

1—分配梁；2—试件

确保结构安全工作。同时也不应设置比设计要求更强的平面外支撑，以免掩盖实际结构可能存在的隐患。图 2-36 所示是屋架上弦两侧设置滚动轴承的侧向支撑。

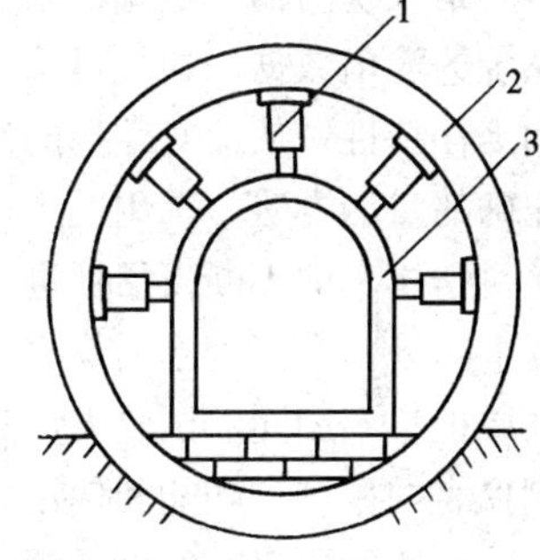

图 2-38　隧道模型加载

1—加载器；2—加载框；3—试件

平面外支撑应具有足够的刚度和承载力，且应可靠地锚固，并不应阻碍试件在平面内的自由变形。

当用一个加载器施加两点或两点以上荷载时，常通过分配梁实现，如图 2-37 所示。分配梁应为单跨简支形式，刚度足够大，重量尽量小。分配梁配置不宜超过两层，以免使用中失稳或引起误差。

对于某些特殊构件或结构试验，还常用一些专门的支撑机构，如对隧道模型箱形结构或桁架节点的试验常采用图 2-38 所示的加载框。

第3章 结构试验量测技术

3.1 概 述

在结构试验中，试件可以被看作为一个系统，其所受到的外部作用（如荷载、位移、温度等）是系统的输入数据，则试件的反应（如应变、应力、裂缝、位移、速度、加速度等）是系统的输出数据。通过对输入与输出数据的量测、采集和分析处理，可以了解试件这个系统的工作特性，从而对结构的性能做出定量的评价。为了采集到准确、可靠的数据，应该采用正确的量测方法，选用适当可靠的量测仪器设备来完成。

科学技术的不断发展促进了各学科之间的互相渗透，新的量测仪器不断出现，从最简单的逐个测读、手工记录的仪表，到应用电子计算机快速连续采集和处理的复杂系统，种类很多，原理各不相同。试验人员除了对被测参数的性质和要求应有深刻理解外，还必须对有关量测仪表的原理、功能和使用要求有所了解。这样才有可能正确选择仪表并掌握使用技术，在试验中才能取得满意的量测效果。

3.1.1 数据的量测与采集方法

从测量技术的历史发展过程和实际使用情况看，数据的量测与采集方法有：

(1) 用最简单的工具进行人工测量、人工记录。例如使用直尺测量变形；

(2) 用仪器进行测量、人工记录。例如使用电阻应变仪配应变计或位移计测量应变或位移；

(3) 用仪器进行测量、仪器自动记录。例如使用传感器及 x—y 函数记录仪进行测量、记录，或用传感器、放大器和磁带记录仪进行测量、记录；

(4) 用自动化数据采集系统进行测量、记录、并进行数据处理。

3.1.2 数据量测系统的组成

数据量测系统基本上由感受部分、放大部分和显示记录部分组成。感受部分把直接从测点上感受的被测信号传给放大部分，通过各种元器件（机械的、电子的、光学的）转换放大后传给显示记录部分，启动指针或数码管或屏幕等进行指示、显示或记录设备进行记录。

组成数据量测系统的仪器设备种类繁多，按其功能和使用情况可以分为：传感器、放大器、显示器、记录器、分析仪器、数据采集仪，或一个完整的数据采集系统等。它们可以是单件式的，也可以是集成式的。

这些仪器设备还可以按以下方法分类：

按工作原理可分为机械式仪器、电测仪器、光学测量仪器、复合式仪器以及伺服式仪器。机械式仪器是纯机械传动、放大和指示；电测仪器是利用机电变换，并用电量显示；光学测量仪器是利用光学原理转换、放大和显示；复合式仪器是由两种及两种以上工作原理复合而成；伺服式仪器是带有控制功能的仪器。

按仪器的用途可分为应变计、位移传感器、测力传感器、倾角传感器、频率计以及测振传感器等。

按仪器与结构的关系可分为附着式与手持式、接触式与非接触式、绝对式与相对式。

按仪器显示与记录方式分为直读式与自动记录式、模拟式和数字式。

能够反应量测仪表的性能指标主要有：

（1）量程（量测范围）：仪表所能量测的最小至最大的量值范围。

（2）最小分度值（刻度值）：仪器的指示或显示装置所能指出的最小测量值。

（3）精确度（精度）：仪表的指示值与被测值的符合程度，常用满程相对误差表示。

（4）灵敏度：被测量的单位变化引起仪器显示值的变化值。

（5）滞后：在恒定的环境条件下，仪器在整个量测范围内，从起始值到最大值来回输出中的最大偏差值或该值与最大量程的百分比。

量测仪器的某些性能之间常互为矛盾，例如精度高的量测仪器量程常较小，灵敏度高的量测仪器往往适应性能稍差。在选用时，应优先选择简单的，根据试验的目的要求，综合加以考虑，防止盲目性和片面性。

从目前使用的情况看，结构试验中使用的量测仪器多为电测类，机械式仪表已经不多用。从发展的角度看，量测仪器目前发展的趋势主要体现在数字化与集成化两个方面，国内已开发有多种数据采集与处理软件。本章主要介绍结构静载试验中常用的量测仪表的构造原理与使用方法，动载试验量测技术将在第5章中讨论。

3.2 应 变 量 测

结构在外力作用下，内部产生应力，起控制作用部位的应力值是评定结构工作状态的重要指标，也是建立结构理论的重要依据。直接测定构件截面某点处的应力值目前还没有较好的方法，通常是先测定该点处应变，而后利用虎克定律间接测定应力，或由已知的应力—应变关系曲线查得应力。应变量测在结构试验的量测项目中占有极重要的地位。应变量测往往还是其他物理量量测的基础。

应变量测的基本原理是在预定的标准长度范围（称为标距）L 内，量测长度变化增量的平均值 ΔL，再由 $\varepsilon = \Delta L / L$ 求得 ε。所以，应变的量测实质上是量测标距 L 的变化增量 ΔL。原则上 L 的选择应尽量小，特别是对于应力梯度较大的构件，如应力集中的测点。但对某些非均质材料组成的结构，应有适当范围，例如在需要量测混凝土的应变时，量测标距应取大于骨料最大粒径的3倍；砖石结构的量测标距应取大于4皮砖等，才能正确反映平均值 ΔL。

应变量测方法和仪表很多，主要有电测法与机测法两类。电测法以电阻应变仪量测为主。其简单流程如图3-1所示。

电阻应变仪量测应变是通过粘贴在试件测点的感受元件—电阻应变计（一般称之为电阻应变片）与试件同步变形，引起输出电信号变化，从而进行量测和处理的。

应变电测法的优点是：感受元件重量轻，体积小；量测系统信号传递迅速、灵敏度高；可遥测，便于与计算机联用，以及可以实现自动化测量等。因此应变电测法在试验应力分

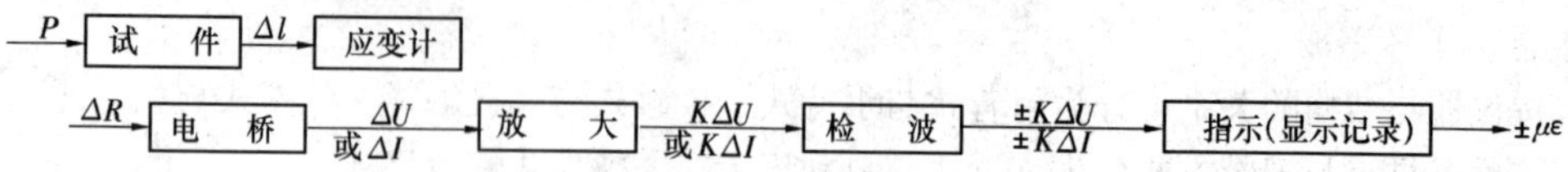

P → 试件 → ΔL → 应变计

ΔR → 电桥 → ΔU 或 ΔI → 放大 → KΔU 或 KΔI → 检波 → ±KΔU ±KΔI → 指示（显示记录） → ±με

图 3-1 应变量测流程

析，断裂力学及宇航工程中都有广泛的用途。主要缺点是连续长时间测量会出现漂移；电阻应变片的粘贴技术比较复杂，工作量大；应变片不能重复使用，因此消耗量较大。

3.2.1 电阻应变计

1. 电阻应变片的原理及构造

电阻应变片的工作原理是基于电阻丝具有应变效应，即电阻丝的电阻值随其变形而发生改变。由物理学可知，金属丝的电阻 R 与长度 L 和截面积 A 具有如下关系

$$R = \rho \frac{L}{A} \tag{3-1}$$

式中 ρ——金属丝的电阻率。

设其在受力长度 L 变化为 ΔL，如图 3-2 所示，则其变化率可由（3-1）式取对数并进行微分获得

P D L ΔL D' P

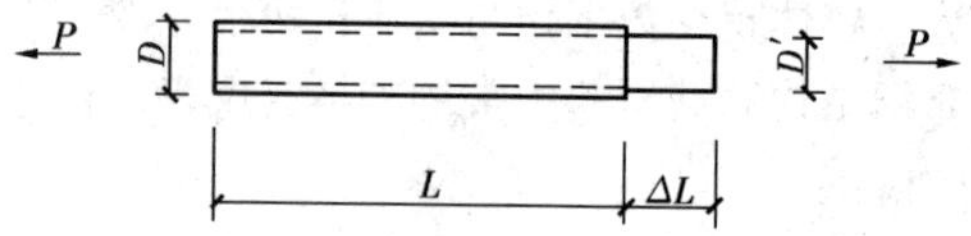

图 3-2 金属丝的电阻应变原理

$$\frac{\mathrm{d}R}{R} = \frac{\mathrm{d}\rho}{\rho} + \frac{\mathrm{d}L}{L} - \frac{\mathrm{d}A}{A} \tag{3-2}$$

其中 $\frac{\mathrm{d}A}{A} = 2\frac{\mathrm{d}D}{D} = -2\nu\frac{\mathrm{d}L}{L} = -2\nu\varepsilon$ （3-3）

将式（3-3）代入式（3-2）式，得

$$\frac{\mathrm{d}R}{R} = \frac{\mathrm{d}\rho}{\rho} + (1+2\nu)\varepsilon$$

即

$$\frac{\mathrm{d}R}{R}/\varepsilon = (1+2\nu) + \frac{\mathrm{d}\rho}{\rho}/\varepsilon$$

令

$$(1+2\nu) + \frac{\mathrm{d}\rho}{\rho}/\varepsilon = K_0$$

则

$$\frac{\mathrm{d}R}{R} = K_0\varepsilon \tag{3-4}$$

式中 ν——电阻丝材料的泊松比；

K_0——单丝灵敏系数。

分析 K_0 的表达式可以看出，它受两个因素的影响，第一项为（$1+2\nu$），是由电阻丝几何尺寸改变所引起的，选定金属丝材料后，泊松比 ν 为常数。第二项 $\frac{\mathrm{d}\rho}{\rho}/\varepsilon$，是由电阻丝发生单位应变引起电阻率的变化率，为应变的函数，但对大多数电阻丝而言，也是一个常量。故可认为 K_0 是常数，对于电阻应变片，式（3-4）可以表示为

$$\frac{\mathrm{d}R}{R} = K\varepsilon \tag{3-5}$$

可见，应变片的电阻变化率与应变值呈线性关系。当把应变片牢固粘贴于试件上，并使之与试件同步变形时，便可由式（3-5）中的电量—非电量转换关系测得试件的应变。在应

变片中，由于敏感栅几何形状的改变和粘胶、基底等的影响，灵敏系数与单丝有所不同，一般由产品分批抽样实际测定，通常 $K=2.0$ 左右。

不同用途的电阻应变片，其构造有所不同，但都有敏感栅、基底、覆盖层、粘结剂和引出线。其结构如图 3－3 所示。

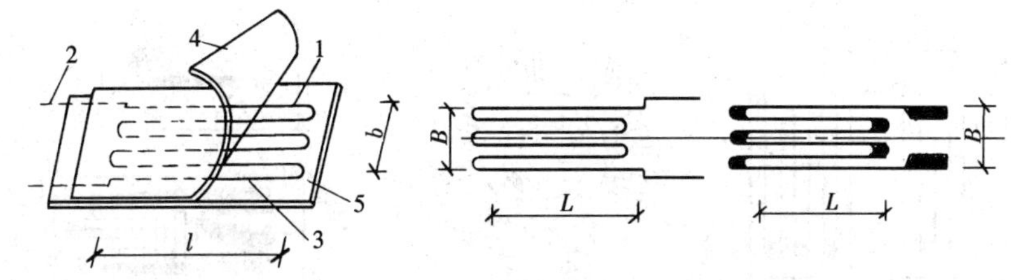

图 3－3　电阻应变片的构造

1—敏感栅；2—引出线；3—粘合剂；4—覆盖层；5—基底

(1) 敏感栅：是应变片中将应变变换成电阻变化量的敏感部分，它是用金属或半导体材料制成的单丝或栅状体。敏感栅的形状与尺寸直接影响应变片的性能。栅长 L 和栅宽 B 代表应变片的标称尺寸，即规格。

(2) 基底和覆盖层：主要起定位和保护电阻丝的作用，并使电阻丝和被测试件之间绝缘。基底的尺寸通常代表应变片的外形尺寸。

(3) 粘结剂：粘结剂是一种具有一定电绝缘性能的粘结材料。其作用是将敏感栅固定在基底上，或将应变片的基底粘贴在试件的表面。

(4) 引出线：引出线通过测量导线接入应变测量电桥。引出线一般都采用镀银、镀锡或镀合金的软铜线制成，在制造应变片时与电阻丝焊接在一起。

2. 电阻应变片的分类及技术指标

电阻应变片的种类很多，按敏感栅的栅极分有丝式、箔式、半导体等；按基底材料分有纸基、胶基等；按使用极限温度分有低温（小于 30℃）、常温（－30～60℃）、中温（60～350℃）、高温（大于 350℃）等。箔式应变计是在薄胶膜基底上镀合金薄膜（0.002～0.005mm），然后通过光刻技术制成，具有绝缘度高、耐疲劳性能好、横向效应小等特点，但价格高。丝绕式多为纸基，具有防潮性、价格低、易粘贴等优点，但耐疲劳性稍差，横向效应较大。图 3－4 为几种应变片的形式。

图 3－5 为几种丝式应变花示意。

应变片的主要技术性能由下列指标给出：

(1) 标距：指敏感栅在纵轴方向的有效长度 L。

(2) 规格：以使用面积 $L\times B$ 表示。

(3) 电阻值：电阻应变片需要通过电阻应变仪接入测量电路，电阻应变仪中的标准电阻均按 120Ω 进行设计，因而应变测量片的阻值大部分为 120Ω 左右，否则应加以调整或对测量结果予以修正。

(4) 灵敏系数：电阻应变片的灵敏系数出厂前经抽样试验确定。使用时，必须把应变仪上的灵敏系数调节器，调整至应变片的灵敏系数值，否则应对结果予以修正。

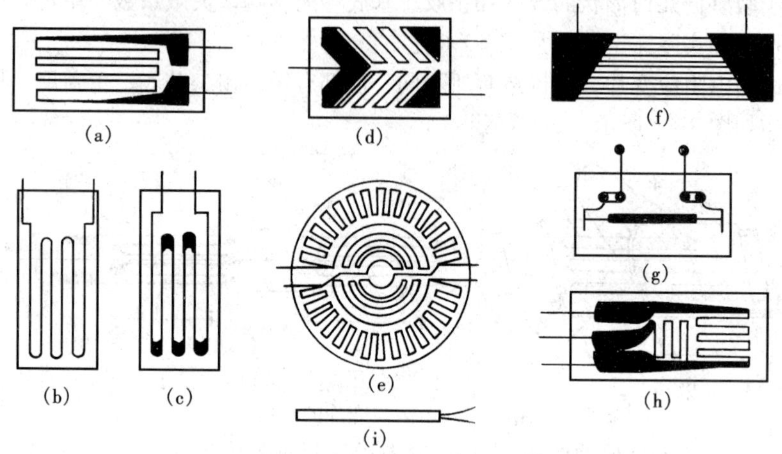

图 3－4 几种电阻应变计

(a)、(c)、(d)、(f)、(h) 箔式电阻应变计；(b) 丝绕式电阻应变计；(e) 短接式电阻应变计；(g) 半导体应变计；(i) 焊接电阻应变计

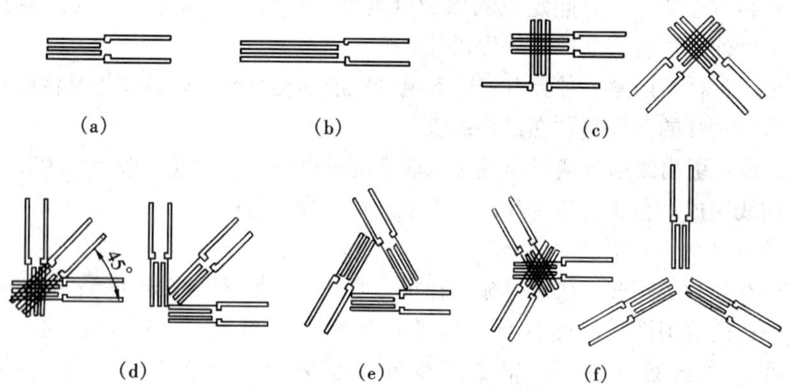

图 3－5 丝式应变花

(a) U型；(b) H型；(c) 二轴90°；(d) 三轴45°；(e) 三轴60°；(f) 三轴120°应变花

(5) 温度适用范围：主要取决于胶合剂的性质，可溶性胶合剂的工作温度约为－20～＋60℃；经化学作用而固化的胶合剂，其工作温度约为－60～＋200℃。

我国 ZBY 117—82 标准规定了电阻应变片的分级，具体分级情况见附录表 3－1、附录表 3－2。在结构试验中一般应选用不低于 C 级应变片。

3.2.2 电阻应变仪

电阻应变片可以把试件的应变转换成电阻变化，必须通过测量电路将其转变成电量的变化，才可以进行直接测量。由于一般情况下试件的应变较小，由此引起的电阻变化非常微小，电量变化也非常微小。这种微弱的电信号，用量电器检测是很困难的，必须借助放大器将之放大。

电阻应变仪就是把电阻应变量测系统中放大与指示（记录、显示）部分组合在一起的量测仪器，主要由振荡器、测量电路、放大器、相敏检波器和电源等部分组成，其功能是将应变计输出的信号进行转换、放大、检波以及指示或记录，并解决温度补偿等问题。

电阻应变仪型式很多，按工作特性分为静态、动态、静动态；按测量线路分有单线型、多线型；按工作原理分为指零式、偏位式；按输出特性分有电流输出、电压输出、电流和电压输出、数码输出；按指示形式分有刻度指示、数字显示；按测读形式分有逐点测读手工记录、与计算机连接组成快速数据采集系统等。由于集成电路的发展，目前电阻应变仪正向小型化、智能化、高分辨率、采样快、零飘小、稳定性好、容量大的方向发展。

静载试验用的电阻应变仪，不宜低于我国 ZBY 103—82 标准的 B 级要求。静态电阻应变仪最小分度值不大于 $1\mu\varepsilon$，误差不大于 1%，零飘不大于 $\pm 3\mu\varepsilon/4\text{h}$。动态应变仪，其标准量程不宜小于 $200\mu\varepsilon$，灵敏度不宜低于 $10\mu\varepsilon/\text{mA}$ 或 $10\mu\varepsilon/\text{mV}$，灵敏度变化不大于 ±2%，零飘不大于 ±5%。

1. 电桥基本原理

应变仪的测量电路，一般采用惠斯登电桥，如图 3-6 所示。在四个臂上分别接入电阻 R_1、R_2、R_3、R_4，在 A、C 端接入电源，B、D 端为输出端。接入直流电源的称为直流电桥，接入交流电源的称为交流电桥。

根据基尔霍夫定律，输出电压 U_{BD} 与输入电压 U 的关系如下

$$U_{BD}=U\cdot\frac{R_1R_3-R_2R_4}{(R_1+R_2)(R_3+R_4)} \tag{3-6}$$

当满足输出电压 $U_{BD}=0$ 时，称电桥平衡，有

$$R_1R_3-R_2R_4=0 \tag{3-7}$$

当 $R_1=R_2=R_3=R_4$，即四个桥臂电阻值相等时，称为等臂电桥。如果桥臂电阻发生变化，电桥将失去平衡，输出电压 $U_{BD}\neq 0$。设电阻 R_1 变化 ΔR_1，其他电阻均保持不变，当为等桥臂时，则有输出电压

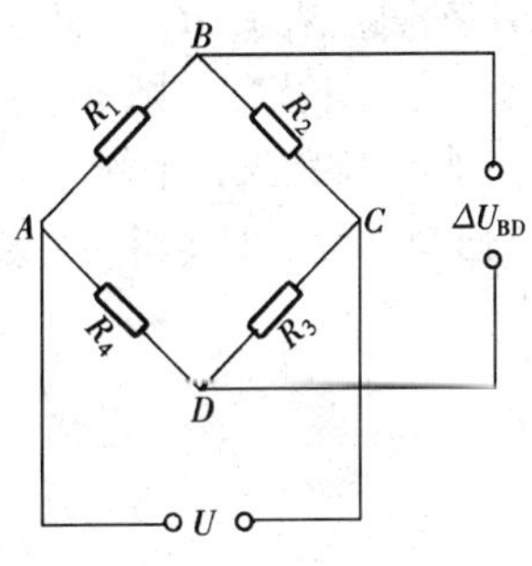

图 3-6　惠斯登电桥

$$U_{BD}=U\cdot\frac{R_2R_4}{(R_1+R_2)(R_3+R_4)}\cdot\frac{\Delta R_1}{R_1}=\frac{U}{4}\cdot\frac{\Delta R_1}{R_1} \tag{3-8}$$

当四个桥臂的电阻变化分别为 ΔR_1、ΔR_2、ΔR_3、ΔR_4，且变化前电桥平衡，则输出电压为

$$U_{BD}=U\cdot\frac{R_2R_4}{(R_1+R_2)(R_3+R_4)}\left(\frac{\Delta R_1}{R_1}-\frac{\Delta R_2}{R_2}+\frac{\Delta R_3}{R_3}-\frac{\Delta R_4}{R_4}\right) \tag{3-9}$$

式（3-8）、式（3-9）中，忽略了分母项中 ΔR 一阶项以及分子中 ΔR 二阶项。如果四个应变计规格相同，即 $R_1=R_2=R_3=R_4=R, K_1=K_2=K_3=K_4=K$，则有

$$U_{BD}=\frac{1}{4}UK(\varepsilon_1-\varepsilon_2+\varepsilon_3-\varepsilon_4) \tag{3-10}$$

由式（3-10）可知，输出电压与四个桥臂应变的代数和呈线性关系；相邻桥臂的应变

（如 ε_1 与 ε_2）符号相反，成相减输出；相对桥臂的应变（如 ε_1 与 ε_3）符号相同，成相加输出。这种利用桥路的不平衡输出进行测量的电桥称为不平衡电桥，其测量方法称为偏位测定法。偏位测定法适用于动态应变测量。

2. 平衡电桥原理

由式（3－10）看出，不平衡电桥的输出中含有电源电压 U 项。当采用城市电网供应的电压，而测试工作又需要延续较长时间时，电源电压的波动将不可避免，其后果必将影响到量测结果的准确性。另外不平衡电桥采用偏位法测量时，要求输出对角线上的检测计既要具有很高的灵敏度又要具有较大的测量范围。为满足这些测试要求，电阻应变仪中有许多改用平衡电桥，即采用零位法进行测量。平衡电桥如图 3－7 所示。R_1 为贴在受力构件上的工作应变片，R_2 为贴在非受力构件上的温度补偿片，R_3 和 R_4 之间加滑线电阻 r，触点 D 平分 r，且使桥路 $R_1 = R_2 = R', R_3 = R_4 = R''$。构件受力前，工作电阻没有增量，桥路处于平衡状态，检流计指零，则 $R_1R_3 - R_2R_4 = 0$。构件受力变形后，应变片的电阻由 R_1 变为 $R_1 + \Delta R_1$，此时桥路失去平衡，检流计指针偏转至某一新的位置。这时如果调节触点 D 使检流计指针回到零位，即使桥路重新恢复平衡，则新的平衡条件为

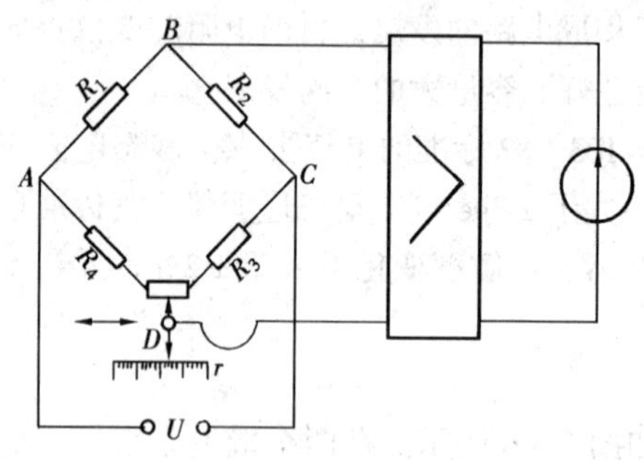

图 3－7 零位法量测桥路图

$$(R_1 + \Delta R_1)(R_3 - \Delta r) = R_2(R_4 + \Delta r) \tag{3-11}$$

$$R_1R'' + \Delta R_1R'' - R_1\Delta r - \Delta R_1\Delta r = R_1R'' + R_1\Delta r$$

$$\frac{\Delta R_1}{R_1} = \frac{2 \cdot \Delta r}{R''}$$

$$\varepsilon = \frac{2 \cdot \Delta r}{KR''} \tag{3-12}$$

可见，可以用滑线电阻的滑移量来度量工作电阻的应变量。滑线电阻若以 $\mu\varepsilon$ 为刻度，则可直接读取工作电阻的应变量。在此，检流计仅用来判别电桥是否平衡，故可以避免偏位法测量的缺点。此法称为零位测定法，零位测定法一般用于静态电阻应变测量。

图 3－7 的电桥，只有半个桥臂参与测量工作，另一半是供读数用的。为了使四个臂都能参与测量工作，同时也为了进一步提高电桥的输出灵敏度，可以采用所谓双桥路，如图 3－8 所示。

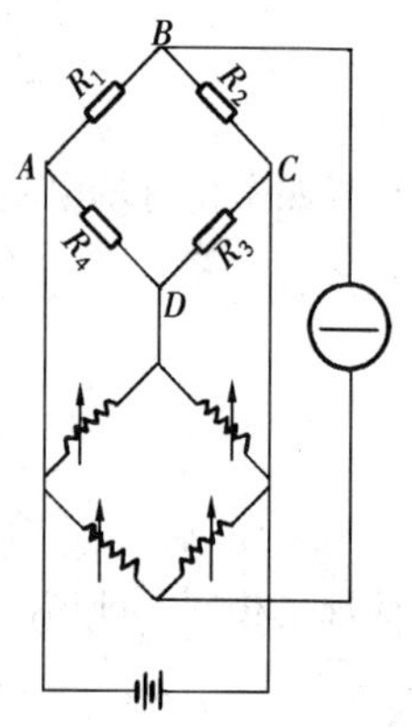

图 3－8 双桥路原理

双电桥桥路除有一个连接电阻应变片的测量电桥外，还有一个能输出与测量电桥变化相反的读数电桥，读数电桥的桥臂由可以调节的精密电阻组成。当试件发生变形，测量电桥失去平衡，检流计指针发生偏转时，调节读数电桥的电阻，使其产生一个与测量

电桥大小相等、方向相反的量，使指针重新指向零。由于测量电桥的输出电压 U_{BD}与工作片应变 ε 成正比，因此读数电桥的电阻调整值也必定与 ε 成正比。

3. 温度补偿技术

用电阻应变片测量应变时，除能感受试件应变外，由于环境温度变化的影响，同样也能通过应变片感受到并引起电阻应变仪指示部分的示值变动，这种变动称为温度效应。

温度使应变片的电阻值发生变化的原因有两个：一是电阻丝温度改变 Δt℃时，电阻将随之改变；二是试件材料与应变片电阻丝的线膨胀系数不相等，但两者又粘合在一起，这样试件温度改变 Δt℃时，应变片中产生了温度应变，引起一个附加电阻变化。总的温度应变效应为两者之和，可用电阻增量 ΔR_t 表示。根据桥路电压输出公式得

$$U_{BD}=\frac{U}{4}\frac{\Delta R_t}{R}=\frac{U}{4}K\varepsilon_t \tag{3-13}$$

式中 ε_t——由温度效应引起的应变，称为视应变。

当应变片的电阻丝为镍铬合金丝时，温度变动 1℃，将产生相当于钢材（$E=2.1\times10^5\text{N/mm}^2$）应力为 14.5N/mm² 的示值变动，这个量值不能忽视，必须设法加以消除。消除温度效应的方法称为温度补偿法。常用的消除温度影响的方法有：温度补偿应变计法、工作应变计温度互补偿法、温度自补偿应变计法。

(1) 温度补偿应变计法

选一个与试件材质相同的，用与试件工作应变计相同的应变计及相同的工艺粘贴，量测时放在试件同一温度场中，用同样导线连接在桥路工作臂的邻臂上，如图 3-9所示。在电桥的 BC 桥臂上接一个与工作片 R_1 同样阻值的应变片 R_2，R_2 为温度补偿应变片。工作片 R_1 贴在受力构件上，既受力产生的应变作用又受温度产生的应变作用，故其电阻变化由两部分组成，即 $\Delta R_1+\Delta R_t$；补偿片 R_2 贴在一个与试件材料相同并置于试件附近，具有同样温度变化，但不受外力的补偿试件上，它只产生 ΔR_t 的变化，故由式（3-9）得

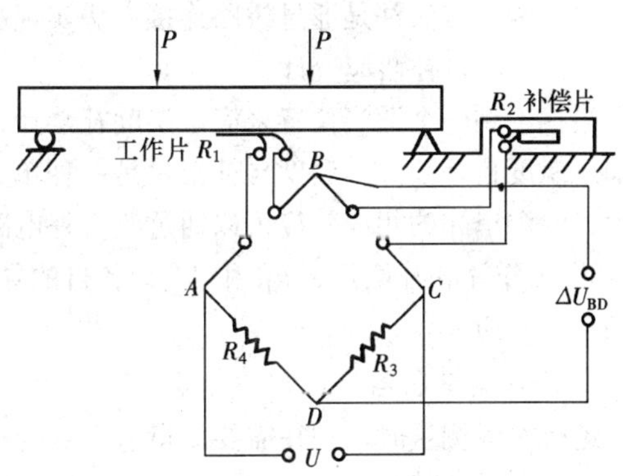

图 3-9 温度补偿应变计桥路连接示意图

$$U_{BD}=\frac{U}{4}\frac{\Delta R_1+\Delta R_{1,t}-\Delta R_{2,t}}{R}=\frac{U}{4}\frac{\Delta R_1}{R}=\frac{U}{4}K\varepsilon_1 \tag{3-14}$$

可见，测量结果仅为试件受力后产生的应变值，温度产生的电阻增量（或视应变）自动得到消除。

一个温度应变计可以补偿一个工作应变计，称为单点补偿；也可以连续补偿多个工作应变计，称为多点补偿。采用哪一种补偿方法，需要根据试验目的的要求和试件材料不同而确定。如钢结构，材料的导热性较好，应变计通电后散热较快，可以一个温度补偿应变计连续补偿 10 个工作应变计；混凝土等材料散热性能差，一个温度补偿应变计连续补偿的工作应

变计不宜超过5个，最好使用单点补偿。

（2）工作应变计温度互补偿法

某些被测结构或构件，存在着应变符号相反，比例关系已知，温度条件又相同的两个或四个测点，可以将这些应变计按照符号不同，分别接在相应的相邻桥臂上，这样在等臂的条件下，既都是工作应变片，又互为温度补偿片，如图3-10所示。但图示接法不适用于混凝土等非匀质材料。

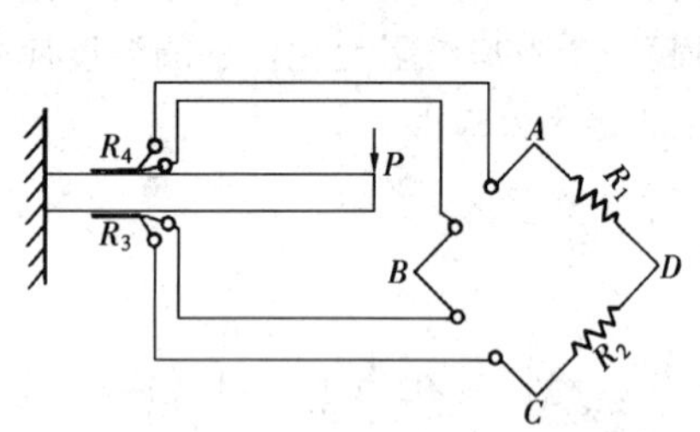

图3-10 工作应变计温度互补偿法桥路示意图

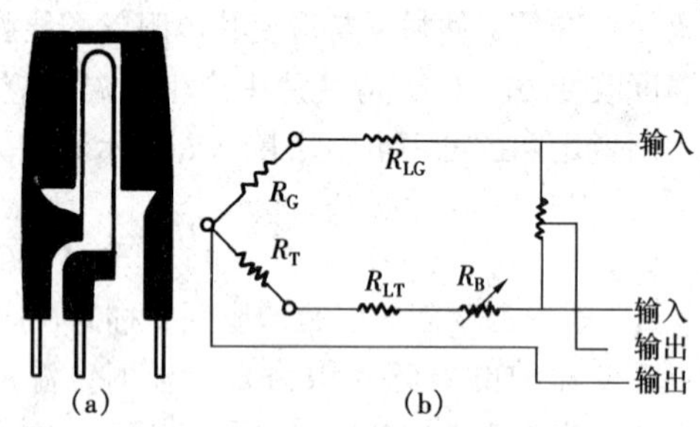

图3-11 温度自补偿电路

（a）温度自补偿片；（b）电路图

以上两种方法都是通过桥路连接方法实现温度补偿的。

（3）温度自补偿应变计法

当找不到一个适当位置来安装温度补偿片，或者工作片与补偿片的温度变动不相等时，应采用温度自补偿片。温度自补偿片是一种单元片，它可由两个单元组成，如图3-11（a）所示，两个单元的相应效应可以通过改变外电路来调整，如图3-11（b）所示。其中 R_G 和 R_T 互为工作片和补偿片，R_{LG}和 R_{LT}为各自的导线电阻，R_B 为可变电阻，加以调节可给出预定的最小视应变。

4. 多点测量线路

进行实际测量时，往往需要测量多个点处的应变，采用具有多个测量桥的应变仪就可以实现多测点测量。图3-12是实现多点测量的两种线路。工作肢转换法是每次只切换工作片，温度补偿片为公用片，为多点补偿；中线转换法每次同时切换工作片和补偿片，通过转换开关自动切换测点而形成测量桥，为单点补偿。

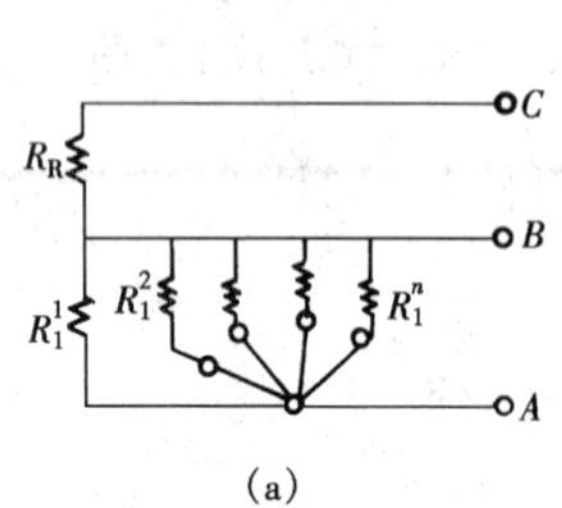

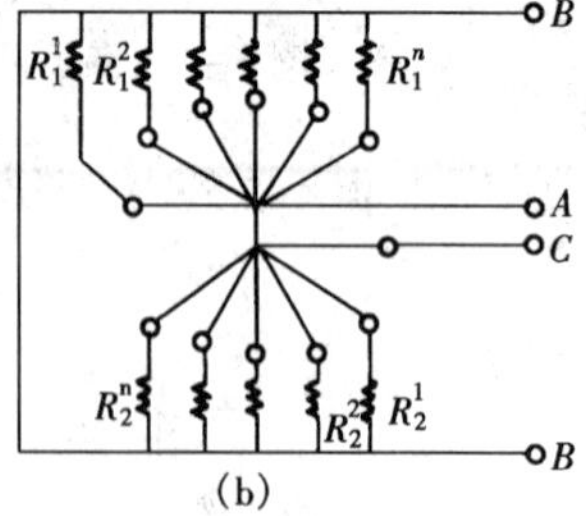

图3-12 多点测量线路

（a）工作肢转换；（b）中线转换

5. 电阻应变仪预调平衡

当采用交流电桥时。两邻近导体以及导体与机壳之间存在分布电容，测量导线之间也会产生分布电容。分布电容的存在，严重影响电桥的平衡，致使电桥灵敏度大大降低，因此必须在测量前预先将电容调平，即使桥路对角线上的容抗乘积相等（$Z_1Z_3 = Z_2Z_4$）。这时分布电容引起的对角线输出为零。

电阻应变仪预调平衡的原理如图3－13所示。*ABCD*组成测量桥路。R_1，R_2，R_3，R_4均为工作片时，组成全桥测量。若用R'_3，R'_4（仪器内部标准电阻）代替R_3，R_4时，组成半桥测量。其中R_a与R_{ta}组成电阻预调平衡线路；C_t与R_t组成电容预调平衡线路。这样当R_t或R_{ta}的触点分别左右滑动时，就可以使电容或电阻达到平衡状态。

3.2.3 实用电路与电阻片的粘贴技术

1. 实用电路

如前所述，式（3－10）建立的应变与输出电压之间的关系，为我们提供了三种标准实用电路。

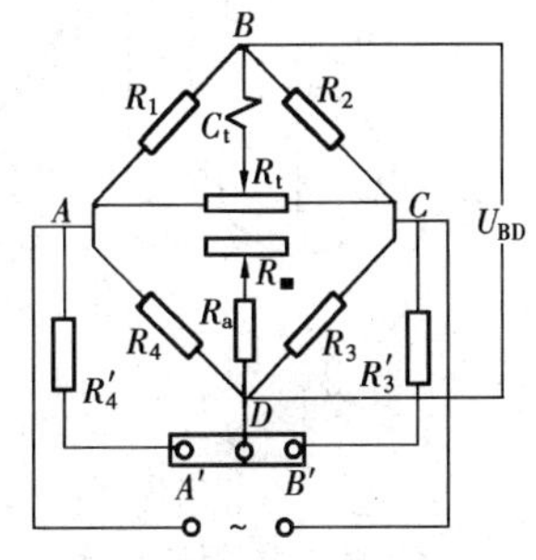

图3－13 预调平衡原理

(1) 全桥电路

全桥电路就是在测量桥的四个桥臂上全部接入工作应变片，如图3－14（a）所示。其中相邻桥臂上的工作片兼作温度补偿用，桥路输出 $U_{BD} = \frac{1}{4}UK(\varepsilon_1 - \varepsilon_2 + \varepsilon_3 - \varepsilon_4)$。图3－15所示的圆柱体荷重传感器就是全桥路工作状态，在筒壁的纵向和横向分别贴有电阻应变片，根据横向应变片的横向变形效应和对角线输出的特性，经推导可得，图示两种贴片和连接方式的输出均为 $U_{BD} = \frac{1}{4}UK \cdot 2(1+\nu)\varepsilon$。

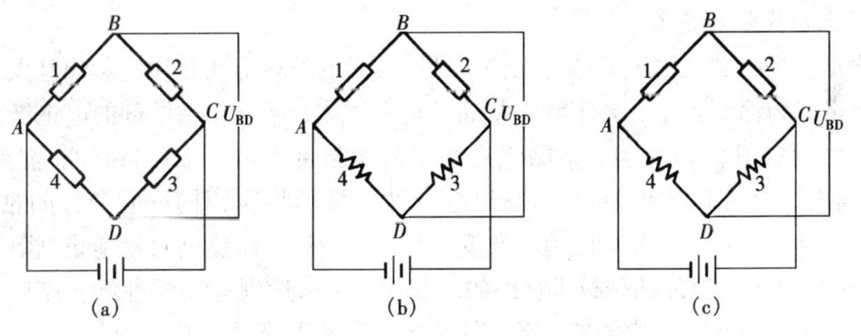

图3－14 标准实用电路

(a) 全桥电路；(b) 半桥电路；(c) 1/4桥路

由此可见，桥路输出公式中的应变符号变化将输出信号放大了2（1＋ν）倍，提高了量测灵敏度；温度补偿自动完成；并消除了读数中因轴向力偏心引起的影响。

(2) 半桥电路

半桥电路由两个工作片和两个固定电阻组成，工作片接在*AB*和*BC*桥臂上，另半个桥上的固定电阻设在应变仪内部。图3－10所示的悬臂梁固定端弯曲应变，可以用R_1和R_2来测定，利用输出公式可得 $U_{BD} = \frac{1}{4}UK[\varepsilon_1 - (-\varepsilon_1)] = \frac{1}{4}K\varepsilon \cdot 2$。即电桥输出灵敏度提高了1倍，温度补偿也由两个工作片自动完成。

(3) 1/4桥电路

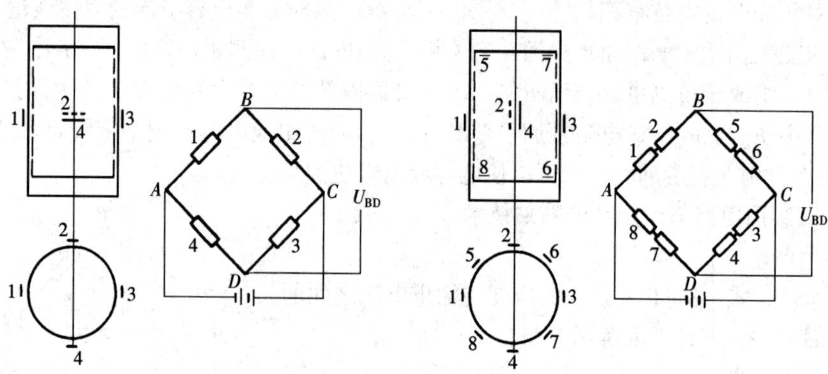

图 3-15 荷重传感器全桥接线

1~8—电阻应变片

1/4 桥电路常用于测量应力场里的单个应变，测量图 3-9 所示的简支梁下边缘最大拉应变时，温度补偿必须用一个补偿应变片 R_2 来完成。这种接线方法对输出信号没有放大作用。

由上面分析可以看出，桥路输出灵敏度取决于应变片在受力构件上的贴片位置和方向，以及它在桥路中的接线方式。此外，还可以根据各种具体情况进行桥路设计（如表 3-1 所示），从而可得桥路输出的不同放大系数。放大系数以 A 表示，称之为桥臂系数。因此在外荷载作用下的实际应变，应该是实测应变 ε^0 与桥臂系数之比，即 $\varepsilon = \varepsilon^0/A$。

2. 电阻应变片粘贴技术

应变片是应变电测技术中的感受元件，粘贴质量的好坏对测量质量影响甚大，粘贴技术要求十分严格。为保证质量，要求测点基底平整、清洁、干燥；粘结剂的电绝缘性、化学稳定性及工艺性能良好，蠕变小，粘贴强度高（剪切强度不低于 3~4MPa），温湿度影响小（粘结剂的选用，参见附表 3-3）；同一组应变计规格型号应相同；应变片的粘贴应牢固，方位准确，不含气泡；粘贴前后阻值不改变；粘贴干燥后，敏感栅对地绝缘电阻一般不低于 500MΩ。严格按电阻应变片粘贴技术粘贴的应变片，可以达到应变线性好，滞后、零飘、蠕变小等要求，保证应变能正确传递。粘贴的具体方法及步骤列于表 3-2。

3.2.4 结构内部应变的测定

当需要测定结构内部混凝土或钢筋的应力时，有时可采用埋入式测力装置。图 3-16 为美国 Brownie 和 Mcurich 研制的埋入式应力栓。它由混凝土或砂浆制成，埋入试件后便置换了一小块混凝土。在应力栓上贴有两片电阻应变片量测应变。应力栓和混凝土的应力-应变关系根据虎克定律可知

$$\left.\begin{aligned}\sigma_c &= E_c\varepsilon_c\\ \sigma_m &= E_m\varepsilon_m\end{aligned}\right\} \qquad (3-15)$$

由此可得

$$\sigma_m = \sigma_c(1 + C_s);\quad \varepsilon_m = \varepsilon_c(1 + C_\varepsilon) \qquad (3-16)$$

式中 C_s、C_ε——应力栓的应力集中系数和应变增大系数。

表3-1 布片和接桥方法

序号	受力状态及其简图		工作片数	电桥型式	电桥线路	温度补偿	测量电桥输出	测量项目及应变值	特点
1	轴向拉(压)	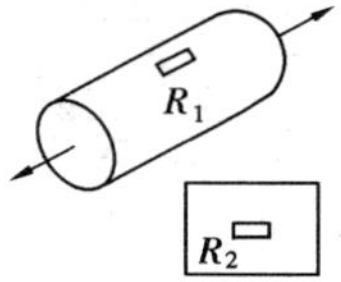	1	半桥	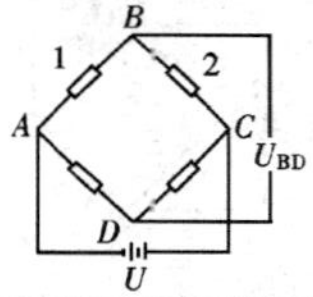	另设补偿片	$U_{BD}=\frac{1}{4}UK\varepsilon$	拉(压)应变 $\varepsilon_r=\varepsilon$	不易消除偏心作用引起的弯曲影响
2	轴向拉(压)	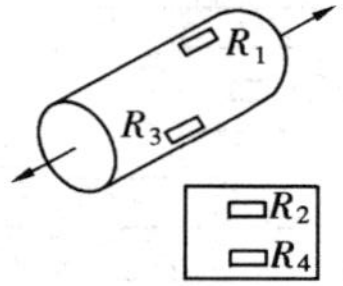	2	全桥	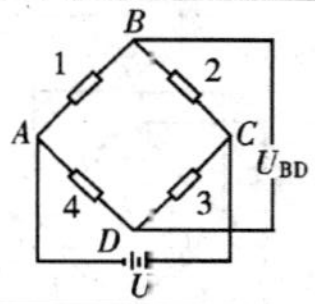	另设补偿片	$U_{BD}=\frac{1}{2}UK\varepsilon$	拉(压)应变 $\varepsilon_r=2\varepsilon$	输出电压提高1倍,可消除弯曲影响
3	轴向拉(压)	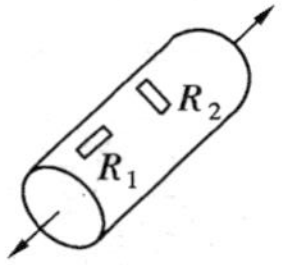	2	半桥	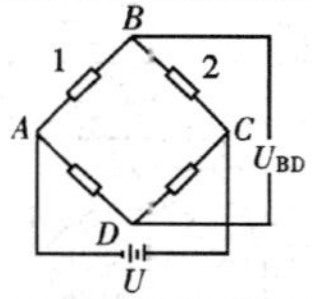	互为补偿	$U_{BD}=\frac{1}{4}UK\varepsilon(1+\nu)$	拉(压)应变 $\varepsilon_r=(1+\nu)\varepsilon$	输出电压提高到(1+ν)倍,不能消除弯曲影响
4	轴向拉(压)	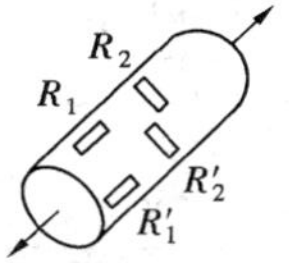	4	半桥	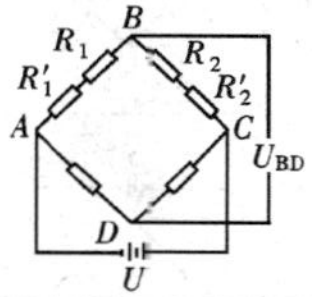	互为补偿	$U_{BD}=\frac{1}{4}UK\varepsilon(1+\nu)$	拉(压)应变 $\varepsilon_r=(1+\nu)\varepsilon$	输出电压提高到(1+ν)倍能消除弯曲影响,且可提高供桥电压
5	轴向拉(压)	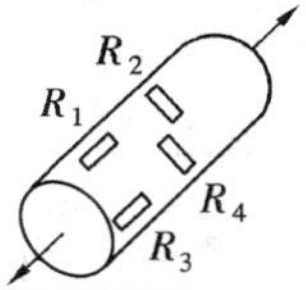	4	全桥	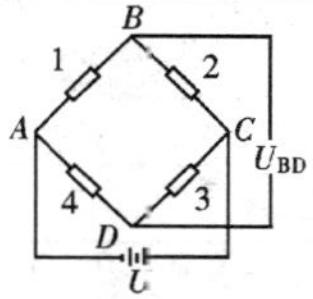	互为补偿	$U_{BD}=\frac{1}{2}UK\varepsilon(1+\nu)$	拉(压)应变 $\varepsilon_r=2(1+\nu)\varepsilon$	输出电压提高到2(1+ν)倍,且能消除弯曲影响
6	拉伸	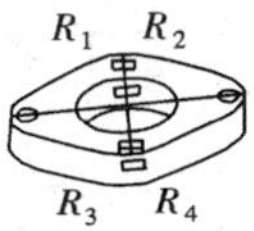	4	全桥	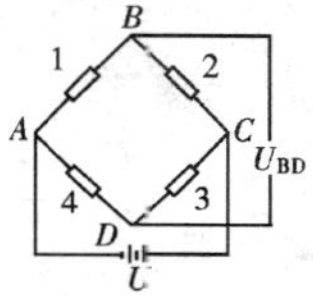	互为补偿	$U_{BD}=UK\varepsilon$	拉应变 $\varepsilon_r=4\varepsilon$	输出电压提高到4倍

续表

序号	受力状态及其简图		工作片数	电桥型式	电桥线路	温度补偿	测量电桥输出	测量项目及应变值	特点
7	弯曲	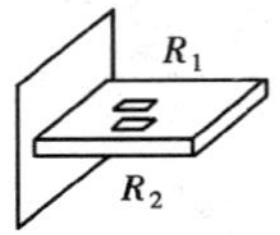	2	半桥	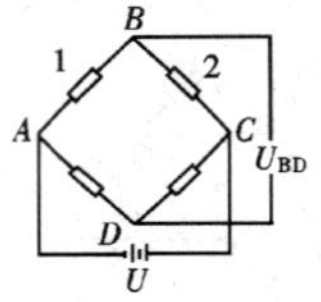	互为补偿	$U_{BD}=\frac{1}{2}UK\varepsilon$	弯曲应变 $\varepsilon_r=2\varepsilon$	输出电压提高1倍，且能消除轴向拉(压)影响
8	弯曲	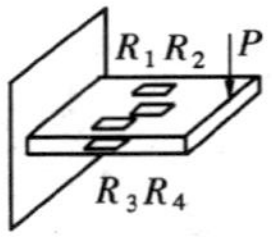	4	全桥	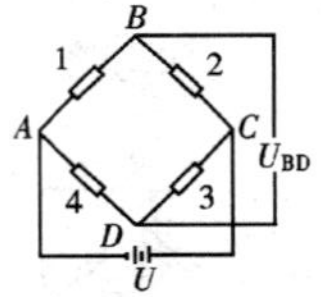	互为补偿	$U_{BD}=UK\varepsilon$	弯曲应变 $\varepsilon_r=4\varepsilon$	输出电压提高到4倍，且能消除轴向拉(压)影响
9	弯曲	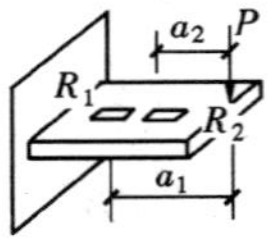	2	半桥	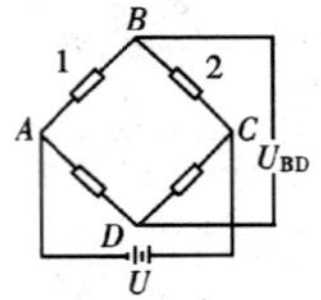	互为补偿	$U_{BD}=\frac{1}{4}UK$ $(\varepsilon_1-\varepsilon_2)$	两处弯曲应变之差 $\varepsilon_r=\varepsilon_1-\varepsilon_2$	可测出横向剪力V值 $V=\frac{EW}{a_1-a_2}\varepsilon_r$
10	扭转	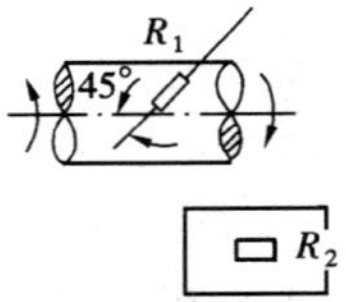	1	半桥	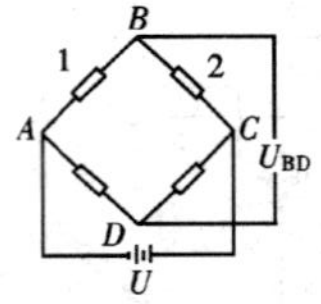	另设补偿片	$U_{BD}=\frac{1}{4}UK\varepsilon$	扭转应变 $\varepsilon_r=\varepsilon$	可测出扭矩M_t值 $M_t=W_t\frac{E}{1+\nu}\varepsilon_r$
11	扭转	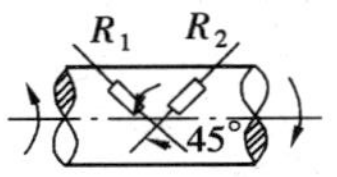	2	半桥	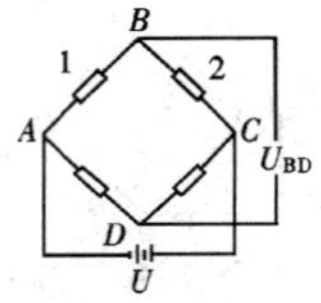	互为补偿	$U_{BD}=\frac{1}{2}UK\varepsilon$	扭转应变 $\varepsilon_r=2\varepsilon$	输出电压提高1倍，可测剪应变$\gamma=\varepsilon_r$

表 3-2　　电阻应变计粘贴技术

顺序	工作内容		方　法	要　求
1	应变片检查分选	外观检查	借助放大镜肉眼检查	应变片应无气泡、霉斑、锈点，栅极应平直、整齐、均匀
		阻值检查	用万用电表检查	应无短路或断路
			用单臂电桥测量电阻值并分组	同一测区应用阻值基本一致的应变计，相差不大于0.5%
2	测点处理	测点检查	检查测点处表面状况	测点应平整、无缺陷、无裂缝等
		打　磨	用$1^{\#}$砂布或磨光机打磨	表面达∇_5，平整、无锈、无浮浆等，并不使断面减小
		清　洗	用棉花蘸丙酮或酒精等清洗	棉花干擦时无污染
		打　底	用环氧树脂:邻苯二甲酸二丁酯：乙二胺＝8～10:100:10～15或环氧树脂：聚酰胺＝100:90～110	胶层厚度0.05～0.1mm左右，硬化后用$0^{\#}$砂布磨平
		测线定位	用铅笔等在测点上划出纵横中心线	纵线应与应变方向一致
3	应变片粘贴	上　胶	用镊子夹应变计引出线，在背面上一层薄胶，测点也涂上薄胶，将片对准放上	测点上十字中心线与应变计上的标志应对准
		挤　压	在应变计上盖一小片玻璃纸，用手指沿一个方向滚压，挤出多余胶水	胶层应尽量薄，并注意应变计位置不滑动
		加　压	快干胶粘贴，用手指轻压1～2分钟，其他胶则适当方法加压1～2小时	胶层应尽量薄，并注意应变计位置不滑动
4	固化处理	自然干燥	在室温15℃以上，湿度60%以下1～2天	胶强度达到要求
		人工固化	气温低、湿度大，则在自然干燥12小时后，用人工加温（红外线灯照射或电吹热风）	加热温度不超过50℃，受热应均匀
5	粘贴质量检查	外观检查	借助放大镜肉眼检查	应变计应无气泡、粘贴牢固、方位准确
		阻值检查	用万用电表检应变计	无短路和断路
			用单臂电桥量应变计	电阻值应与前基本相同
		绝缘度检查	用兆欧表检查应变计与试件绝缘度	一般量测应在50MΩ以上，恶劣环境或长期量测应大于500MΩ
			或接入应变仪观察零点漂移	不大于2με/15分钟
6	导线连接	引出线绝缘	应变计引出线底下贴胶布或胶纸	保证引出线不与试件形成短路
		固定点设置	用胶固定端子或用胶布固定电线	保证电线轻微拉动时，引出线不断
		导线焊接	用电烙铁把引出线与导线焊接	焊点应圆滑、丰满、无虚焊等
7	防潮防护	根据环境条件，贴片检查合格接线后，加防潮、防护处理。防潮剂参照附录3-4选择，防护一般用胶类防潮剂浇注或加布带绑扎		防潮剂必须敷盖整个应变计并稍大5mm左右 防护应能防机械损坏

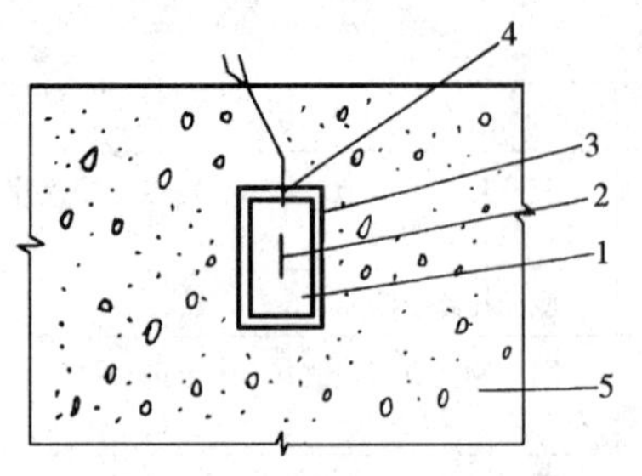

图 3-16 内埋式应力栓

1—与试件同材料的应力栓；2—应变片；3—防水层；4—引出线；5—试件

对于特定的应力栓，C_s，C_ε 为常数，但由于混凝土和应力栓的物理性能不完全匹配，因此，增大系数基本上属于在测量结果中所引入的误差。例如弹性模量、泊松比和热膨胀系数的差异所产生的误差。通过适当的标定方法以及尽可能减少不匹配因素，可使误差降低至最小。试验证明，最小的误差可控制在0.5%以下，在室温条件下，一年内的漂移量很小，可以忽略不计。

图 3-17 为埋入式差动电阻应变计。它主要用于测定各种水工结构大型混凝土结构的应变、裂缝或钢筋应力等。使用时直接将其埋入混凝土内，两端凸缘与混凝土或钢筋相连。试件受力后，两端的凸缘随之发生相对移动，使电阻 R_1 和 R_2 分别产生大小相等方向相反的电阻增量，将其接入应变电桥便可测得应变值。

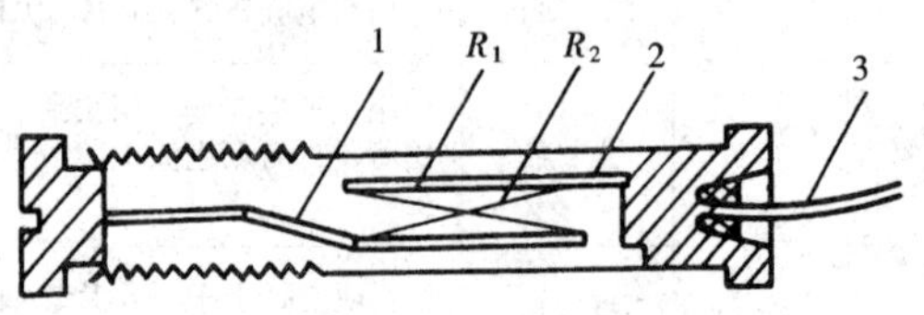

图 3-17 内埋式差动电阻应变计

1、2—刚性支架；3—引出线

图 3-18 为振动丝式应变计。它依靠改变受拉钢弦的固有频率进行工作。钢弦密封在金属管内，在钢弦中部用激励装置拨动钢弦，再用接收装置接受钢弦产生的振动信号，并将其传送至显示或记录仪表。当应变计上的圆形端板与混凝土浇为一体时，混凝土发生的任何应变都将引起端板的相对移动，从而导致钢弦的原始张力或振动频率发生变化，由此可换算求得结构内部的有效应变值。

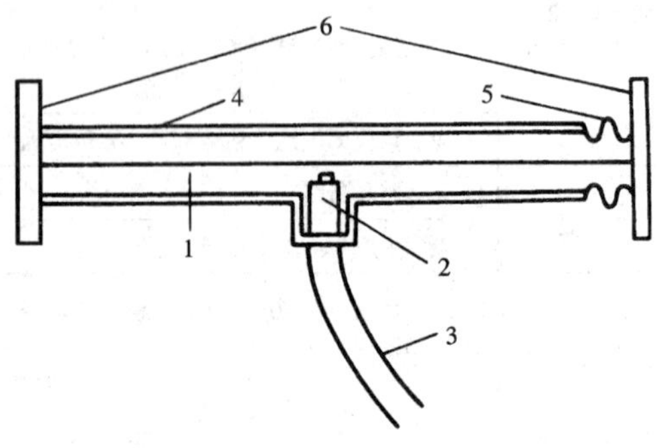

图 3-18 振动丝应变计

1—钢弦；2—激振丝圈；3—引出线；4—管体；5—波纹管；6—端板

这种振动丝式应变计，常用于测量预应力混凝土原子反应堆容器的内部应力。它的工作稳定性好，分辨率高达 $0.1\mu\varepsilon$，室温下年漂移量为 $1\mu\varepsilon$。

3.2.5 应变的其他量测方法与仪表

1. 机测法

应变机测法是通过测量一定受力长度 L（标距）内的变化 ΔL，通过式 $\varepsilon=\dfrac{\Delta L}{L}$ 计算得到应变的方法。这种方法的主要优势在于操作简单、可重复使用，但误差一般较大。图 3-19、图 3-20 为两种常用的机械测量应变的方法。手持应变仪常用于现场测量，标距为 50～250mm，ΔL 可用百分表或千分表测量。手持应变仪的操作步骤为：①根据试验要求确定标距，在标距两端粘结两个脚标（每边各一个）；②结构变形前，用手持应变仪先测读一次；③结构变形后，再用手持应变仪测读；④变形前后的读数差即为标距两端的相对位移，由此可求得平均应变。百分表应变装置常用于实际结构、足尺试件的应变测量，其标距 L 可任意选择，测量 ΔL 可用百分表，也可用千分表、或其他电测位移传感器。百分表测应变装置的工作原理和操作步骤与手持应变仪基本相同。

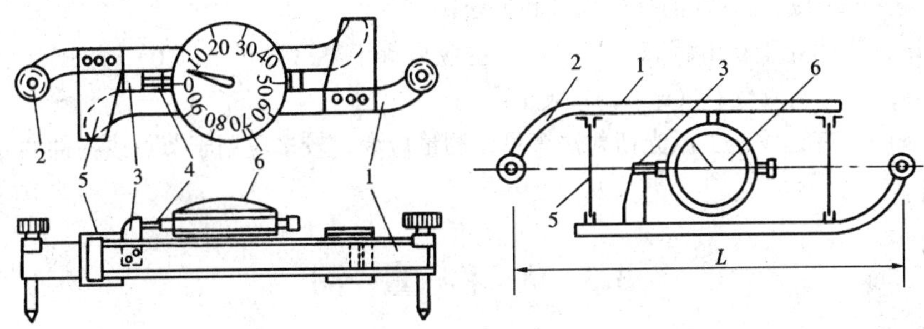

图 3－19　手持应变仪

1—刚性骨架；2—插轴；3—骨架外凸缘；4—千分表插杆；5—薄钢片；6—千分表

2. 光测法

除以上应变测量方法外，在结构试验中，还可用光测法。光弹贴片法就是其中的一种光测法。

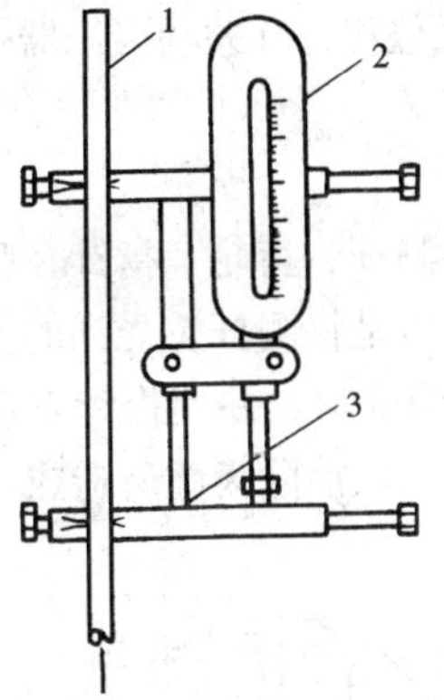

图 3－20　百分表测应变装置

1—杆件；2—百分表；3—夹具

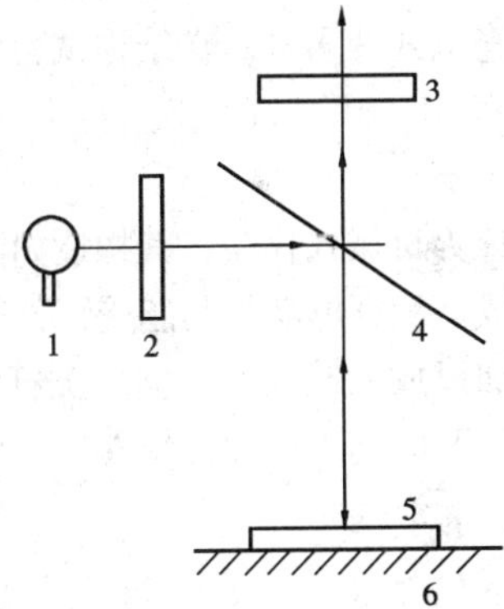

图 3－21　光弹贴片装置原理

1—光源；2—$\frac{\lambda}{4}$偏振片；3—$\frac{\lambda}{4}$分析片；4—分光镜；5—贴片；6—试件

光弹贴片是在事先已经加工磨光的试件表面牢固地粘贴一层光弹薄片，当试件受力后，光弹片同试件共同变形，并在光弹片中产生相应的应力。若以偏振光照射，由于磨光的试件表面具有良好的反光性（加银粉增其反光能力），故当光穿过透明的光弹薄片后，经过试件表面反射，又第二次通过薄片而射出，若将此射出的光经过分析镜，最后就可以在屏幕上得到彩色的应力条纹，其试验装置如图 3－21 所示。由广义虎克定律知，主应力与主应变的关系为

$$\left.\begin{aligned} E\varepsilon_1 &= \sigma_1 - \nu(\sigma_2 + \sigma_3) \\ E\varepsilon_2 &= \sigma_2 - \nu(\sigma_1 + \sigma_3) \\ \sigma_1 - \sigma_2 &= \frac{E}{1+\nu}(\varepsilon_1 - \varepsilon_2) \end{aligned}\right\} \tag{3-17}$$

式中　E，ν——分别为试件的弹性模量和泊松比。

由于试件表面处于自由状态，其中一个主应力等于零（如设 $\sigma_3 = 0$），故试件表面主应力差（$\sigma_1 - \sigma_2$）与主应变差（$\varepsilon_1 - \varepsilon_2$）成正比。

光测法中还有云纹法、激光衍射法等可以测量应变，较多应用于节点或构件的局部应力分析。

3.3 位 移 量 测

3.3.1 结构线位移量测

结构线位移是结构承受荷载作用后的重要反应，是反映结构整体或局部工作情况的主要参数。结构在局部区域内的屈服变形、混凝土局部范围内的开裂以及钢筋与混凝土之间的局部粘结滑移等变形性能，都可以在荷载－位移曲线上得到反映，位移测定对分析结构性能至关重要。结构的线位移主要指构件的挠度、侧移、支座偏移等。量测位移的仪表有机械式、电子式及光电式等多种。在结构试验中，广泛采用的有接触式位移计和差动变压器式位移计等。

1. 位移计

位移计为机械式仪表，其构造如图 3－22 所示。它主要由测杆、齿轮、指针和弹簧等机械零件组成。测杆的功能是感受试件变形；齿轮 6、7、8 的功能是将测杆感受到的变形通过齿轮啮合加以放大或变换方向；测杆弹簧保证测杆紧跟试件的变形，并使指针自动返回原位。齿轮弹簧的作用是使齿轮 6、7、8 相互之间只有单面接触，以消除齿隙所造成的无效行

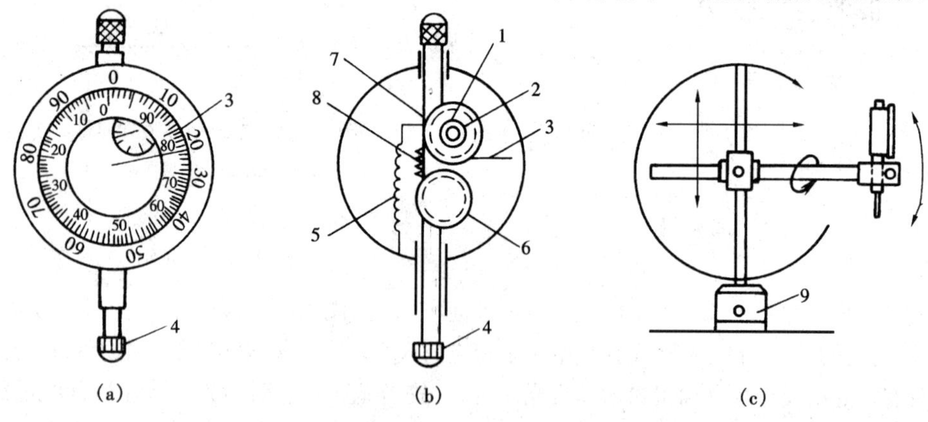

图 3－22　接触式位移计

(a) 外形；(b) 构造；(c) 磁性表座

1—短针；2—齿轮弹簧；3—长针；4—测杆；5—测杆弹簧；6、7、8—齿轮；9—表座

程。

位移计根据刻度盘上最小分度值所代表的位移量分为百分表、千分表和挠度计。

位移计的度量性能指标有最小分度值和量程及误差。一般百分表的量程为5、10、30mm，最小分度值为0.01mm。千分表的量程为1mm，最小分度值为0.001mm。挠度计量程为50、100、300mm，最小分度值为0.05mm。

位移计的安装方法可以采用接触式和张线式两种。

使用时，将位移计安装在磁性表架上，用表架横杆上的颈箍夹住位移计的颈轴，并将测杆顶住测点，使测杆与被测面保持垂直。表架的表座应放在一个不动点上，打开表座上的磁性开关以固定表座。

2. 应变梁式位移传感器

应变梁式位移传感器的主要部件是一块弹性好、强度高的铍青铜制成的悬臂弹性簧片，如图3-23（b）所示，簧片固定在仪器外壳上。在簧片固定端粘贴四片电阻应变片，组成全桥或半桥测量线路，簧片的另一端固定有拉簧，拉簧与指针固结。当测杆随位移而移动时，传力弹簧使簧片产生挠曲，即簧片固定端产生应变，通过电阻应变仪即可测得应变与试件位移间的关系。

这种位移传感器的量程为30～150mm，读数分辨率可达0.01mm。由材料力学理论可知，位移传感器的位移 δ 为：

$$\delta = \varepsilon C \tag{3-18}$$

式中 ε——铍青铜梁上的应变，由应变仪测定；

C——与簧片尺寸及拉簧材料性能有关的刚度系数。

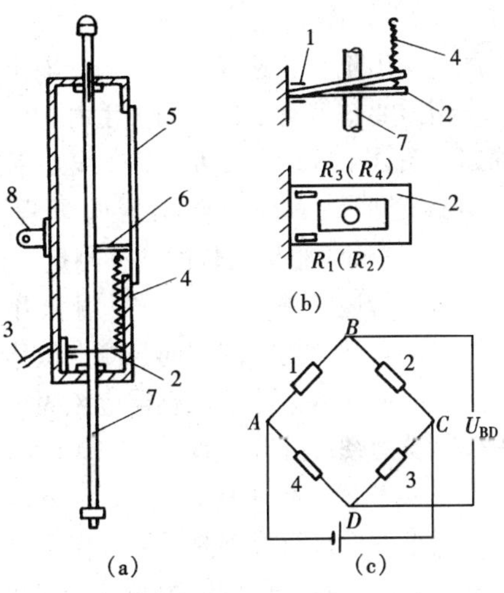

图3-23 应变梁式位移传感器

(a) 传感器；(b) 悬臂梁贴片；(c) 接桥

1—应变片；2—悬臂梁；3—引线；4—拉簧；5—标尺；6—标尺指针；7—测杆；8—固定环

梁上四片应变片，按图示位置贴片并按图示接线方式接线，为全桥电路。取 $\varepsilon_1 = \varepsilon_3 = \varepsilon$、$\varepsilon_2 = \varepsilon_4 = -\varepsilon$，则桥路对角线输出电压 $U_{BD} = \frac{U}{4}K\varepsilon \cdot 4$。可见，采用全桥接线且贴片符合图中位置时，桥路输出灵敏度最高，应变放大了4倍。

机电复合式百分表，亦称电子百分表，电测部分的构造原理和应变梁式位移传感器相同，机测部分与百分表相同。因此它可以用于机测，也可以用于电测。

3. 滑线电阻式位移传感器

滑线电阻式位移传感器由测杆、滑线电阻和触头等组成，其构造与测量原理如图3-24所示。滑线电阻固定在表盘内，触点将电阻分成 R_1 及 R_2。工作时将电阻 R_1 和 R_2 分别接入电桥桥臂，预调平衡后输出电压等于零。当测杆向下移动一个位移 δ 时，R_1 便增大 ΔR_1，R_2 将减小 ΔR_1。因此，它与电阻应变量测时，应变计电阻变化方法相似，以测量位移。习惯上滑线电阻式位移传感器的内设电阻与应变仪测量电路的固有电阻相匹配，所以可以用电阻应变仪作二次仪表。其量程可以达到 10～100mm 以上。

4. 差动变压器式位移传感器

图 3－25 为差动变压器式位移传感器的构造原理。它由一个初级线圈和两个次级线圈分内外两层同时绕在一个圆筒上，圆筒内放一个能自由地上下移动的铁芯。对初级线圈输入激磁电压时，通过互感作用使次级线圈感应而产生电势。当铁芯居中时，感应电势 $e_{s1}-e_{s2}=0$，无输出信号。铁芯向上移动一个位移 $+\delta$ 时，感应电势 $e_{s1}\neq e_{s2}$，输出为 $\Delta E=e_{s1}-e_{s2}$。铁芯向上移动的位移愈大，ΔE 也愈大。反之，当铁芯向下移动时，e_{s1} 减小而 e_{s2} 增大，所以 $e_{s1}-e_{s2}=-\Delta E$。因此其输出量与位移成正比。由于输出量为模拟量，当需要知道它与位移的关系时，应通过率定确定。图 3－25 中的 $\Delta E-\delta$ 直线是率定得到的一组标定曲线。这种传感器的量程大，可达 500mm。适用于整体结构的位移测量。

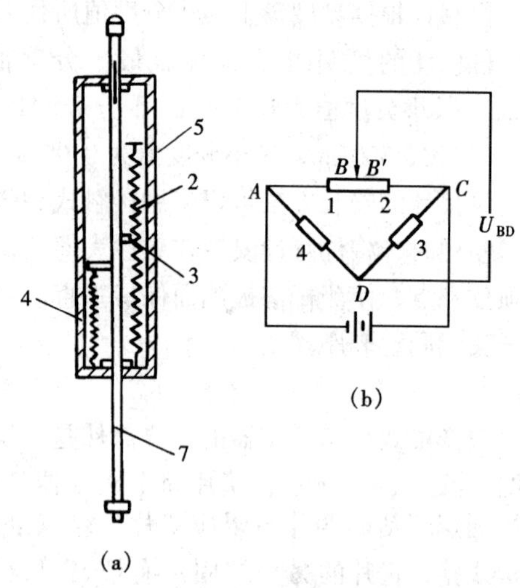

图 3－24 滑线电阻式位移传感器

(a) 位移传感器；(b) 滑线电阻测量线路

1—测杆；2—滑线电阻；3—触头；4—弹簧

以上所述各种位移传感器，主要用于测量沿传感器测杆方向的位移。因而在安装位移传感器时，必须使测杆的方向与测点位移的方向一致。此外，测杆与测点接触面的凹凸不平也会引入测量误差。位移传感器应该固定在一个专用表架上，表架必须与试验用的载荷架及支撑架等受力系统分开设置。

5. 位移测量的其他方法

用水平仪进行位移测量，不仅可作多点测定，而且对大位移测量既方便又安全，即使结构进入破坏阶段时仍可继续测量。现代水平仪附设有最小分度值为 0.1mm 的光学副尺，为灵敏度要求不严格的工程位移测量提供了方便，如图 3－26 所示。位移测量还可以采用最小分度值为 1mm 的方格纸作标尺来测定。

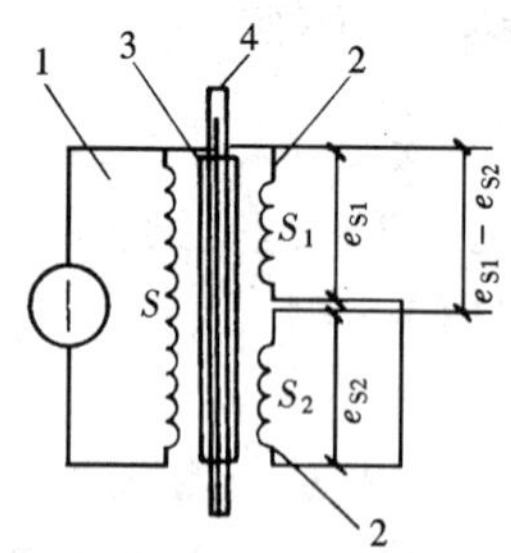

图 3－25 差动变压器式位移传感器

1—初级线圈；2—次级线圈；3—圆形筒；4—铁芯

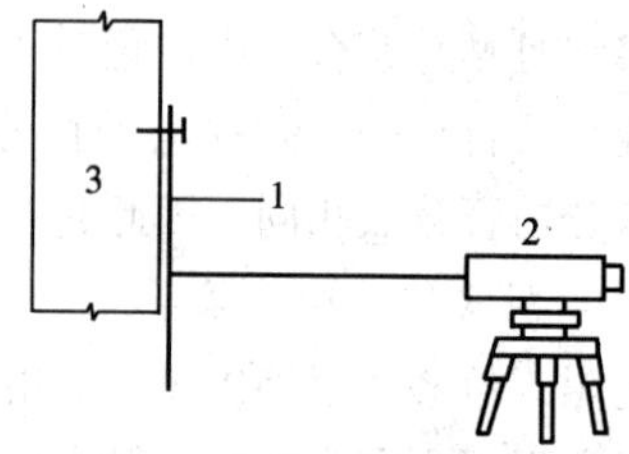

图 3－26 位移简化测量

1—刻度尺；2—水平仪；3—试件

测量仪器的类型应根据试验目的和仪器的性能来选择，以便能得到可靠的、高精度的测量值。位移测量中的仪器选择尚应注意所选用仪器的量程和灵敏度与被测位移的大小相适应。在选择量测仪器时应预先比较准确地估算结构变形量，以便选择相匹配的仪器。例如，预估某试件的最小变形为1/100～3/100mm，最大变形为1～3mm时，可以选择最小分度值为1/100mm、量程为5mm的百分表。

仪器的量程与灵敏度是有矛盾的，往往量程大的灵敏度低，而量程小的灵敏度高，应处理好。有时为了满足后期大变形测量的需要，允许在弹性阶段和塑性阶段分区段采用不同灵敏度的量测仪器进行测量。

3.3.2 结构角位移及其他变形量测

1. 转角测定

受力结构的节点、截面或支座截面都有可能发生转动位移。对转动位移进行测量的仪器很多，也可以根据量测原理自行设计。

(1) 位移计式测角器

杠杆式测角器的构造示意如图3－27所示，将刚性杆1固定在欲测试件2的测点上，结构变形带动刚性杆转动，用位移计测出3、4两点位移，即可算出转角 α

$$\alpha = \mathrm{arctg}\frac{\delta_4 - \delta_3}{L} \approx \frac{\delta_4 - \delta_3}{L} \tag{3-19}$$

当 $L = 1000\mathrm{mm}$，位移计刻度差值 $\Delta = 0.01\mathrm{mm}$ 时，则可测得转角值为 1×10^{-5} 弧度，具有足够的灵敏度。

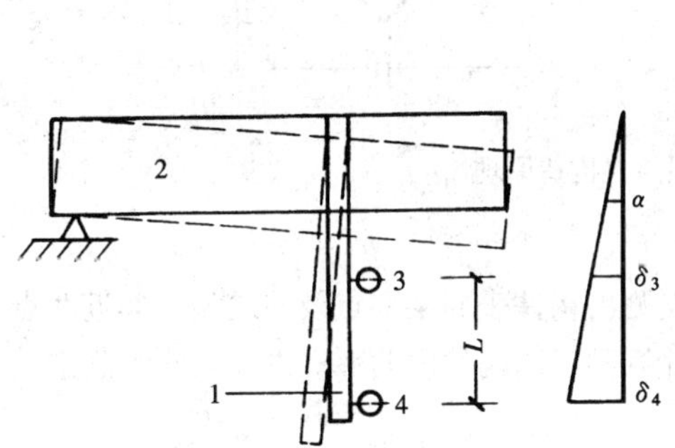

图3－27 杠杆式测角器

1—刚性杆；2—试件；3、4—位移计

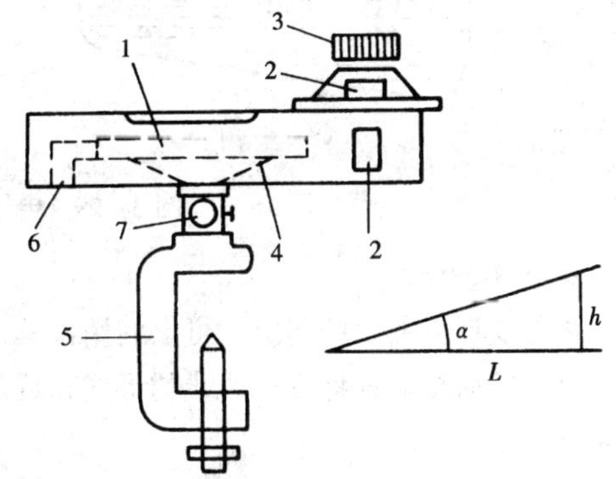

图3－28 水准式倾角仪

1—水准管；2—刻度盘；3—微调螺丝；4—弹簧片；5—夹具；6—基座；7—活动铰

(2) 水准式倾角仪

水准式倾角仪的构造如图3－28所示。水准管1安置在弹簧片4上，一端铰接于基座6上，另一端被测微螺丝3顶住。当仪器用夹具5安装在测点上后，用微调螺丝使水准管的气泡居中，结构受力变形后气泡漂移，再旋动微调螺丝使气泡重新居中，度盘前后两次读数的差即为测点的转角

$$\alpha = \mathrm{arctg}\frac{h}{L} \tag{3-20}$$

其中 L 为铰接基座与微调螺丝顶点之间的距离；h 为微调螺丝顶点前进或后退的位移。仪器的最小读数可达 1″~2″，量程为 3°。其优点为尺寸小，精度高。缺点是受温度及振动影响大，在阳光下曝晒会引起水准管爆裂。

（3）电子倾角仪

电子倾角仪实际上是一种传感器。它通过电阻变化来测定结构某部位的转动角度。仪器的构造原理如图 3－29 所示。其主要装置是一个盛有高稳定性的导电液体的玻璃器皿，在导电液体中插入三根电极 A、B、C 并加以固定，电极等距离设置且垂直于器皿底面。当传感器处于水平位置时，导电液体的液面保持水平，三根电极浸入液体内的长度相等，故 A、B 极之间的电阻值等于 BC 极之间的电阻值，即 $R_1 = R_2$。使用时将倾角仪固定在结构测点上，结构发生微小转动时倾角仪随之转动。因导电液面始终保持水平，因而插入导电液内的电极深度必然发生变化，使 R_1 减小 ΔR，R_2 增大 ΔR。若将 AB，BC 视作惠登电桥的两个臂，则建立电阻改变量 ΔR 与转动角度 α 间的关系，就可以用电桥原理测量换算倾角 α，$\Delta R = K\alpha$。

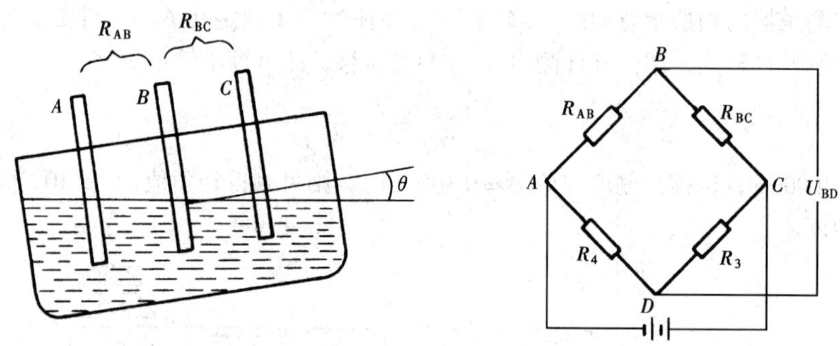

图 3－29 电子倾角仪构造原理

2. 曲率测定

构件变形后曲率的测定，可以利用位移计先测出构件表面某一点及与之相对邻近两点之挠度差，然后根据杆件变形曲线的形式，近似计算测区内构件的曲率。图 3－30 为测定曲率的装置。

图 3－30（a）中，金属杆的一端设有固定刀口 A，B 为在金属杆上可移动的刀口，当选

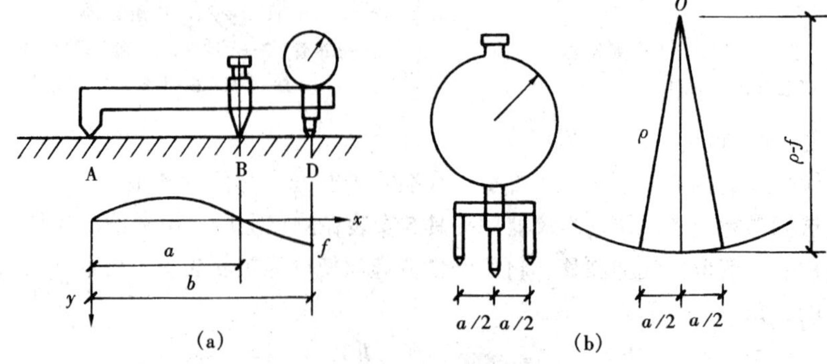

图 3－30 用位移计测曲率的装置

定标距 AB 后，固定螺母使 B 刀口不因构件变形而改变 AB 间的距离。位移计安装在 D 点，取图示 $x-y$ 平面直角坐标系，当构件表面变形符合二次抛物线时，则

$$y = c_1x^2 + c_2x + c_3 \tag{3-21}$$

将 A、B、D 的边界条件代入式（3-21），则有

$$c_3 = 0; c_1a^2 + c_2a = 0; c_1b^2 + c_2b = f \tag{3-22}$$

解方程组（3-22），得 c_1，c_2；代入式（3-21）得

$$c_1 = \frac{f}{b(b-a)}; c_2 = \frac{af}{b(a-b)}; \frac{1}{\rho} = \frac{2f}{b(b-a)} \tag{3-23}$$

适用于测定薄板模型曲率的方法如图3-30（b）所示。它是在一个位移计的轴颈上安装一个Ⅱ形零件，使其对称于位移计测杆，距离为4~8mm。设薄板变形前后两次位移计的读数之差为 f，假定薄板变形曲线近似球面，当 $f \ll a$ 时，则

$$\frac{1}{\rho} = \frac{8f}{a^2} \tag{3-24}$$

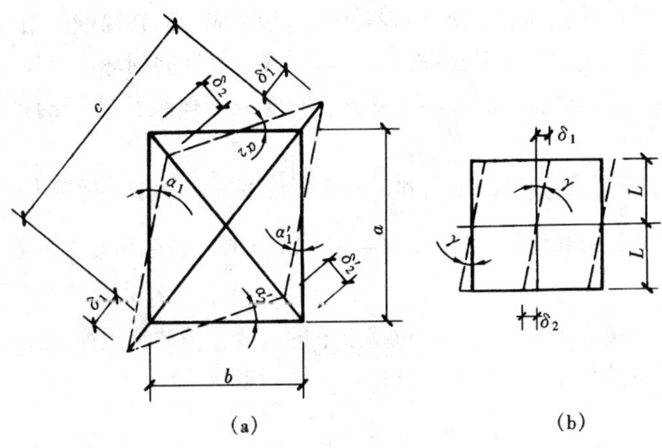

图3-31 剪切变形测量

3. 剪切变形测量

梁柱节点或框架节点的剪切变形，可用百分表或手持应变仪测定其对角线上的伸长或缩短量，并按经验公式求得剪切变形 γ。当采用图3-31（a）测量方法时，剪切变形按式[3-25（a）]计算；采用图3-31（b）测量时，按式[3-25（b）]计算

$$\gamma = \alpha_1 + \alpha_2 = \frac{2ab}{\sqrt{a^2+b^2}}(\delta_1 + \delta'_1 + \delta_2 + \delta'_2) \tag{3-25(a)}$$

$$\gamma = \frac{\delta_1 + \delta_2}{2L} \tag{3-25(b)}$$

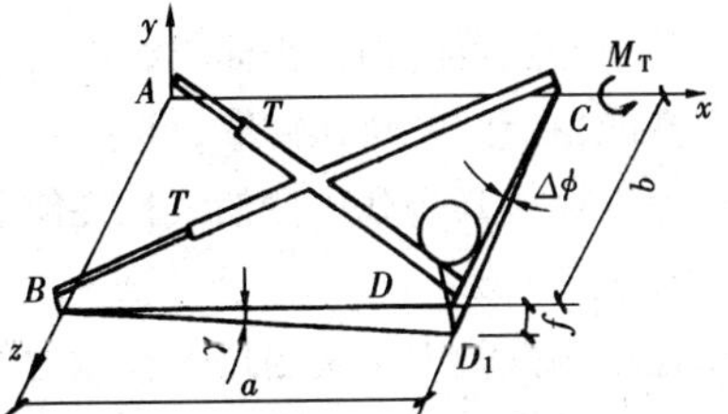

图3-32 千分表侧扭角装置

1—千分表；2—可伸缩十字刚性架

4. 扭角测量

图3-32是利用位移计量测扭角的装置，用它可近似测定空间壳体受到扭转后单位长度的相对扭

角：

$$\theta = \frac{\mathrm{d}\phi}{\mathrm{d}x} = \frac{\Delta\phi}{\Delta x} = \frac{f}{ab} \tag{3-26}$$

3.4 力的量测

在结构静载试验中，需要测定的力主要是荷载与支座反力，其次是预应力施力过程中钢丝或钢绳的张力，此外还有风压、油压和土压力等。量测力的仪器也分为机械式与电测两种。由于电测仪器具有体积小、反应快、适应性强及便于自动化等优势，目前使用比较普遍。

1. 电测法

荷载传感器可以量测荷载、反力以及其他各种外力。根据荷载性质不同，荷载传感器的形式分为拉伸型、压缩型和拉－压型三种。各种荷载传感器的外部形状基本相同，其核心部件是一个厚壁筒。壁筒的横断面取决于材料允许的最大应力。在筒壁上贴有电阻应变片以便将机械变形转换为电量变化。为避免在储存、运输或试验期间损坏应变片，设有外罩加以保护。为便于设备或试件连接，在筒壁两端加工有螺纹。荷载传感器的负荷能力可以达到1000kN或更高。

若按图3－15所示，在筒壁的轴向和横向布置应变片，并按全桥接入电阻应变仪工作电桥，根据桥路输出特性可得 $U_{BD} = \frac{U}{4}K\varepsilon(1+\nu)\cdot 2$，此时电桥输出放大系数 $A = 2(1+\nu)$，提高了其量测灵敏度。

荷重传感器的灵敏度可表达为每单位荷重下的应变，因此灵敏度与设计的最大应力成正比，而与荷重传感器的最大负荷能力成反比。即灵敏度 K°为

$$K^{\circ} = \frac{\varepsilon A}{P} = \frac{\sigma A}{PE} \tag{3-27}$$

式中 P、σ——荷重传感器的设计荷载和设计应力；

A——桥臂放大系数；

E——荷重传感器材料的弹性模量。

可见，对于一个给定的设计荷载和设计应力，传感器的最佳灵敏度由桥臂系数 A 的最大值和 E 的最小值确定。

荷重传感器的构造很简单，用户可根据实际需要自行设计和制作。但应注意，必须选用力学性能稳定的材料作筒壁，选择稳定性好的应变片及粘合剂。传感器投入使用后，应当定期标定以检查其荷载应变的线性性能和标定常数。

2. 机测法

在结构试验中，测定拉力和压力的仪器有各种测力计。测力计的基本原理是利用钢制弹簧、环箍或簧片在受力后产生弹性变形，将其变形通过机械放大后，用指针度盘来表示或借助位移计来反映力的数值。最简单的拉力计就是弹簧式拉力计，它可以直接由螺旋形弹簧的变形求出拉力值。拉力与变形的关系预先经过标定，并在刻度尺上显示出来。

在结构试验中，用于测量张拉钢丝或钢丝绳拉力的环箍式拉力计如图3-33所示。它由二片弓形钢板组成一个环箍。在拉力作用下，环箍产生变形，通过一套机械传动放大系统带动指针转动，指针在度盘上的示值即为外力值。

图3-34是另一种环箍式拉、压测力计。它用粗大的钢环作"弹簧"，钢环在拉、压力作用下的变形，经过杠杆放大后推动位移计工作。位移计显示值与环箍变形关系应预先标定。这种测力计大多只用于测定压力。

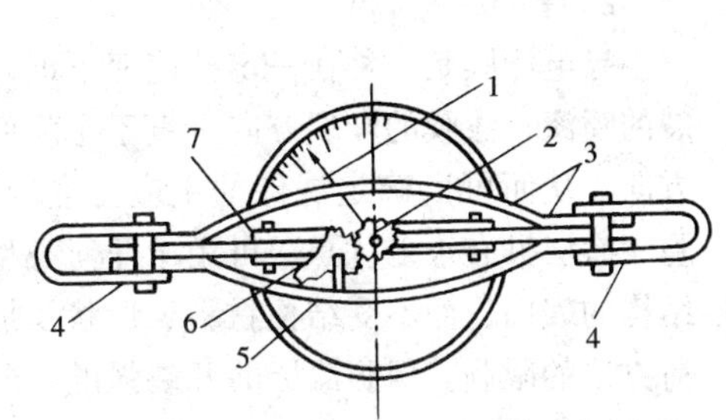

图3-33　环箍式拉力计

1—指针；2—中央齿轮；3—弓形弹簧；4—耳环；5—连杆；6—扇形齿轮；7—可动接板

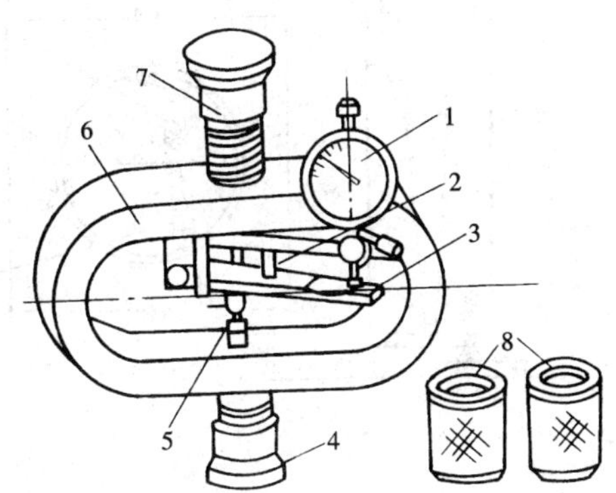

图3-34　环箍式拉压测力计

1—位移计；2—弹簧；3—杠杆；4、7—下、上压头；5—立柱；6—钢环；8—拉力夹头

3.5　裂缝、应变场应变及温度测定

3.5.1　裂缝检测

钢筋混凝土结构裂缝的产生和发展，是结构反应的重要特征，对裂缝进行检测以便确定结构的开裂荷载，研究结构的破坏过程与结构的抗裂及变形性能均有十分重要的价值。

目前，常用于发现裂缝的最简便方法是借助于放大镜用肉眼观察。在进行试验前，用纯石灰水溶液均匀地刷在结构表面并等待干燥。当试件受外载作用后，白色涂层将在高应变下开裂并剥落。这时，在钢结构表面可以看到屈服线条，在混凝土表面裂缝也会明显地显示出来。研究墙体结构表面开裂时，在白灰层干燥后画出50mm×50mm左右的方格栅，以构成基本参考坐标系，便于分析和描绘墙体在高应变场中的裂缝发展和走向。用白灰作涂层，具有效果好，价格廉以及使用技术要求不高等优点。在结构试验中，也可以利用粘贴于试件受拉区的普通应变片，通过试件开裂后应变计读数发生突变来确定裂缝的产生。

裂缝宽度的量测常用读数显微镜，它是由光学透镜与游标刻度等组成的复合仪器，如图3-35所示。其最小刻度值要求不大于0.05mm。也有用印刷有不同宽度线条的裂缝标准宽度板（裂缝卡）与裂缝对比量测；或用一组具有不同标准厚度的塞尺进行试插对比，刚好插入裂缝的塞尺厚度，即裂缝宽度。后两种方法较粗略，但能满足一定要求。

除以上方法外，对某些材料（如钢材）和试件的裂纹扩展情况及扩展速率，可采用下列

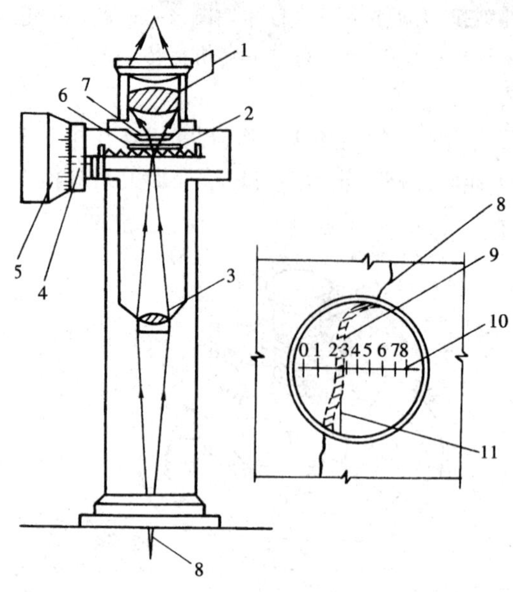

图 3－35 读数显微镜测裂缝

1—目镜组；2—分划板弹簧；3—物镜；4—微调螺丝；5—微调鼓轮；6—可动下分划板；7—上分划板；8—裂缝；9—放大后的裂缝；10—上下分划板刻度线；11—下分划板刻度长线

方法进行测量。

1. 裂纹扩展片

裂纹扩展片的结构如图 3－36 所示，由栅体和基底组成，栅体由平行的栅条组成。各栅条的一端互不相连，用某一栅条的端部及公用端与仪器相连，以测定裂纹是否已达到该栅条处。此法在断裂力学试验中应用较多。

2. 导电漆膜

导电漆膜是一种在一定拉应变下即开裂的喷漆，漆膜的开裂方向垂直于主应变方向，从而可以确定试件的主应力方向。脆漆涂层具有很多优点，可用于任何类型结构的表面，而不受结构材料、形状及加荷方法的限制。但脆漆层的开裂强度与拉应变密切相关，只有当试件开裂应变低于涂层最小自然开裂应变时脆漆层才能用来检测试件的裂缝。1975 年美国 BLH 公司研制了一种用导电漆膜来发现裂缝的方法。它是将一种具有小阻值的弹性导电漆，涂在经过清洁处理过的混凝土表面，涂成长度约 100～200mm，宽 5～10mm 的条带，待干燥后接入电路。当混凝土受拉产生的裂缝宽度达到 0.001～0.004mm 时，拉长的导电漆膜就会出现火花直至烧断。导电漆膜电路被切断后还可以继续用肉眼进行观察。

3. 声发射技术

声发射技术是将声发射传感器埋入试件内部或放置于混凝土试件表面，利用试件材料开裂时发出的声音来检测裂缝的出现。这种方法在断裂力学试验和机械工程中得到广泛应用。

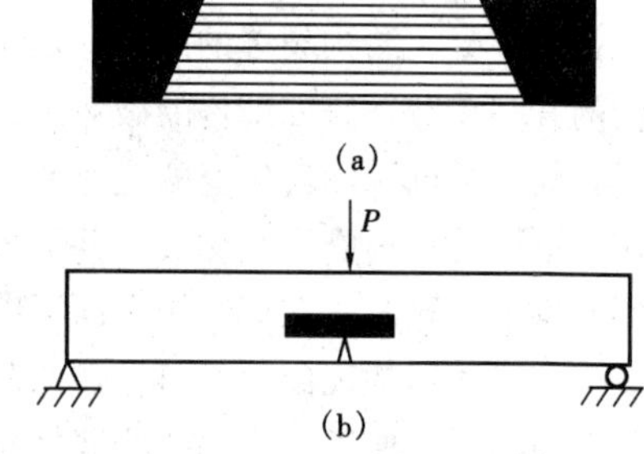

图 3－36 裂纹扩展片及应用

(a) 裂纹扩展片；(b) 裂纹扩展片测裂缝

3.5.2 应变场应变量测

运用电阻应变片测得的应变，是试件测量处标距（栅长）范围内的平均应变，该应变一般不等于标距中点处的应变值。在高应变梯度范围内，测量应变值还与标距的大小有关。通常标距较小时，测量应变较接近于测点应变。但标距过小，由于应变片相对宽度较大，会带来较大的宽度效应影响。目前在高应变梯度区内测量点应变的方法是遵循一定的贴片规律，然后借助牛顿插值公式来确定应变值。

1. 应变场内任意点的应变

图 3－37 所示为一个带圆孔的拉伸试件。要求测定其孔边附近 *A* 点处的切向应变。这时

可采用以 A 点为中心，沿受力方向重叠贴三片不同栅长的应变片，栅长最长的贴在底层，然后在其上重叠贴中栅长片，最上面贴短栅长片。在荷载作用下依次测出三应变片的应变 ε_0（短栅长），ε_1（中栅长），ε_2（长栅长），可以利用牛顿插值公式求得 A 点的应变值为

$$\varepsilon_A = \varepsilon_0 + \left[\frac{\varepsilon_1 - \varepsilon_0}{x_0 - x_1}\right] x_0 + \left[\frac{\varepsilon_0}{(x_0 - x_1)(x_0 - x_2)} + \frac{\varepsilon_1}{(x_1 - x_0)(x_1 - x_2)} + \frac{\varepsilon_2}{(x_2 - x_0)(x_2 - x_1)}\right] x_0 x_1 \tag{3-28}$$

式中 x_0，x_1，x_2——分别为短、中、长应变片的标距。

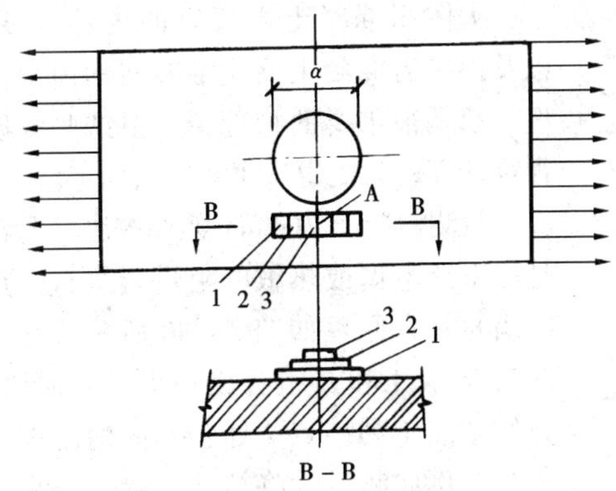

图 3-37 重叠贴片法

1、2、3—不同标距应变片

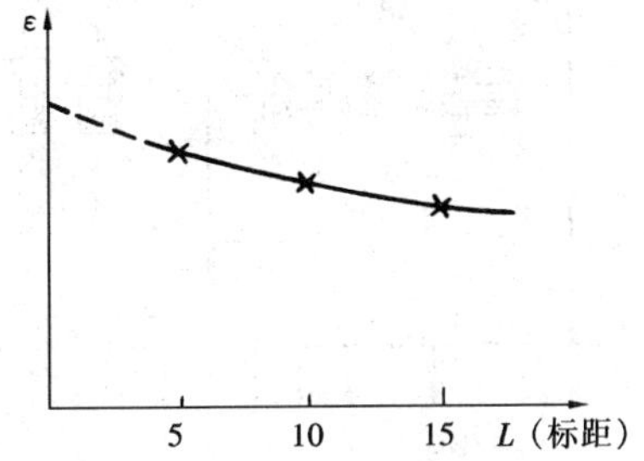

ε

5 10 15 L（标距）

图 3-38 外推法的曲线

重叠贴片法实质上是应用了牛顿插值公式的外推原理，如图 3-38 所示。图中不同标距应变片的误差值参见表 3-3。

表 3-3 不同标距应变片的误差 （%）

标距 L	长 栅	中 栅	短 栅	重叠三件
误 差	22.5	18.5	13	3

从表中可以看出，采用重叠贴三片应变片的误差，较贴单片有很大改善。

2. 应变场的应变分布

欲测量高应变梯度区域的应变分布规律，可以粘贴数组应变片，如图 3-39 中的 A、B、C 三组，每组重叠贴三个不同标距的应变片，可求得沿 x 轴方向上的应变分布规律。

设 A、B、C 三点与坐标原点的距离分别为 x_0、x_1、x_2，先根据前面重叠贴片牛顿插值公式（3-28）计算 A、B、C 三点的应变，再根据牛顿插值公式找出曲线方程，则任意点 x 的应变计算式为

$$\varepsilon_x = \varepsilon_A + \left[\frac{\varepsilon_B - \varepsilon_A}{x_0 - x_1}\right](x - x_0) + \left[\frac{\varepsilon_A}{(x_0 - x_1)(x_0 - x_2)} + \frac{\varepsilon_B}{(x_1 - x_0)(x_1 - x_2)} + \frac{\varepsilon_C}{(x_2 - x_0)(x_2 - x_1)}\right](x - x_0)(x - x_1)$$

令 $x_2 - x_1 = x_1 - x_0 = e$，则上式简化为：

$$\varepsilon_x = \varepsilon_A + \left[\frac{\varepsilon_B - \varepsilon_A}{e}\right](x - x_0) + \left[\frac{\varepsilon_A - 2\varepsilon_B + \varepsilon_C}{2e^2}\right](x - x_0)(x - x_1) \quad (3-29)$$

同理可得 D 点应变为：

$$\varepsilon_D = \varepsilon_A + \left[\frac{\varepsilon_B - \varepsilon_A}{e}\right]d + \left[\frac{\varepsilon_A - 2\varepsilon_B + \varepsilon_C}{2e^2}\right]d(d + e) \quad (3-30)$$

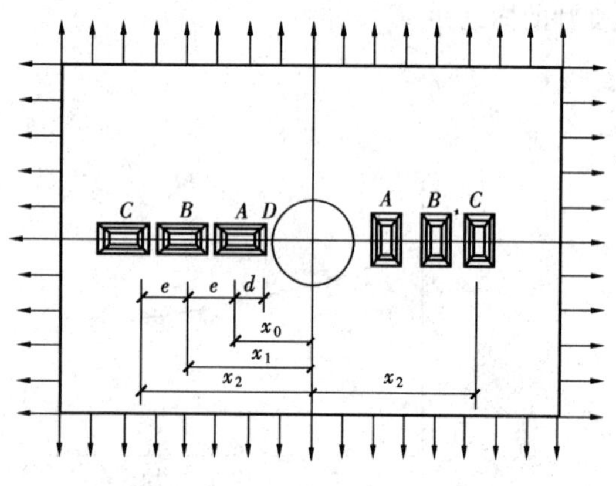

图 3-39 测量应变分布规律

3.5.3 内部温度测量

大体积混凝土入模后的内部温度，以及预应力混凝土反应堆容器的内部温度，都是很重要的物理量，但这些温度很难计算，只能通过实测方法确定。

量测混凝土内部温度的方法，通常是使用热电偶或热敏电阻进行测量。热电偶的基本原理如图 3-40 所示。它由两种导体 A 和 B 组合成一个闭合回路，并使结点 1 和结点 2 处于不同的温度 T 及 T_0，例如测温时将结点 1 置于被测温度场中（结点 1 称工作端），使结点 2 处于某一恒定温度状态（称参考端）。由于互相接触的两种金属导体内自由电子的密度不同，在 A、B 接触处将发生电子扩散。电子扩散的速率和自由电子的密度与金属所处的温度成正比。假设金属 A 和 B 中的自由电子密度分别为 N_A 和 N_B，且 $N_A > N_B$，在单位时间内由金属 A 扩散到金属 B 的电子数，比从金属 B 扩散到金属 A 的电子数要多。这样，金属 A 因失去电子而带正电，金属 B 因得到电子而带负电，于是在接触点处便形成了电位差，从而建立电势与温度的关系，即可测得温度。根据理论推导，回路的总电势与温度的关系为

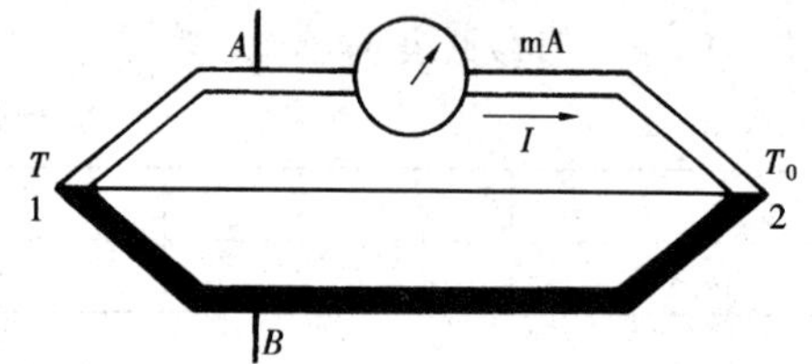

图 3-40 热电偶原理

$$\begin{aligned} E_{AB} &= E_{AB}(T) - E_{AB}(T_0) \\ &= \frac{k}{e}(T - T_0)\ln\frac{N_A}{N_B} \end{aligned} \quad (3-31)$$

式中 T，T_0——A、B 两种材料接触点处的绝对温度；

e——电子的电荷量，等于 4.802×10^{-10}；

k——波尔兹曼常数，等于 1.38×10^{-16}；

N_A、N_B——为金属 A、B 的自由电子密度。

3.6　试验数据记录方法

数据采集时，为了把数据保存、记录下来，必须使用记录器。记录器把这些数据读出或输送给其他分析仪器。

数据的记录方式有两种，模拟式和数字式。从传感器传送到记录器的数据一般都是模拟量，模拟式记录就是把这个模拟量直接记录在介质上，数字记录则是把这个模拟量转换成数字量后再记录在介质上。模拟式记录的数据一般都是连续的，数字式记录的数据一般都是间断的。记录介质有普通记录纸、光敏纸、磁带和数字化光盘等。常用的记录器有 $X-Y$ 函数记录仪、光线示波器、磁带记录仪、磁盘驱动器和光盘记录器等。

3.6.1　自动记录仪器

1. $X-Y$ 函数记录仪

$X-Y$ 函数记录仪是一种常用的模拟式记录器，它用记录笔将试验数据以 $X-Y$ 平面坐标系中的曲线形式记录在纸上，得到的是试验变量的关系曲线，或试验变量与时间的关系曲线。

图 3-41 所示为 $X-Y$ 函数记录仪的工作原理，X、Y 轴各有一套独立的、以伺服放大器、电位器和伺服马达组成的系统驱动滑轴和笔滑块；用多笔记录时，将 Y 轴系统做相应增加，则可同时得到若干条曲线。

试验时，将试验变量 1 接通到 X 轴方向，将试验变量 2 接通到 Y 轴方向；试验变量 1 的信号使笔滑轴沿 X 轴方向移动，试验变量 2 的信号使笔滑轴沿 Y 轴方向移动，移动的大小和方向与信号一致，由此带动记录笔在坐标纸上画出试验变量 1 与试验变量 2 的关系曲线。如果在 X 轴方向输入时间信号，或使滑轴、或使坐标纸沿 X 轴按规律匀速运动，就可以得到试验变量与时间的关系曲线。

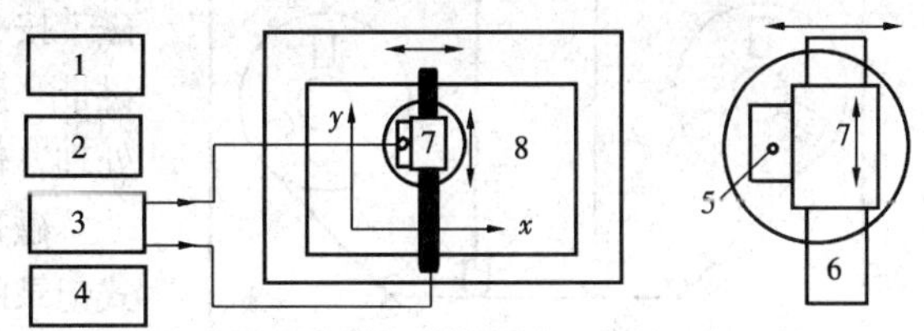

图 3-41　$X-Y$ 记录仪的工作原理

1—传感器；2—桥盒；3—应变仪；4—电源；5—绘图笔；6—大车；7—小车；8—记录纸

对 $X-Y$ 函数记录仪记录的试验结果进行数据处理，通常需要先把模拟量的试验结果数字化，直接在曲线上量取大小，根据标定值按比例换算得到代表试验结果的数值。

2. 光线示波器

光线示波器也是一种常用的模拟式记录器，它将电信号转换为光信号并记录在感光纸或胶片上，得到的是试验变量与时间的关系曲线。

光线示波器的工作原理如图 3-42 所示，当振动的信号电流输入振动子线圈时，在固定磁场内的线圈就发生偏转，与线圈连着的小镜片及其反射的光线也随之偏转，光线射在前进着的感光纸带上即留下所测信号的波形。与此同时在感光纸带上用频闪灯打上时间标记。光线示波器可以同时记录若干条波形曲线，主要用于振动测量的数据记录，也可以用于静力试验的数据记录。

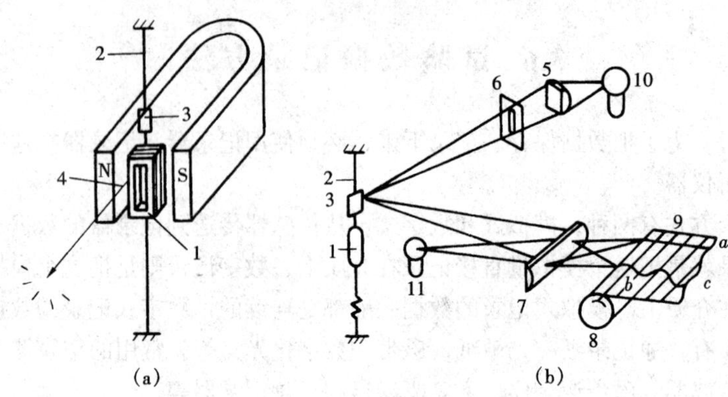

图 3-42 光线示波器的工作原理

1—线圈；2—张线；3—反光镜；4—软铁柱；5、7—棱镜；6—光栅；8—传动装置；9—纸带；10、11—光源

3. 磁带记录仪

磁带记录仪是一种常用的较理想的记录器，可以用于振动量测和静力试验的数据记录。它将电信号转换成录制在磁带上的磁信号，从而得到试验变量与时间的变化关系。

磁带记录仪主要由放大器、磁头和传动机构三部分组成，其构造原理如图 3-43 所示。记录时从传感器传来的信号输入到磁带记录仪，经过放大器和调制器的处理，通过记录磁头将电信号转化成磁信号，记录在以规定速度做匀速运动的磁带上。重放时，使记录有信号的磁带按一定速度做匀速运动，通过重放磁头从磁带“读出”磁信号，经过放大器和调制器的处理，输出给其他仪器。

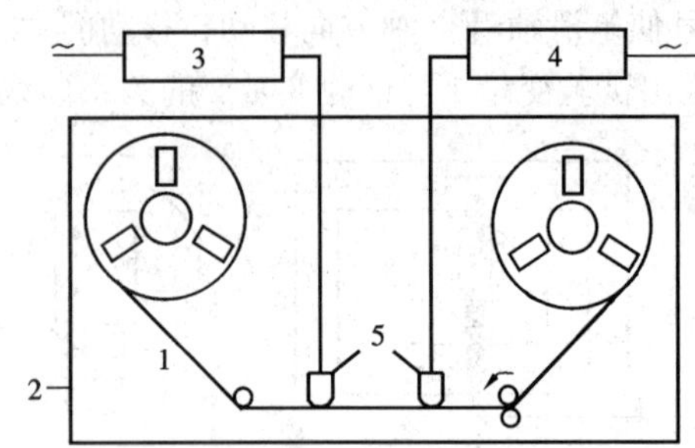

图 3-43 磁带记录仪构造原理

1—磁带；2—传动机构；3—记录放大器；4—重放放大器；5—磁头

磁带记录仪有模拟式和数字式两种。模拟式记录的数据，可通过重放，把信号输送给 $X-Y$ 函数记录仪或光线示波器等；数字式记录的数据，可通过 A/D 转换，输送给计算机处理。

磁带记录仪的特点是：①工作频带宽，可以记录从直流到 2 兆赫的交变信号；②可以记录大量数据，进行多道记录，并能保持多道信号间正确的时间和相位关系，记录的信号可以长期保存，且能重放数百次；③重放时可以方便地将磁信号还原成电信号，然后输给专门的分析仪器或电子计算机；④可以快速记录，慢速重放，或慢记快放，使信号分析更加方便。

3.6.2 数据采集系统

1. 数据采集系统的组成

数据采集系统的硬件由传感器、数据采集仪和计算机（控制器）三个部分组成。

传感器部分的作用是感受各种物理变量。由传感器输出的电信号通过放大器后，可以直接或间接输入数据采集仪。

数据采集仪部分包括：①接线模块和多路开关，其作用是与相对应的传感器连接，并对各个传感器进行扫描采集；②A/D、D/A转换器，实现模拟量和数字量之间的转换；③单片机，其作用按照事先设置的指令来控制整个数据采集仪，进行数据采集；④存储器，能存放指令、数据等；⑤其他辅助部件，如外壳、I/O接口等。

数据采集仪的作用是采集数据，并将数据传送给计算机。

计算机部分包括：主机、显示器、存储器、打印机、绘图仪和键盘等。计算机的主要作用是作为整个数据采集系统的控制器，控制整个数据采集过程。在采集过程中，计算机通过运行数据采集程序，对数据采集进行控制，并对数据进行计算处理。

数据采集系统可以对大量数据进行快速采集、处理、分析、判断、报警、直读、绘图、储存、试验控制和人机对话等，还可以进行自动化数据采集和试验控制，它们的采集速度可高达每秒几万个数据或更多。目前国内外数据采集系统的种类很多，按其系统组成的模式大致可分为以下几种：

(1) 大型专用系统将采集、分析和处理的功能融为一体，具有专门化、多功能的特点。

(2) 分散式系统由智能化前端机、主控计算机、数据通信及接口等组成，其特点是前端可以靠近测点，消除了长导线引起的误差，并且稳定性好、传输距离长、通道多。

(3) 小型专用系统，以单片机为核心，小型、便携、用途单一、操作方便、价格低，适用于现场试验时的测量。

(4) 组合式系统，是一种以数据采集仪和微型计算机为中心，按试验要求进行配置组合成的系统，它适用性广、价格便宜，是一种比较容易普及的形式。组合式数据采集系统的组成如图3-44所示。

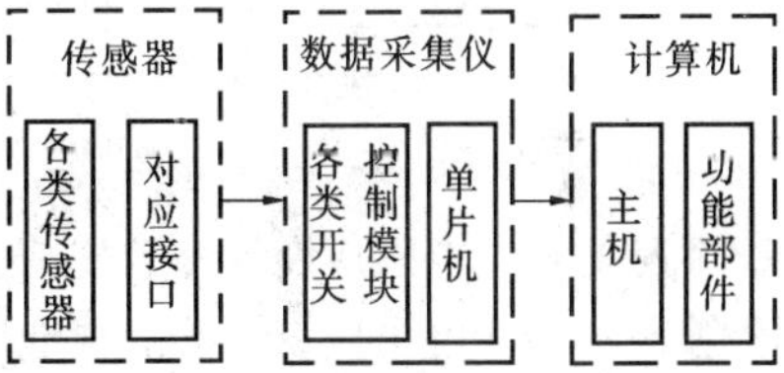

2. 数据采集过程

采用数据采集系统进行数据采集，数据的流通过程如图3-45所示。数据采集过程的原始数据是反映试验对象形态的物理量，如力、温度、角位移等。这些物理量通过传感器被系统扫描采集，再通过A/D转换变成数字量；通过系数换算，翻译成代表原始物理量的数值；然后，将这些数值打印输出或存入磁盘或暂时存在数据采集仪的内存。这时则完成数据采集。

图3-44 组合式数据采集系统的组成

所采集的数据通过计算机的接口，进入计算机；由计算机再对这些数据进行计算处理，如将力换算成应力等；计算机将处理后的数据存入文件或打印输出，并可以选择其中部分数

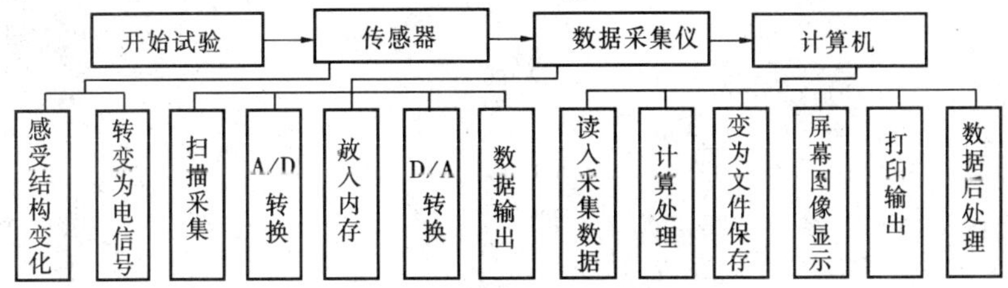

图3-45 数据流通过程

据显示在屏幕上，例如位移—荷载关系曲线等。

数据采集过程受数据采集程序的控制，数据采集程序主要有两部分组成，第一部分的作用是数据采集的准备，第二部分的作用是正式采集。程序的运行有六个步骤，分别为启动采集程序、采集准备、采集初读数、采集待命、执行采集、终止程序运行。

数据采集过程结束后，所有采集到的数据都保存在磁盘文件中，数据处理时可直接从这个文件中读取。各种数据采集系统所用的数据采集程序有：①生产厂商为该采集系统编制的专用程序，常用于大型专用系统；②固化的采集程序，常用于小型专用系统；③利用生产厂商提供的软件工具，用户自行编制的采集程序，主要用于组合式系统。

图 3－46 为静力试验数据采集系统所包含的内容及流程框图。动力试验的数据采集系统将在第五章中介绍。

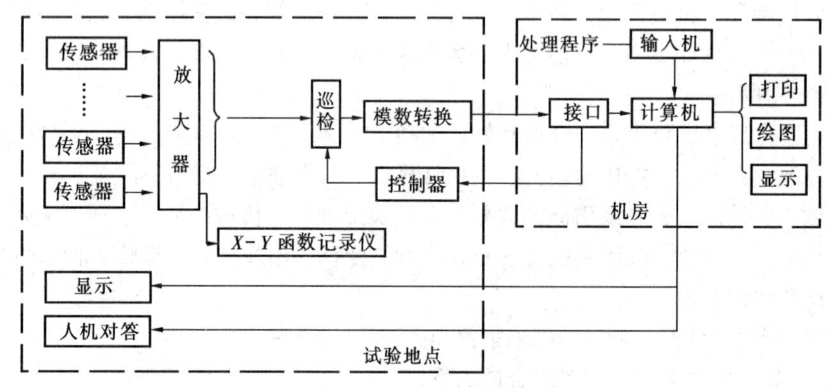

图 3－46 静力试验数据采集系统框图

附表 3－1 电阻应变计命名规则（ZBY117—82）

附表 3－2 电阻应变计分级标准（ZBY117—82）

附表 3－3 常用电阻应变计粘结剂

附表 3－4 常用电阻应变计防潮剂

附表 3－1 电阻应变计命名规则（ZBY 117—82）

应变计种类	基底材料种类	使用温度范围	栅长	敏感栅结构形状	极限工作温度（℃）	可温度自补偿的材料线胀系数
B	J	120	6	CA	150	(11)
S—丝绕	Z—纸	60	02 10	见		$\times10^{-5}$/℃
D—短接	H—环氧	(90)	05 12	下		9
B—箔式	F—酚醛	120 (150)	1 15	表		11
T—特种用途	J—聚胺酯	200	2 20 3 30			16
A—半导体	X—缩醛	(250)	4 50			23
	A—聚酰胺	350	5 100			27
	B—玻璃纤维	500 (650)	6 150 8 200			
	P—金属薄片	1000				
	L—临时基底					
	Q—纸浸胶					

续表

应变计的敏感栅结构形状与符号

序　号	1	2	3	4	5	6	7	8
仪表字母	AA	BA	BB	BC	CA	CB	CC	CD
敏感栅形状	单　轴	二轴 90°	二轴 90°	二轴 90° 重叠	三轴 45°	三轴 45° 重叠	三轴 60°	三轴 120°
序　号	9	10	11	12	13	14	15	16
仪表字母	DA	DB	EA	EB	FB	FC	FD	GB
敏感栅形状	四轴 60°/90°	四轴 45°/90°	二轴四栅 45°	二轴四栅 90°	平行轴二栅	平行轴三栅	平行轴四栅	同轴二栅
序　号	17	18	19	20	21	22	23	24
仪表字母	GC	GD	HA	HB	HC	HD	JA	KA
敏感栅形状	同轴三栅	同轴四栅	二轴二栅 45°	二轴四栅 45°	二轴六栅 45°	二轴八栅 45°	螺线栅	圆膜栅

附表 3-2　电阻应变计分级标准（ZBY 117—82）

序号	应变计工作特性及其含义		说　明	级别 A	B	C	D
1	应变计电阻（R）	应变计在没有安装也不受外力的情况下，室温时测定的电阻值	对标称值的偏差 ± %	1	2	5	10
			对平均值的公差 ± %	0.1	0.2	0.4	0.8
2	灵敏系数（K）	安装在被测试件上的应变计，在轴向受到单向应力时引起的电阻相应改变与由此单向应力引起的试件表面轴向应变之比，表示为 $K=\frac{\Delta R}{R}/\frac{\Delta L}{L}$	对平均值的分散%	1	2	3	6
3	机械滞后（z_j）	对已安装的应变计，在温度恒定时，增加和减少机械应变过程中同一机械应变量下指示应变的差数	室温下 $\mu\varepsilon$	3	5	10	20
			极限工作温度下 $\mu\varepsilon$	10	20	30	40
4	蠕　变（θ）	对已安装的应变计，在可承受恒定的真实应变情况下，温度恒定时指示应变随时间的变化	室温下 1 小时 $\mu\varepsilon$	3	5	15	25
			极限工作温度下 1 小时 $\mu\varepsilon$	20	30	50	100

续表

<table>
<tr><th rowspan="2">序号</th><th colspan="2" rowspan="2">应变计工作特性及其含义</th><th rowspan="2">说　明</th><th colspan="4">级　别</th></tr>
<tr><th>A</th><th>B</th><th>C</th><th>D</th></tr>
<tr><td rowspan="2">5</td><td rowspan="2">应变极限（ε_{lim}）</td><td rowspan="2">对已安装的应变计，在温度恒定时，指示应变和真实应变的相对误差不超过规定数值时的真实应变值</td><td>室温下 $\mu\varepsilon$</td><td>20000</td><td>10000</td><td>8000</td><td>6000</td></tr>
<tr><td>极限工作温度下 $\mu\varepsilon$</td><td>8000</td><td>5000</td><td>3000</td><td>2000</td></tr>
<tr><td rowspan="2">6</td><td rowspan="2">绝缘电阻（R_m）</td><td rowspan="2">已安装的应变计的敏感栅及引线与被测试件之间的电阻值</td><td>室温下 MΩ</td><td>5000</td><td>2000</td><td>1000</td><td>500</td></tr>
<tr><td>极限工作温度下 MΩ</td><td>5</td><td>2</td><td>1</td><td>0.5</td></tr>
<tr><td>7</td><td>横向效应系数（H）</td><td>在同一单向应变作用下，垂直于单向应变方向安装的应变计的指示应变与平行于单向应变方向安装的同批应变计的指示应变之比，以百分数表示</td><td>室温下%</td><td>0.5</td><td>1</td><td>2</td><td>4</td></tr>
<tr><td>8</td><td>疲劳寿命（N）</td><td>已安装的应变计在恒定幅值的交变应力作用下，连续工作到产生疲劳损坏时的循环次数</td><td>室温或极限循环工作温度下循环次数</td><td>10^7</td><td>10^6</td><td>10^5</td><td>10^4</td></tr>
<tr><td rowspan="2">9</td><td rowspan="2">灵敏系数随温度的变化</td><td rowspan="2"></td><td>工作温度范围内的平均变化。%/100℃</td><td>1</td><td>2</td><td>3</td><td>5</td></tr>
<tr><td>每一温度下对平均值的分散。%</td><td>2</td><td>3</td><td>5</td><td>10</td></tr>
<tr><td rowspan="2">10</td><td rowspan="2">热输出（ε_t）</td><td rowspan="2">当应变计安装在某一线性膨胀系数的试件上，试件可以自由膨胀并不受外力作用，在缓慢升（或降）温的均匀温度场内，由温度变化引起的指示应变</td><td>平均热输出系数 $\mu\varepsilon$/℃</td><td>0.5</td><td>1</td><td>2</td><td>3</td></tr>
<tr><td>对平均热输出的分散 $\mu\varepsilon$</td><td>80</td><td>150</td><td>300</td><td>500</td></tr>
<tr><td>11</td><td>零点漂移（p）</td><td>对已安装的应变计，在温度恒定、试件不受力的条件下，指示应变随时间的变化。通常称为零漂</td><td>极限工作温度下 1 小时 $\mu\varepsilon$</td><td>10</td><td>25</td><td>50</td><td>150</td></tr>
<tr><td>12</td><td>热滞后（Z_t）</td><td>对于已安装的应变计，试件已自由膨胀并不受外力作用，在室温与极限工作温度之间增加与减少温度时，同一温度下指示应变仪的差数</td><td>每一工作温度下 $\mu\varepsilon$</td><td>15</td><td>30</td><td>50</td><td>100</td></tr>
<tr><td rowspan="2">13</td><td rowspan="2">瞬时热输出（ε_{st}）</td><td rowspan="2">当应变计安装在某一线膨胀系数的试件上，试件可以自由膨胀并不受外力作用，以一定的速率快速升（或降）温时，由温度变化引起的指示应变</td><td>平均热输出系数</td><td>1</td><td>1.5</td><td>2.5</td><td>4</td></tr>
<tr><td>对平均热输出的分散 $\mu\varepsilon$</td><td>80</td><td>150</td><td>300</td><td>500</td></tr>
</table>

附表 3-3　　　　常用电阻应变计粘结剂

<table>
<tr><th>种类</th><th>主要成分</th><th>牌号</th><th>适合的应变片基底</th><th>固化条件</th><th>固化压力（MPa）</th><th>适应温度范围（℃）</th><th>特　点</th></tr>
<tr><td rowspan="2">氰基丙烯酸脂</td><td>氰基丙烯酸甲酯单体</td><td>KH501</td><td rowspan="2">纸基、胶基、箔式基</td><td rowspan="2">室温 1h（固化完成需 3h 以上）</td><td rowspan="2">贴片时指压加 0.05～0.1</td><td rowspan="2">-50～80</td><td rowspan="2">固化速度快，粘结力强，使用简单，蠕变、滞后小，耐温耐热性差，储存期短（24℃ 6 个月）</td></tr>
<tr><td>氰基丙烯酸乙酯单体</td><td>KH502</td></tr>
</table>

续表

种类	主要成分	牌号	适合的应变片基底	固化条件	固化压力（MPa）	适应温度范围（℃）	特点
环氧类	环氧树脂、聚硫酸铜、胺固化剂等	914	纸基较好，胶基、箔基片稍差	室温 2.5h（固化完成需24h）	0.05~0.1	-60~80	粘结力强，防水性、耐蚀性、绝缘性好，固化收缩小，使用方便，储存期 24℃ 12 个月，硬化后性脆不耐冲击
	环氧树脂、固化剂等	509	纸基好、胶基可用，箔基片较差	200℃，2h	0.05~0.1	-60~80	基本同上
	E_{44}环氧树脂100，邻苯二甲酸二丁酯5~20乙二胺6~8	自配	纸基好、胶基可用，箔基片较差	室温 24~48h，人工干燥2h	0.1~0.2	-60~80	粘结力强，防潮性、绝缘性、耐蚀性好，也可用于防水、防潮、保护包扎等，软硬可调
酚醛类	酚醛树脂聚乙烯醇缩丁醛	JSF-2	胶基，箔式片	150℃，1h	0.1~0.2	-60~150	性能稳定、耐酸、耐油、耐水、耐振动，常温可存放6个月
	酚醛树脂、聚乙烯醇甲乙醛、溶剂	1720	胶基，箔式片	190℃，3h	指压 0.05~0.1	-60~100	性能稳定、蠕变小，滞后小，疲劳寿命长，粘结性大，耐老化、耐水、耐油、性脆、阴凉处可存放1年
	酚醛-有机硅	J-12	胶基，玻璃纤维布	200℃，3h		-60~350	耐水、防潮、耐有机溶剂性较好
	酚醛-环氧间苯二胺，石棉粉	J06-2	胶基，玻璃纤维布	150℃，3h	2	-60~250	粘结力强，对聚酰胺基底粘结力尤强
硝化纤维素	硝化纤维素（或乙基纤维素）溶剂（如丙酮等）	可自配	纸基	室温 10h 或 60℃，2h	0.05~0.1	-50~80	价廉、易配、使用方便，吸湿性，收缩率较大，绝缘性较差，适合室内短时量测
聚亚酰胺	聚酰亚胺	30#-14#	胶基、玻璃纤维布基	280℃，2h	0.1~0.3	-150~250	耐水、耐酸、抗辐射、耐高温
聚脂	不饱和聚脂树脂，过氧化环已酮等	配	胶基、玻璃纤维布基	室温 24h	0.3~0.5	-50~150	
氯仿粘结剂	氯仿（三氯甲烷），有机玻璃粉（3%~5%）	配	纸基、玻璃纤维布基、箔式片等	室温 3h	指压	室温	用于在有机玻璃上贴片

附表 3-4 常用电阻应变计防潮剂

序号	种类	配方或牌号	使用方法	固经条件	使用范围
1	凡士林	纯凡士林	加热去除水分，冷却后涂刷	室温	室内，短期<55℃
2	凡士林 黄蜡	凡士林 黄蜡 40%~80% 20%~60%	加热去除水分，调均、冷却后用	室温	室内，短期<65℃
3	黄蜡 松香	黄蜡 松香 60%~70% 30%~40%	加热溶化，脱水调均，降温至50℃左右用	室温	<70℃
4	石蜡 涂料	石蜡 40%，凡士林 20%，松香 30%，机油 10%	松香研末，混合加热至150℃，搅匀，降温至60℃后涂刷	室温	一般室内外试验 -50~70℃
5	环氧 树脂类	914 环氧粘结剂 A 和 B 组分	按重量 A:B=6:1 按体积 A:B=5:1 混合调匀用即可	20℃，5h 或 25℃，3h	室内外各种试验及防水包扎，-60~60℃
		E_{44}环氧树脂 100，甲苯酚 15~20，间苯二胺 8~14	树脂加热至50℃左右，依次加入甲苯酚，间苯二胺，搅均	室温 10h	室内外各种试验及防水包扎，-15~80℃
6	酚醛- 缩醛类	JSF-2	每隔 20~30min 涂一层，共二~三层	70℃1h 140℃,1~2h	室内外各种试验 -60~180℃
7	橡胶类	氯丁橡胶（88#，G_1G_2等）90%~99%，列克纳胶（聚乙氰酸脂）1%~10%	把涂料先预热至 50~60℃，胶拌匀后分层涂敷，每次涂完凉干后，再涂下一层，直至 5mm 左右	室温下硫化	液压下常温防潮
8	聚丁二 烯类	聚丁二烯胶	用毛笔醮胶，均匀涂在应变片上，加温固化	70℃，1h 130℃，1h	常温防潮
9	丙烯酸 类树脂	P-4	涂刷或包扎	室温 5min 内溶剂挥发，24h 完全固化或 80℃/30min 更佳	各种应力分析应变片及传感器防潮及保护。也可固定接线与绝缘 -70~120℃

第4章 结构静载试验

4.1 概　　述

结构静载试验是结构试验中最基本和最大量的试验。它是测定和研究结构在静荷载作用下的反应，是分析、判定结构的工作状态与受力情况的重要手段。

结构静载试验根据试验观测时间长短不同，又分为短期试验与长期试验。为了尽快取得试验成果，通常多采用短期试验。但短期试验存在荷载作用与变形发展的时间效应问题。例如在研究混凝土与预应力混凝土结构的徐变和预应力损失、裂缝开展等问题时，时间效应就比较明显，有时按试验目的要求就需要进行长期试验观测。

结构静载试验方法应用很早，揭示了许多结构受力的奥秘，有效地促进了结构理论的发展与结构形式的创新。在科学技术迅猛发展的今天，尽管各种各样的结构分析方法不断涌现，动载试验也被置于越来越突出的位置，但静载试验分析方法在结构研究、设计和施工中仍起着主导作用。

大型振动台的出现，给结构抗震试验提供了一个有效手段，振动台能提供结构比较接近实际情况的震害现象与数据，但振动台试验存在很多局限性，如台面承载力小、试验费用高、技术比较复杂等。低周反复荷载试验（又称伪静力试验）和计算机—电液伺服试验机联机试验（又称拟动力试验）方法，相对于振动台试验比较简单，耗资较小，出力也较大，可以对许多足尺结构或大模型进行静力和抗震性能试验。目前国内外大多数规范的抗震条文都是以这种试验结果为依据而制定的，但就其方法的实质来说，仍为静载试验。因此，静载试验方法不仅能为结构静力分析提供依据，同时也可为某些动力分析提供间接依据。故静载试验是结构试验的基本方法，是结构试验的基础。

结构静载试验中最常见的是单调加载静力试验。单调加载静力试验是指在短时期内对试验对象进行平稳地一次连续施加荷载，荷载从“零”开始一直加到结构构件破坏，或是在短时期内平稳地施加若干次预定的重复荷载后，再连续增加荷载直到结构构件破坏。

单调加载静力试验主要用于研究结构承受静荷载作用下构件的承载力、刚度、抗裂性等基本性能和破坏机制。土木工程结构中大量的基本构件试验主要是承受拉、压、弯、剪、扭等荷载，例如梁、板、柱和砌体等系列构件。通过单调加载静力试验可以研究各种基本作用力单独或组合作用下构件的荷载和变形的关系，对于混凝土构件尚有荷载与开裂的相关关系及反映结构构件变形与时间关系的徐变问题，对于钢结构构件则还有局部或整体失稳问题。

对于框架、屋架、壳体、折板、网架、桥梁、涵洞等由若干基本构件组成的扩大构件，除了有必要研究与基本构件相类似的问题外，尚有构件间相互作用的次应力、内力重分布等问题。对于整体结构，通过单调加载静力试验能揭示结构空间工作、整体刚度、非承重构件和某些薄弱环节对结构整体工作的影响等方面的某些规律。

我国在工程实践以及为编制各类结构设计规范而进行的试验研究中，为结构单调加载静力试验积累了许多经验，试验技术与试验方法已趋成熟。我国第一本完整反映钢筋混凝土和预应力混凝土结构试验方法的国家标准《混凝土结构试验方法标准》已颁布施行。它既统一了量大面广的生产鉴定性试验方法，又对一般性科研试验方法提出了基本要求，对生产和科研有广泛的实用性，有利于促进结构工程质量的提高和土木工程结构学科的发展。

4.2 试验前的准备

试验前的准备，泛指正式试验前的所有工作，包括试验规划和准备两个方面。这两项工作在整个试验过程中，时间长，工作量大，内容也最庞杂。准备工作的好坏，将直接影响试验成果。因此，每一阶段每一细节都必须认真、周密地进行。具体内容包括以下几项：

1. 调查研究、收集资料

准备工作首先要把握信息，这就要求进行调查研究，收集资料，充分了解本项试验的任务和要求，明确目的，使规划试验时心中有数，以便确定试验的性质和规模，试验的形式、数量和种类，正确地进行试验设计。

在生产鉴定性试验中，调查研究主要是向有关设计、施工和使用单位或人员收集资料。设计方面包括设计图纸、计算书和设计所依据的原始资料（如工程地质资料、气象资料和生产工艺资料等）；施工方面包括施工日志、材料性能试验报告、施工记录和隐蔽工程验收记录等；使用方面主要是使用过程、超载情况或事故经过等。

在科学研究性试验中，调查研究主要是向有关科研单位和情报检索部门以及必要的设计和施工单位，收集与本试验有关的历史（如国内外有无做过类似的试验，采用的方法及结果等）、现状（如已有哪些理论、假设和设计、施工技术水平及材料、技术状况等）和将来发展的要求（如生产、生活和科学技术发展的趋势与要求等）。

2. 试验大纲的制定

试验大纲是在取得了调查研究成果的基础上，为使试验有条不紊地进行，取得预期效果而制订的纲领性文件，内容一般包括：

(1) 概述

简要介绍调查研究的情况，提出试验的依据及试验的目的意义与要求等。必要时，还应有理论分析和计算。

(2) 试件的设计及制作要求

试件的设计及制作要求包括设计依据及理论分析和计算，试件的规格和数量，制作施工图及对原材料，施工工艺的要求等。对鉴定试验，也应阐明原设计要求、施工或使用情况等。试验数量按结构或材质的变异性与研究项目间的相关条件，按数理统计规律求得，宜少不宜多。一般鉴定性试验为避免尺寸效应，根据加载设备能力和试验经费情况，应尽量接近实体。

(3) 试件安装与就位

试件安装与就位包括就位的形式（正位、卧位或反位）、支承装置、边界条件模拟、保证侧向稳定的措施和安装就位的方法及机具等。

(4) 加载方法与设备

加载方法与设备包括荷载种类及数量、加载设备装置、荷载图式及加载制度等。

(5) 量测方法和内容

量测方法和内容也称为观测设计，主要说明观测项目、测点布置和量测仪表的选择、标定、安装方法及编号图、量测顺序规定和补偿仪表的设置等。

(6) 辅助试验

在进行结构试验时，往往要做一些辅助试验，如材料物理力学性能的试验和某些探索性小试件或小模型、节点试验等。本项应列出试验内容，阐明试验目的、要求、试验种类、试验个数、试件尺寸、制作要求和试验方法等。

(7) 安全措施

安全措施包括人身和设备、仪表等方面的安全防护措施。

(8) 试验进度计划

(9) 试验组织管理

一个试验，特别是大型试验，参加试验人数多，牵涉面广，必须严密组织，加强管理。试验组织管理包括技术档案资料、原始记录管理、人员组织和分工、任务落实、工作检查、指挥调度以及必要的交底和培训工作。

(10) 附录

附录包括所需器材、仪表、设备及经费清单、观测记录表格、加载设备、量测仪表的率定结果报告和其他必要文件、规定等。记录表格设计应使记录内容全面，方便使用，其内容除了记录观测数据外，还应有测点编号、仪表编号、试验时间、记录人签名等栏目。

总之，整个试验的准备必须充分，规划必须细致、全面。每项工作及每个步骤必须十分明确。防止盲目追求试验次数多、仪表数量多、观测内容多和不切实际地提高量测精度等，以免给试验带来混乱和造成浪费，甚至使试验失败或发生安全事故。

3. 试件准备

试件准备包括试件的设计、制作、验收及有关测点的处理等。试验的对象，除生产鉴定性试验外，并不一定是研究任务中的具体结构或构件。根据试验的目的要求，它可能经过这样或那样的简化，可能是模型，也可能是某局部（例如节点或杆件），但无论如何均应根据试验目的与有关理论，按大纲规定进行设计与制作。

在试件设计制作时，考虑到其安装、固定及加载量测的需要，在试件上作必要的构造处理，如钢筋混凝土试件支承点预埋钢垫板，局部截面加设分布筋等；平面结构侧向稳定支撑点配件安装，倾斜面上加载面增设凸肩以及吊环等，不要疏漏。

试件制作工艺，必须严格按照相应的施工规范进行，并做详细记录，按要求留足材料力学性能试验的试件，并及时编号。

在试验之前，应对照设计图纸仔细检查试件，测量各部分实际尺寸、构造情况、施工质量、存在缺陷（如混凝土的蜂窝麻面、裂纹、木材的疵病、钢结构的焊缝缺陷、锈蚀等）、结构变形和安装质量。钢筋混凝土还应检查钢筋位置、保护层的厚度和钢筋的锈蚀情况等。这些情况都将对试验结果有重要影响，应做详细记录并存档。在已建房屋的鉴定性试验中，还必须对试验对象的环境和地基基础等进行一些必要的调查与考察。

对试件尚应进行表面处理，例如去除或修补一些有碍试验观测的缺陷，钢筋混凝土表面的刷白、分区划格等。刷白是为了便于观测裂缝；分区划格则是为了荷载与测点准确定位、记录裂缝的发生和发展过程以及描述试件的破坏形态。观测裂缝的区格尺寸一般取 10～30mm，必要时也可缩小。

此外，为方便操作，有些测点布置和处理，如手持应变计、杠杆应变计、百分表应变计脚标的固定、钢测点的去锈，以及应变计的粘贴、接线和材性非破损检测等，也应在这个阶段进行。

4. 材料物理力学性能测定

结构材料的物理力学性能指标，对结构性能有直接影响，是结构计算的重要依据。试验中的荷载分级，试验结构的承载能力和工作状况的判断与估计，试验后数据处理与分析等，都需要在正式试验之前对结构材料的实际物理力学性能进行测定。测定项目通常有强度、变形性能、弹性模量、泊松比、应力－应变关系等。

测定的方法有直接测定法和间接测定法二种。直接测定法就是在制作结构或构件时留下小试件，按有关标准方法在材料试验机上测定。在此仅就混凝土的应力－应变全过程曲线的测定方法做简单介绍。

混凝土是一种弹塑性材料，应力－应变关系比较复杂，标准棱柱体抗压的应力－应变全过程曲线如图 4－1 所示。对混凝土结构的某些方面研究，如长期强度、延性和疲劳强度试验等都具有十分重要意义。

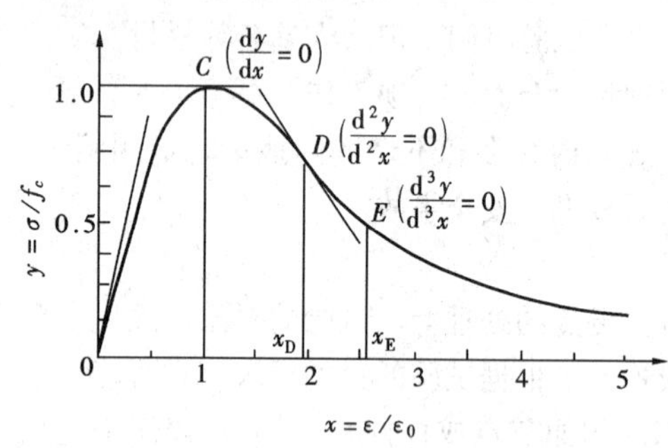

图 4－1 普通混凝土轴压 $\sigma-\varepsilon$ 曲线

测定全过程曲线的必要条件是，试验机应有足够的刚度，使试验机加载后所释放的弹性应变与试件的峰点 C 的应变之和不大于试件破坏时的总应变值。否则，试验机释放的弹性应变能产生的动力效应，会把试件击碎，曲线只能测至 C 点，而测不到曲线下降段。在普通试验机上测定就是这样的结果。

目前，最有效的方法是采用刚性足够大的电液伺服试验机，以等应变控制方法加载。若在普通液压试验机上进行试验，则应增设刚性装置，以吸收试验机所释放的应变能。

在大厚度和大体积混凝土结构中，或将混凝土浇在其他物体内时，内部混凝土是处在复杂应力状态下工作。当它在三面均受压力时，主应力比、强度、极限变形等也将大大改变。为正确认识这些性能，还需要测定其三向应力状态下的工作性质。三向应力状态受压试验通常在三轴应力试验机上进行。试验机有两个油压系统，一个施加水平二轴压力，一个施加垂直轴向压力。试验机技术要求与其他压力试验机基本相同。

间接测定法，通常采用非破损试验法，即用专门仪器对结构或构件进行试验，测定与材性有关的物理量，从而推算出材料性质参数，而不破坏结构、构件。

5. 试验设备与试验场地的准备

试验计划选用的加载设备和量测仪表，在试验之前应进行检查、修整和必要的率定，以保证达到试验的使用要求。率定必须有报告，以供资料整理或在使用过程中修正。

在试件进场之前还应该对试验场地加以清理和安排，包括水、电、交通和清除不必要的杂物，集中安排好试验使用的物品。必要时，应做场地平面设计，架设或准备好试验中的防风、防雨和防晒设施，避免对荷载实现和量测结果造成影响。现场试验的支承点地基承载力应经局部验算和处理，下沉量不宜太大，以保证结构作用力的正确传递和试验工作顺利进行。

6. 试件安装就位

按照试验大纲的规定和试件设计要求，在各项准备工作就绪后即可将试件安装就位。保证试件在试验全过程都能按计划模拟条件工作，避免因安装错误而产生附加应力或出现安全事故，是安装就位的中心问题。

简支结构的两支点应在同一水平面上，高差不宜超过1/50试件跨度。试件、支座、支墩和台座之间应密合稳固，为此常采用砂浆坐浆处理。

超静定结构，包括四边支承和四角支承板的各支座应保持均匀接触，最好采用可调支座。若附带测定支反力测力计，则应调节至该支座所承受的试件重量为止。

扭转试件安装应注意扭转中心与支座转动中心的一致，可用钢垫板等加垫调节。

嵌固支承，应上紧夹具，不得有任何松动或滑移可能。

卧位试验，试件应平放在水平滚轴或平车上，以减轻试验时试件水平位移的摩阻力，同时也防止试件侧向下挠曲，如图4－2所示。

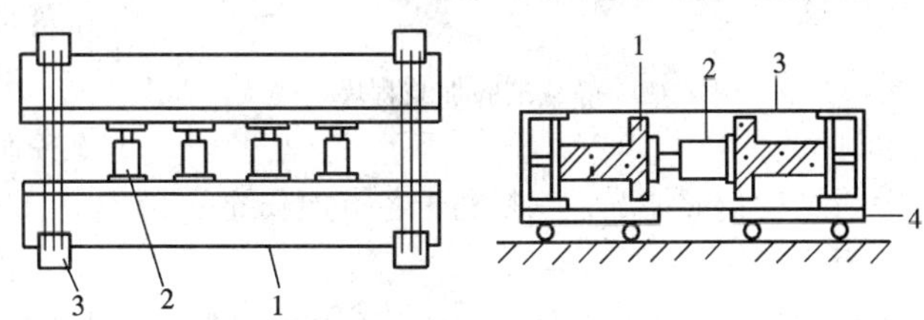

图4－2 吊车梁成对卧位试验

1—试件；2—千斤顶；3—箍架；4—滚动平车

试件吊装时，平面结构应防止平面外弯曲、扭曲等变形发生；细长杆件的吊点应适当加密，避免弯曲过大；钢筋混凝土结构在吊装就位过程中，应保证不出裂缝，必要时应附加夹具，提高试件刚度。

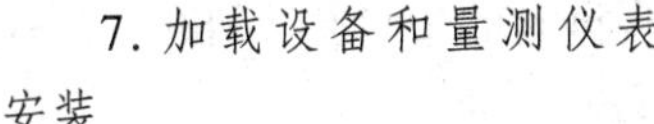

7. 加载设备和量测仪表安装

加载设备的安装，应根据加载设备的特点按照大纲设计要求进行。有的与试件就位同时进行，如支承结构，有的则在加载阶段进行安装。大多数加载设备是在试件就位后安装，要求安装固定牢靠，保证荷载模拟正确，试验安全进行。

仪表安装位置按观测设计确定。安装后应及时把仪表号、测点号、位置和连接仪器上的通道号一并记入记录表中。调试过程中如有变更，记录亦应及时相应改动，以防混淆。接触式仪表还应设有保护措施，例如加带悬挂，以防振动掉落损坏。

8. 试验控制特征值的计算

根据材料性能试验的数据和设计计算图式，计算出各个荷载阶段的荷载值和各特征部位的内力、变形值等，作为进行试验时控制与比较的依据。这是避免试验盲目性的一项重要工作，对试验与分析都具有重要意义。

4.3 加载与量测方案的设计

4.3.1 荷载方案

加载方案的确定，是个比较复杂的问题，涉及的技术因素很多。试件的结构形式、荷载的作用图式、加载设备的类型、加载制度的技术要求、场地的大小以及试验经费等都会影响加载方案的确定。一般要求，在满足试验目的的前提下，尽可能做到试验技术合理、财政开支经济和安全试验。荷载模拟技术在第二章中做了较详细叙述。在此仅就加荷程序的设计进行讨论。

试验加载程序是指试验进行期间荷载与时间的关系。加载程序可以有多种，应根据试验对象的类型及试验目的与要求不同进行选择，一般结构静载试验的加载程序分为预载、正常使用荷载、极限荷载三个阶段，每个阶段应分若干级加载。图 4－3 所示即为钢筋混凝土构件一种典型的静载试验加载程序（加载谱）。有的试验只加至正常使用荷载，试验后试件还可以使用，现场结构或构件的检验性试验多属此类。对于研究性试验，当加载到正常使用荷载后，一般不卸载而须继续加载直至试件进入破坏阶段。

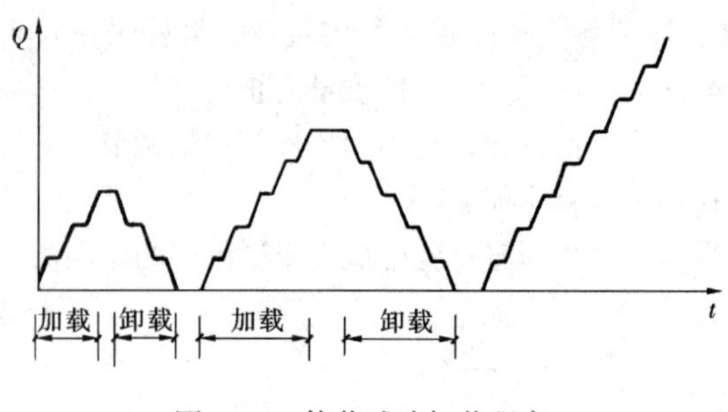

图 4－3 静载试验加载程序

分级加（卸）载的目的，一是便于控制加（卸）载速度，二是方便观察和分析结构变形情况，三是利于各点加载统一步调。

1. 预载

预载的目的在于：①使试件各部分接触良好，进入正常工作状态，荷载与变形关系趋于稳定；②检验全部试验装置的可靠性；③检验全部观测仪表工作正常与否；④检查现场组织工作和人员的工作情况，起演习作用。总之，通过预载可以发现试验的一些潜在问题，并将之解决在正式试验之前，对保证试验工作顺利进行具有一定意义。

预载一般分三级进行，每级取正常使用荷载的 20%。然后分级卸载，2～3 级卸完。每加（卸）一级荷载，停歇 10min。对于开裂较早的钢筋混凝土结构，预加荷载不宜超过计算开裂荷载的 70%（含自重），以保证在正式试验时能得到开裂荷载。

2. 正式加载

（1）荷载分级

正常使用荷载之前，每级加载值不应大于正常使用荷载的 20%，一般分 5 级加至正常使用荷载；正常使用荷载之后，每级不宜大于正常使用荷载的10%；当荷载加至计算极限荷载的90%后，为了求得精确的极限荷载，每级应取不大于极限荷载的5%；需要做抗裂检测的结构，加载到计算开裂荷载的90%后，也应改为不大于开裂荷载的5%施加，直至第一条裂缝出现。

柱子加载，一般按计算极限荷载的1/15～1/10分级，接近开裂或破坏荷载时，应减至原来的1/3～1/2。

为了使结构在荷载作用下的变形得到充分发挥并达到基本稳定，每级荷载加完后应有一定的持续时间，钢结构一般不少于5min；钢筋混凝土和木结构应不少于15min。

应该注意，同一试件上各加载点（或区段），每一级荷载都应按同一比例增加，保持同步。如果要求按一定比例施加垂直和水平荷载时，由于搁置在试件上的试验设备重量及试件自重已作为部分第一级荷载，此时应先施加相应比例的水平荷载后，才开始以后各级加载。

（2）满载时间

对需要进行变形和裂缝宽度试验的结构，在标准短期荷载作用下的持续时间，对钢结构和钢筋混凝土结构不应少于30min；木结构不应少于30min的2倍，拱或砌体为30min的6倍；对预应力混凝土构件，满载30min后加至开裂，在开裂荷载下再持续30min（检验性构件不受此限）。

对于采用新材料、新工艺、新结构形式的结构构件，跨度大于12m的屋架、桁架等结构构件，为了确保使用期间的安全，要求在使用状态短期试验荷载作用下的持续时间不宜少于12h，在这段时间内变形继续不断增长而无稳定趋势时，还应延长持续时间直至变形发展稳定为止。如果荷载达到开裂试验荷载计算值时，试验结构已经出现裂缝则开裂试验荷载可不必持续作用。

（3）空载时间

受载结构卸载后到下一次重新开始受载之间的间歇时间称空载时间。空载对于研究性试验是完全必要的。因为观测结构经受荷载作用后的残余变形和变形的恢复情况均可以说明结构的工作性能。要使弹性变形得到充分恢复，以测得准确的残余变形，需要有相当长的空载时间。有关试验标准规定：对于一般的钢筋混凝土结构空载时间取45min；对于较重要的结构构件和跨度大于12m的结构取18h（即为满载时间的1.5倍）；对于钢结构不应少于30min。为了解变形恢复过程，必须在空载期间定期观察和记录变形值。

3. 卸载

凡间断性加载试验，或仅作刚度、抗裂和裂缝宽度检验的结构与构件，以及测定残余变形的试验及预载之后，均须卸载。卸载一般可按加载级距进行，也可以放大1倍或分2次卸完。

4.3.2 量测方案

制定试验量测方案要考虑的主要问题是：①根据试验的目的和要求，确定观测项目，选择量测区段，布置测点位置；②按照确定的量测项目，选择合适的仪表；③确定试验观测方法。

1. 确定观测项目

结构在试验荷载及其他模拟条件作用下的变形可以分为两类：一类反映结构整体工作状况，如梁的最大挠度及整体挠曲曲线；拱式结构和框架结构的最大垂直和水平位移及整体变形曲线；杆塔结构的整体水平位移及基础转角等。另一类反映结构局部工作状况，如局部纤维变形，裂缝以及局部挤压变形等。

在确定试验的观测项目时，通常首先应该考虑整体变形，因为结构的整体变形最能概括其工作全貌。结构任何部位的异常变形或局部破坏都能在整体变形中得到反映。例如通过对钢筋混凝土简支梁控制截面弯矩与挠度曲线关系的测量（图 4-4），不仅可以知道结构刚度的变化，而且可以了解结构的开裂、屈服、极限承载能力、极限变形能力以及其他方面的弹性和非弹性性质。对于检验性试验，按照结构设计规范关于结构构件在正常使用极限状态的要求，当需要控制结构构件的变形时，试验也应量测结构构件的整体变形。转角和曲率的量测也是实测分析中的重要内容，特别在超静定结构中应用较多。

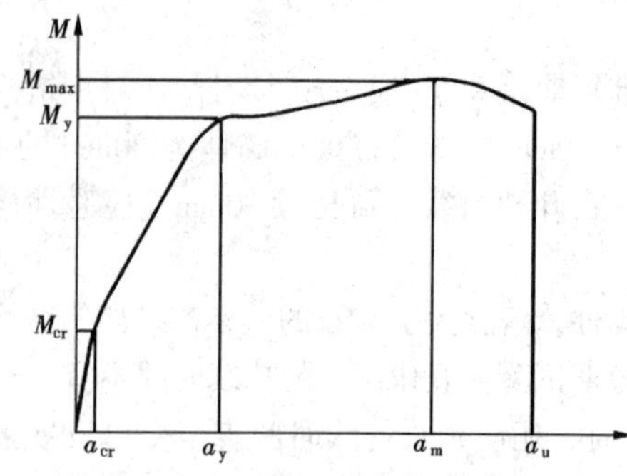

图 4-4 钢筋混凝土简支梁弯矩-挠度曲线

在缺乏量测仪器的情况下，对于一般的生产鉴定性试验，只测定最大挠度一项也能做出基本的定量分析。

在确定试验的观测项目时，其次应该考虑局部变形量测。例如钢筋混凝土结构的裂缝出现直接说明其抗裂性能，而控制截面上的应变大小和方向则可推断截面应力状态，验证设计与计算方法是否合理、正确。在非破坏性试验中，实测应变又是推断结构应力和极限承载力的主要指标。在结构处于弹塑性阶段时，应变、曲率、转角或位移的量测和描绘，也是判定结构工作状态和抗震性能的主要依据。

总之，观测项目和测点布置必须满足分析和推断结构工作状态的需要。

2. 测点的选择和布置

用仪器对结构或构件进行内力和变形等参数的量测时，测点的选择与布置有以下几条原则：

(1) 在满足试验目的的前提下，测点宜少不宜多，以简化试验内容，节约经费开支，并使重点观测项目突出。

(2) 测点的位置必须有代表性，以便能测取最关键的数据，便于对试验结果分析和计算。

(3) 为了保证量测数据的可靠性，应该布置一定数量的校核性测点。这是因为在试验过程中，由于偶然因素会有部分仪器或仪表工作不正常或发生故障，影响量测数据的可靠性，因此不仅在需要量测的部位设置测点，也应在已知参数的位置上布置校核性测点，以便于判别量测数据的可靠程度。

(4) 测点的布置对试验工作的进行应该是方便、安全的。安装在结构上的附着式仪表在达到正常使用荷载的 1.2~1.5 倍时应该拆除，以免结构突然破坏而使仪表受损。为了测读方便，减少观测人员，测点的布置宜适当集中，便于一人管理多台仪器。控制部位的测点大多处于比较危险的位置，应妥善考虑安全措施，必要时应选择特殊的仪器仪表或特殊的测定方法来满足量测要求。

3. 仪器选择与测读原则

选用仪器应考虑如下问题：

(1) 选用的仪器仪表，必须能满足试验所需的精度与量程要求，能用简单仪器仪表的就不要选用精密的。精密量测仪器的使用要求具备比较良好的环境和条件，选用时，既要注意条件，又要避免盲目追求精度。试验中若仪器量程不够，中途调整必然会增大量测误差，应尽量避免。

(2) 现场试验，由于仪器所处条件和环境复杂，影响因素较多，电测仪器的适应性就不如机械式仪表。但测点较多时，机械式仪表却不如电测仪器灵活、方便，选用时应作具体分析并进行技术比较。

(3) 试验结构的变形与时间因素有关，测读时间应有一定限制，必须遵守有关试验方法标准的规定，仪器的选择应尽可能测读方便、省时，当试验结构进入弹塑性阶段时，变形增加较快，应尽可能使用自动记录仪表。

(4) 为了避免差误和方便工作，量测仪器的型号、规格应尽可能一致，种类愈少愈好。有时为了控制试验观测结果的准确性，常在控制测点或校核性测点上同时使用两种类型的仪器，以便于比较。

仪器的测读，应该按一定的时间间隔进行，全部测点读数时间应基本相等，只有同时测得的数据联合起来才能说明结构在某一受力状态下的实际情况。

测读仪器的时间，一般选择在试验荷载过程中的恒载持续时间结束内。若荷载分级较细，某些仪表的读数变化非常小，对于这些仪表或其他一些次要仪表，可以每两级测读数一次。

当恒载时间较长时，按试验结构的要求，应测取恒载下变形随时间的变化。当空载时，也应测取变形随时间的恢复情况。

每次记录仪表读数时，应该同时记下周围的气象资料，如温度、湿度等。

对重要数据，应一边记录，一边初步整理，标出每级试验荷载下的读数差，并与预计的理论值进行比较。

4.4 一般结构构件静载试验

4.4.1 受弯构件的试验

1. 试件的安装和加载方法

单向板和梁是受弯构件中的典型构件，也是基本承重构件。预制板和梁等受弯构件一般都是简支的，在试验安装时多采用正位试验，其一端采用铰支承，另一端采用滚动支承。为了保证构件与支承面紧密接触，在支墩与钢板，钢板与构件之间应用砂浆找平，对于板这类宽度较大的试件，要防止支承面产生翘曲。

板一般承受均布荷载，试验加载时应将荷载施加均匀。梁所受的荷载较大，当施加集中荷载时可以用杠杆重力加载，更多的则采用液压加载器通过分配梁加载，或用液压加载系统控制多台加载器直接加载。

构件试验时的荷载图式应符合实际受载情况，但当受加载条件限制时或为了加载方便，可以采用等效加载图式，使试验构件的内力图形与实际内力图形相等或接近，并使两者最大受力截面的内力值相等。

在受弯构件试验中经常利用几个集中荷载来代替均布荷载，如图 4－5（b）所示。采用在跨度四分点加两个集中荷载的方式来代替均布荷载，并取试验梁的跨中弯矩等于设计弯矩时的对应荷载作为梁的试验荷载，这时支座截面的最大剪力也可以达到均布荷载梁的剪力设计数值。如能采用四个集中荷载来加载试验，则会得到更为满意的结果。如图 4－5（c）所示。

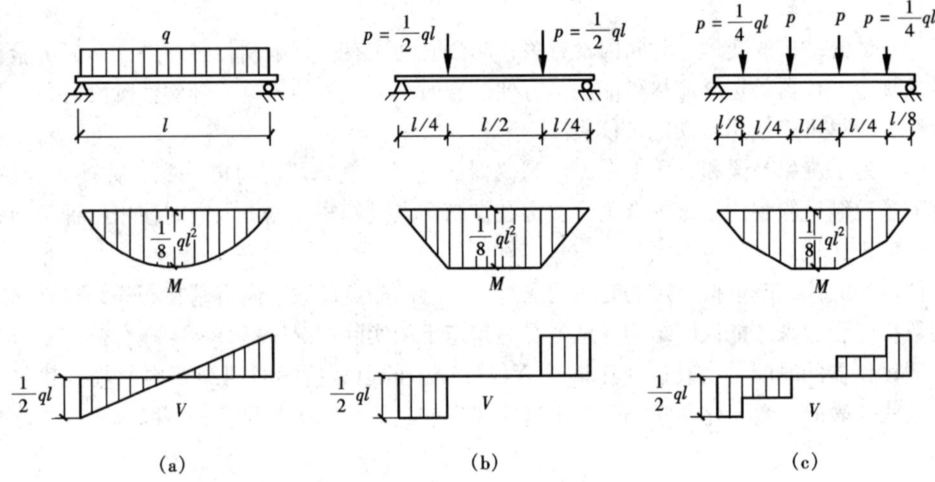

图 4－5 简支梁试验等效荷载加载图示

采用以上等效荷载图示进行试验，能较好地满足弯矩与剪力值的等效，但试件的变形（刚度）不一定满足等效条件，应考虑修正。

对于吊车梁的试验，由于主要荷载是吊车轮压所产生的集中荷载，试验加载图示要按抗弯、抗剪最不利的组合来决定集中荷载的作用位置分别进行试验。

2. 试验项目和测点布置

钢筋混凝土梁板构件的生产鉴定性试验一般只测定构件的承载力、抗裂度和各级荷载作用下的挠度及裂缝开展情况。

对于科学研究性试验，除了承载力、抗裂度、挠度和裂缝观测外，还需测量构件某些部位的应变，以分析构件中应力的分布规律。

（1）挠度的测量

梁的挠度值是量测数据中最能反映其综合性能的一项指标，其中最主要的是测定梁跨中最大挠度值 f_{max} 及弹性挠度曲线。

为了求得梁跨中的真正最大挠度 f_{max}，应考虑支座沉陷的影响。对于图4-6（a）所示的梁，试验时由于荷载的作用，其两个端点处支座常常会有沉陷，使梁产生刚体位移，因此，如果跨中的挠度是相对地面进行测定的，那么同时还必须测定梁两端支承面相对同一地面的沉陷值，所以最少要布置三个测点。

值得注意的是，支座下的巨大作用力可能或多或少地引起周围地基的局部沉陷，因此，安装仪器的表架必须离开支墩一定距离。只有在永久性的钢筋混凝土台座上进行试验时，上述地基沉陷才可以不予考虑。但此时两端部的测点可以测量梁端相对于支座的压缩变形，从而可以比较正确地测得梁跨中的最大挠度 f_{max}。

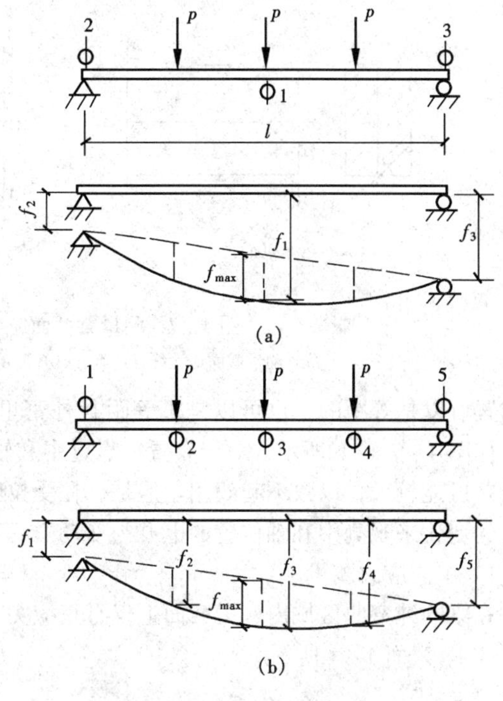

图4-6 梁的挠度测点布置

对于跨度大于6m的梁，当需要求得梁在变形后的弹性挠度曲线时，测点应增加至5-7个测点，并沿梁跨对称布置，如图4-6（b）所示。对于宽度大于0.6m的梁，必要时应考虑在截面的两侧布置测点，所需仪器的数量也就需要增加一倍，此时各截面的挠度取两侧仪器读数的平均值。

如欲测定梁出平面的水平挠曲可按上述同样原则进行布点。

对于宽度较大的单向板，一般均需在板宽的两侧布点，当有纵肋时，挠度测点可按测量梁挠度的原则布置于肋下。对于肋形板的局部挠曲，则可相对于板肋进行测定。

对于预应力混凝土受弯构件，在量测结构整体变形时，尚需考虑构件在预应力作用下的反拱值。

（2）应变测量

梁是受弯构件，试验时要量测由于弯曲产生的应变，一般在梁承受正负弯矩最大的截面或弯矩有突变的截面上布置测点。对于变截面梁，有时也需在截面突变处布置测点。

如果只要求测量弯矩引起的最大应力，则只需在截面上下边缘纤维处布置应变计即可。为了减少误差，上下纤维上的仪表应设在梁截面的对称轴上，如图4-7（a）所示，或是在对称轴的两侧各设一个仪表，取其平均应变量。

对于钢筋混凝土梁，由于材料的非弹性性质，梁截面上的应力分布往往是不规则的。为了测得截面上应力分布的规律和确定中和轴的位置，就需要增加一定数量的应变测点，一般情况下沿截面高度至少需要布置五个测点，如果梁的截面高度较大，尚需增加测点数量。测点愈多，则中和轴位置确定愈准确，截面上应力分布的规律也愈清楚。应变测点沿截面高度

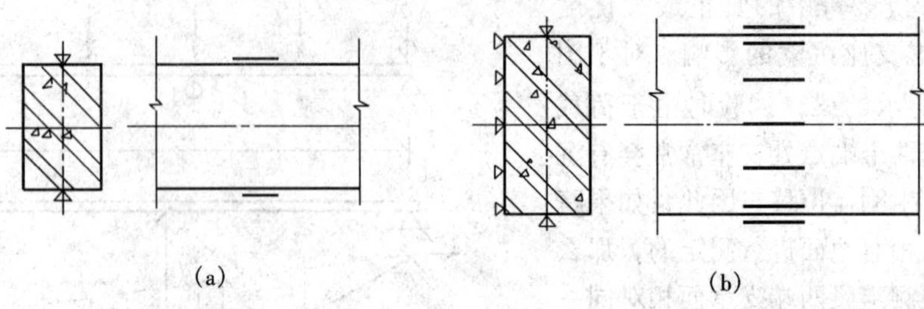

图 4－7　测量梁截面应变分布的测点布置

(a) 测量截面最大纤维应变；(b) 测量中和轴的位置与应变分布规律

的布置可以是等距的，也可以是不等距且外密里疏，以便比较准确地测得截面上较大的应变，如图 4－7（b）所示。对于布置在靠近中和轴位置处的仪表，由于应变读数值较小，相对误差可能较大，以致不起效用。但是，在受拉区混凝土开裂以后，经常可以通过该测点读数值的变化来观测中和轴位置的上升与变动。

1）单向应力测量

在梁的纯弯曲区域内，梁截面上仅有正应力，在该处截面上可仅布置单向的应变测点，如图 4－8 截面 1－1 所示。

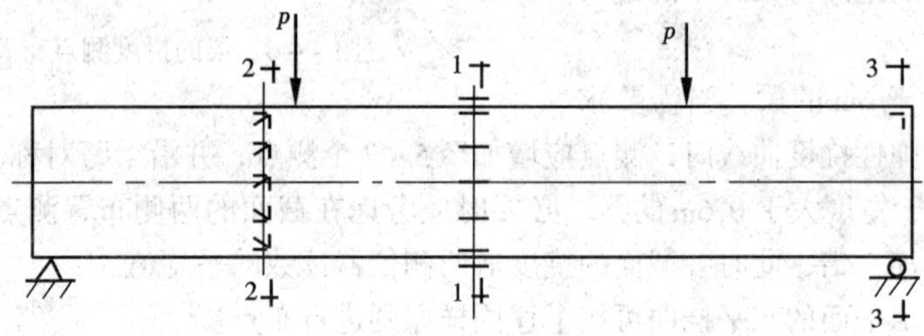

图 4－8　钢筋混凝土梁测量应变的测点布置图

截面 1—1　测量纯弯曲区域内正应力的单向应变测点；

截面 2—2　测量剪应力与主应力的应变网络测点（平面应变）；

截面 3—3　梁端零应力区校核测点

钢筋混凝土梁在受拉区混凝土开裂以后，由于该处截面上混凝土部分退出工作，此时布置在混凝土受拉区的仪表就丧失其量测的作用。为了进一步探求截面的受拉性能，常常在受拉区的钢筋上也布置测点以便量测钢筋的应变。由此可获得梁截面上内力重分布的规律。

2）平面应力测量

在图 4－8 所示的梁截面 2－2 上，既有弯矩作用，又有剪力作用，为平面应力状态。为了求得该截面上的最大主应力及剪应力的分布规律，需要布置应变花，通过三个方向上应变的测定，求得最大主应力的数值及作用方向。

进行抗剪性能研究时，测点应设在剪应力较大的部位。对于薄腹截面的简支梁，除支座附近的中和轴处剪应力较大外，在腹板与翼缘的交接处产生较大的剪应力和正应力，这些部位宜布置测点。当要求测量梁沿长度方向的剪应力或主应力的分布规律时，则在梁长度方向宜分布较多的测点。有时为测定沿截面高度方向剪应力的变化，则需沿截面高度方向设置测点。同时注意应变片标距方向应平行或尽量平行于主应力方向。

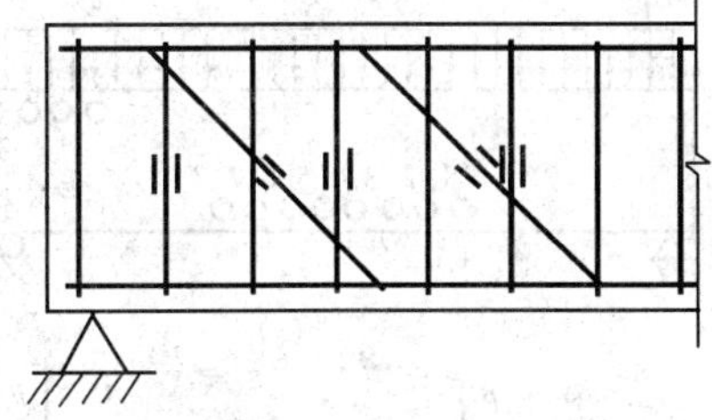

图4－9　钢筋混凝土梁弯起钢筋和钢箍的应变测点

3）箍筋和弯起筋的应力测量

对于钢筋混凝土梁来说，为研究梁斜截面的抗剪机理，除了在混凝土表面需要布置测点外，通常还需要在梁的弯起钢筋或箍筋上布置应变测点，如图4－9所示。在此较多采用预埋的方法来解决设点的问题。

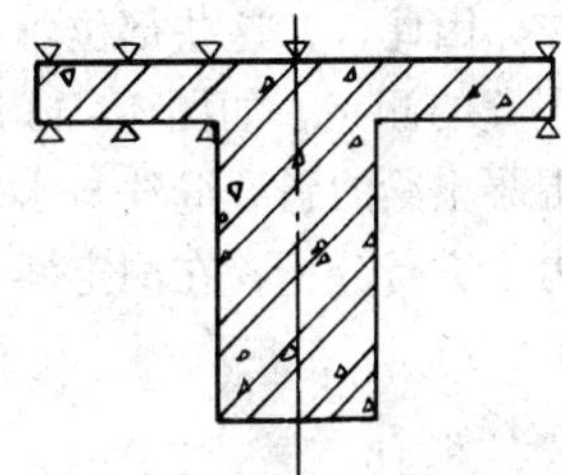

图4－10　T型梁冀缘的应变测点布置

4）翼缘与孔边应力测量

对于翼缘较宽较薄的T型梁，其翼缘部分受力不一定均匀，以致不能全部参加工作，这时应该沿翼缘宽度布置测点，测定翼缘上应力分布情况如图4－10所示。

为了减轻结构自重，有时需要在梁的腹板上开孔，孔边应力集中现象比较严重，而且往往应力梯度较大，严重影响结构的承载力，因此必须注意孔边的应力测量。图4－11所示空腹梁，可以利用应变计沿圆孔周边连续测量几个相邻点的应变，通过各点应变迹线求得孔边应力分布情况。经常是将圆孔分为4个象限，每个象限的周界上连续均匀布置5个测点，即每隔22.5°有一测点。由于孔边的主应力方向已知，故只需布置单向测点。

5）校核测点

为了校核试验的正确性及便于整理试验结果时进行误差修正，经常在梁的端部凸角上的零应力处设置少量测点，例如图4－8截面3－3上设置的测点，以检验整个量测过程是否正常。

3. 裂缝测量

在钢筋混凝土梁试验时，经常需要测定其抗裂性能。一般垂直裂缝产生在弯矩最大的受拉区段，因此应该在这一区段连续设置测点，如图4－12（a）所示。选用手持式应变仪量测最方便，各点间的间距按选用仪器的标距决定。如果采用其他类型的应变仪（如千分表，杠杆应变仪或电阻应变计），

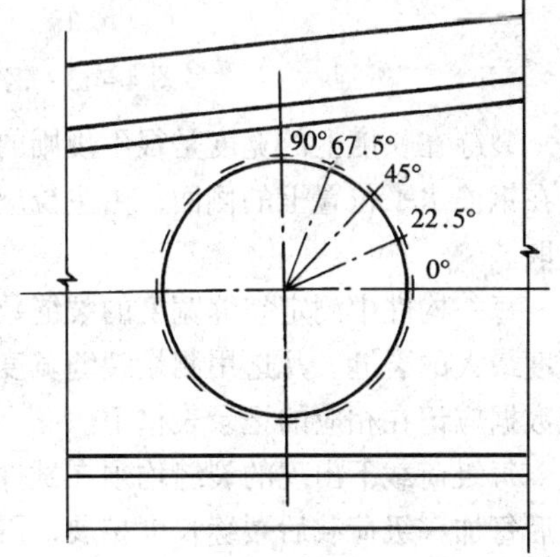

图4－11　梁腹板圆孔周边的应变测点布置

由于各仪器的不连续性，为防止裂缝正好出现在两个仪器的间隙内，经常将仪器交错布置如图4－12（b）所示。裂缝未出现前，仪器的读数是逐渐变化的；如果构件在某级荷载作用下开始开裂时，则跨越裂缝测点的仪器读数将会有较大的突变，此时相邻测点仪器读数可能变

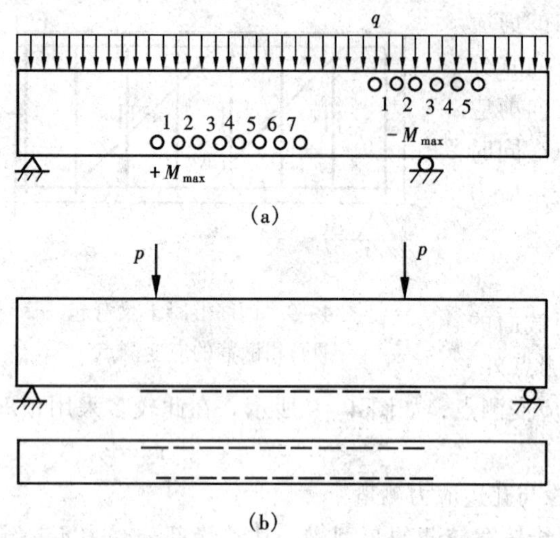

图 4－12 钢筋混凝土受拉区抗裂测点布置

小，有时甚至会出现负值，而荷载－应变曲线会产生突然转折的现象。如果发现上述现象，即可判明已开裂。

当裂缝用肉眼可见时，其宽度可用最小刻度为0.01mm及0.05mm的读数放大镜测量。

斜截面上由于主拉应力引起的裂缝，经常出现在剪力较大的区段内；对于箱形截面或工字形截面梁，由于腹板很薄，则在腹板的中和轴或腹板与翼缘相交接的腹板上常是主拉应力较大的部位，因此，在这些部位可以设置观察裂缝的测点，如图 4－13 所示。由于混凝土梁的斜裂缝约与水平轴成 45°左右的角度，则仪器标距方向应与裂缝方向垂直。有时为了进行分析，在测定斜裂缝的同时，也可同时设置测量主应力的应变网络。

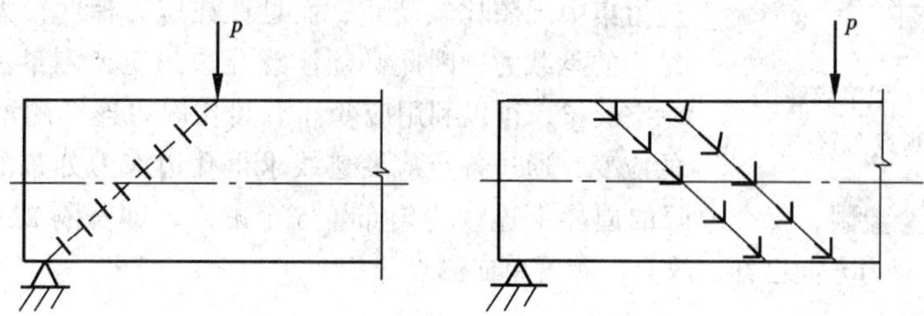

图 4－13 钢筋混凝土斜截面裂缝测点布置

裂缝在长度上的宽度是很不规则的，通常应测定构件受拉面的垂直裂缝的最大裂缝宽度应在钢筋水平位置上的侧面；由主拉应力作用产生的斜裂缝宽度，应在斜裂缝与钢筋相交处量取。

每一构件中测定裂缝宽度的裂缝数目一般不少于 3 条，包括第一条出现的裂缝以及开裂宽度最大的裂缝。凡选用测量裂缝宽度的部位应在试件上标明并编号，各级荷载下的裂缝宽度数据应记在相应的记录表格上。

每级荷载下出现的裂缝均须在试件上标明，即在裂缝的尾端注出荷载级别或荷载数量。以后每加一级荷载后裂缝长度扩展，需在裂缝新的尾端注明相应荷载。由于卸载后裂缝可能闭合，所以应紧靠裂缝的边缘 1 ～3mm 处平行画出裂缝的位置走向。

试验完毕后，根据上述标注在试件上的裂缝绘出裂缝展开图。

4.4.2 压杆和柱的试验

柱也是工程结构中的基本承重构件，在实际工程中钢筋混凝土柱大多数属于偏心受压构件。

1. 试件安装和加载方法

对于柱和压杆试验可以采用正位或卧位试验的安装加载方案。有大型结构试验机条件时，试件可在长柱试验机上进行试验，也可以利用静力试验台座上的大型荷载支承设备和液压加载系统配合进行试验。但对高大的柱子正位试验时安装和观测均较费力，这时可以改为卧位试验方案比较安全，但安装就位和加载装置往往比较复杂，同时在试验中要考虑采用卧位试验时结构自重所产生的影响。

在进行柱与压杆纵向弯曲系数测定的试验时，构件两端均应采用比较灵活的可动铰支座形式。一般采用构造简单效果较好的刀口支座，如图2-25（a）所示。如果构件在两个方向有可能产生屈曲时，应采用双刀口铰支座，如图2-25（b）所示。也可采用圆球形铰支座，但制作比较困难。

中心受压柱安装时一般先对构件进行几何对中，将构件轴线对准作用力的中心线。几何对中后再进行物理对中，即加载达到20%~40%的试验荷载时，测量构件中央截面两侧或四个面的应变，并调整作用力的轴线，以达到各点应变均匀为止。对于偏压试件，也应在物理对中后，沿加力中线量出偏心距离，再把加载点移至偏心距的位置上进行试验。对钢筋混凝土结构，由于材质的不均匀性，物理对中一般比较难以满足，因此在实际试验中仅需保证几何对中即可。

在要求模拟实际工程中柱子的计算图式及受载情况时，试件安装和试验加载的装置将更为复杂，图4-14所示为跨度36m、柱距12m、柱顶标高27m，具有双层桥式吊车重型厂房斜腹杆双肢柱的1/3模型，该试验柱采用卧位试验装置。柱的顶端为自由端，柱底端用两组垂直螺杆与静力试验台座固定，以模拟实际柱底固接的边界条件。上下层吊车轮产生的作用力 P_1、P_2 作用于牛腿，通过大型液压加载器（1000~2000kN的液压千斤顶）和水平荷载支承架进行加载。在柱端用液压加载器及竖向荷载支承架对柱子施加侧向力。在正式试验前先施加一定量的侧向力，用以平衡和抵消试件卧位后的自重和加载设备重量产生的影响。

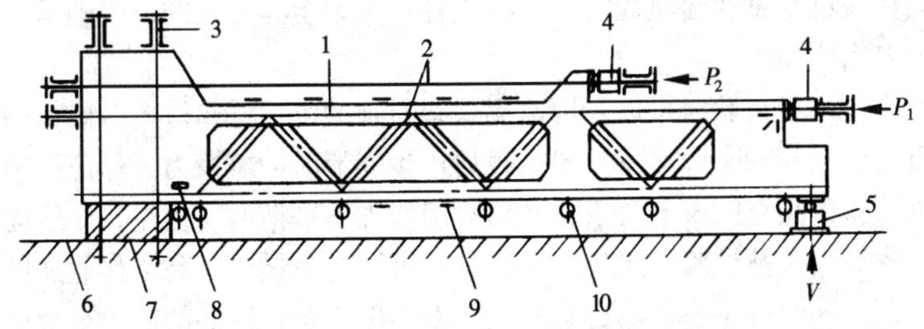

图4-14 双肢柱卧位试验

1—试件；2—水平荷载支承架；3—竖向支承架；4—水平加载器；5—垂直加载器；6—试验台座；7—垫块；8—倾角仪；9—电阻应变计；10—挠度计

2. 试验项目和测点设置

压杆与柱的试验一般需要观测其破坏荷载；各级荷载下的侧向挠度值及变形曲线；控制截面或区域的应力变化规律以及裂缝开展情况。图4-15所示为偏心受压短柱试验时的测点布置情况。试件的挠度由布置在受拉边的百分表或挠度计进行量测，与受弯构件相似，除了量测中点最大挠度值外，还可以用侧向五点布置法量测挠度曲线。对于正位试验的长柱，其侧向变位可用经纬仪观测。

在受压区边缘布置应变测点时，可以单排布点于试件侧面的对称轴线上或在受压区截面的边缘两排对称布点。为验证构件平截面变形的性质，沿压杆截面高度布置5~7个应变测点。受拉区钢筋应变同样可以用内部电测方法进行测定。

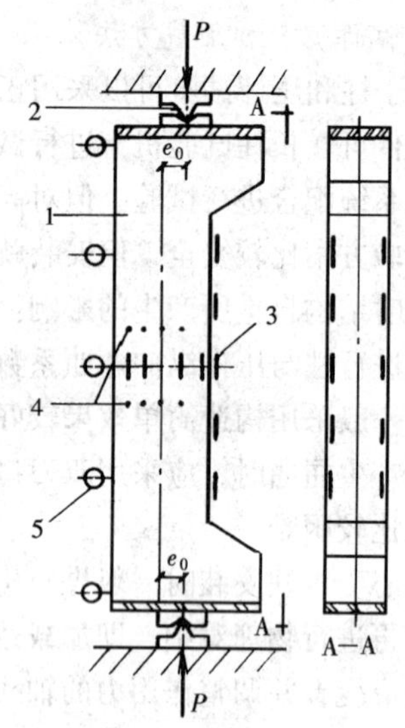

图4-15 偏压短柱试验测点布置
1—试件；2—铰支座；3—应变计；4—应变仪测点；5—挠度计

4.4.3 屋架试验

屋架是建筑工程中常见的一种承重结构。其特点是跨度较大，但只能在自身平面内承受荷载，而出平面的刚度很小。在建筑物中需要依靠侧向支撑体系相互联系，形成足够的空间刚度，确保平面外稳定。屋架主要承受作用于节点的集中荷载，因此大部分杆件受轴力作用。当屋架上弦有节间荷载作用时，上弦杆受压弯作用。对于跨度较大的屋架，下弦如果采用预应力拉杆，屋架在施工阶段就必须考虑到试验的要求，配合预应力施工张拉进行量测。

1. 试件的安装和加载方法

屋架试验一般采用正位试验。安装屋架时必须采取专门措施，设置侧向支撑，以保证屋架上弦的侧向稳定。侧向支撑点的位置应根据设计要求确定，支撑点的间距应不大于上弦杆出平面的设计计算长度，同时侧向支撑应不妨碍屋架在其平面内的竖向位移。

图2-36是一般采用的屋架侧向支撑方式。支撑立柱可以用刚性很大的荷载支承架，或者在立柱安装后用拉杆与试验台座固定，支撑立柱与屋架上弦杆之间设置轴承，以便于屋架受载后能在竖向自由变位。

在施工现场进行屋架试验时可以采用两榀屋架对顶的卧位试验。此时屋架的侧面应垫平并设有相当数量的滚动支承，以减少屋架受载后产生变形时的摩擦力，保证屋架在平面内自由变形。有时为了获得满意的试验效果，必须对用作支承平衡的一榀屋架作适当的加固，使其在强度与刚度方面大于被试验的屋架。卧位试验可以避免试验时高空作业和便于解决上弦杆的侧向稳定问题，同时应考虑消除自重影响，而且屋架贴近地面的侧面观测困难。

屋架进行非破坏性试验时，在现场也可采用两榀同时进行试验的方案，这时出平面稳定问题可用图K形水平支撑体系来解决。当然也可以用大型屋面板做水平支撑，但要注意不能将屋面板三个角焊死，防止屋面板参加工作。成对屋架试验时可以在屋架上铺设屋面板后直接堆放重物。

屋架试验的支承方式与梁试验相同，但屋架端节点支承中心线的位置对屋架节点局部受力影响较大，应特别注意。由于屋架受载后下弦变形伸长较大，以致滚动支座的水平位移往往较大，所以支座上的支承垫板应留有充分余地。

当两榀屋架成对正位试验时，屋架试验的加载方式可以采用重力直接加载，由于屋架大多数是在节点承受集中荷载，一般借助杠杆重力加载。为使屋架对称受力，杠杆吊篮应使相邻节点荷载相间地悬挂在屋架受载平面前后两侧，如图2-2所示。由于屋架受载后的挠度较大（特别当下弦钢筋应力达到屈服时），所以在安装和试验过程中，应特别注意避免杠杆倾斜过大产生对屋架的水平推力，以及吊篮着地而影响试验的继续进行。在屋架试验中，施加多点集中荷载，采用同步液压加载是最理想的方案，同时也需要液压加载器活塞有足够的有效行程，以适应结构挠曲变形的需要。

当屋架的试验荷载不能与设计图式相符时，同样可以采用等效荷载的原则代替，但应使需要试验的主要受力构件或部位的内力接近设计情况，并应注意荷载改变后可能引起的局部影响，防止产生局部破坏。近年来由于同步异荷液压加载系统的应用，使屋架试验中施加几组不同集中荷载的要求得以实现。

有些屋架有时还需要作半跨荷载的试验，在这种情况下对于某些杆件可能比全跨荷载作用时更为不利。

2. 试验项目和测点布置

屋架试验测试的内容，应根据试验要求及结构形式来确定。对于常用的各种预应力钢筋混凝土屋架试验，一般试验量测的项目有：①屋架上下弦杆的挠度；②屋架主要杆件的内力；③屋架的抗裂度及承载能力；④屋架节点的变形及节点刚度对屋架杆件次应力的影响；⑤屋架端节点的应力分布；⑥预应力钢筋张拉应力和对相关部位混凝土的预应力；⑦屋架下弦预应力钢筋对屋架的反拱作用；⑧预应力锚头工作性能。

其中部分项目在屋架施工过程中即应配合进行测量，如量测预应力钢筋张拉应力及对混凝土的预压应力值、预应力反拱值、锚头工作性能等，要求试验根据预应力施工工艺的特点作出周密的考虑，以期获得比较完整的数据来分析屋架的实际工作情况。

(1) 屋架挠度和节点位移的测量

屋架跨度较大，测量其挠度的测点宜适当增加。如屋架只承受节点荷载时，测定上下弦挠度的测点只要布置在相应的节点之下；对于跨度较大的屋架，其弦杆的节间往往很大，在荷载作用下可能使弦杆承受局部弯曲，此时还应测量该杆件中点相对其两端节点的最大位移。当屋架的挠度值较大时，需用大量程的挠度计或者用厘米纸制成标尺通过水准仪进行观测。与测量梁的挠度一样，必须注意到支座的沉陷与局部受压引起的变位。如果需要量测屋架端节点的水平位移及屋架上弦平面外的侧向水平位移，可以通过水平方向的百分表或挠度计进行量测。图4-16为挠度测点布置。

(2) 屋架杆件内力测量

当研究屋架实际工作性能时，常常需要了解屋架杆件的受力情况，因此要求在屋架杆件上布置应变测点来确定杆件的内力值。通常在一个截面上引起法向应力的内力最多有三个，即轴向力 N，弯矩 M_x 及 M_y。

分析内力时，一般只考虑结构的弹性工作状态。这时，在一个截面上布置的应变测点数量只要等于未知内力个数，就可以利用材料力学的公式计算出全部未知内力数值。应变测点在杆件截面上的布置位置如图4-17所示。

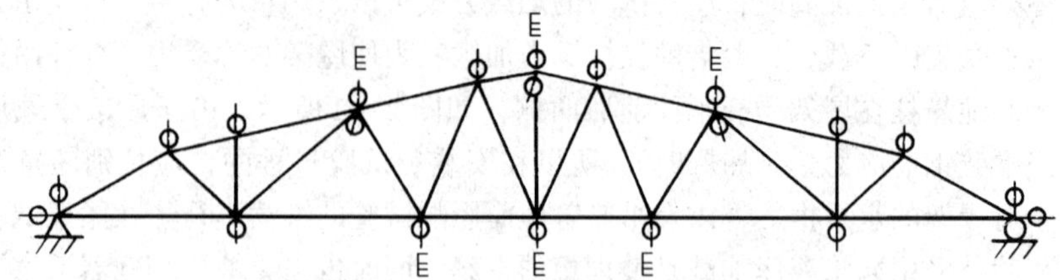

图 4－16 屋架试验挠度测点布置

ϕ—测量屋架上下弦节点挠度及端节点水平位移的百分表或挠度计；

Ø—测量屋架上弦杆出平面水平位移的百分表或挠度计；

E—钢尺或厘米纸尺，当挠度或变位较大以及拆除挠度计后用以量测挠度

通常钢筋混凝土屋架上弦杆直接承受的荷载，除轴向力外，还可能有弯矩作用，属于压弯构件，截面内力主要是轴向力 N 和弯矩 M 组合。为了测量这两项内力，可按图 4－17（b），在截面对称轴上下纤维处各布置一个测点。屋架下弦杆主要为轴力 N 作用，只需在杆件表面布置一个测点就可以，但为了便于核对和使所测结果更为精确，经常在截面的中和轴位置上成对布点，如图 4－17（a）所示，取其平均值计算内力 N。屋架的腹杆，主要承受轴力作用，布点可以与下弦杆一样。

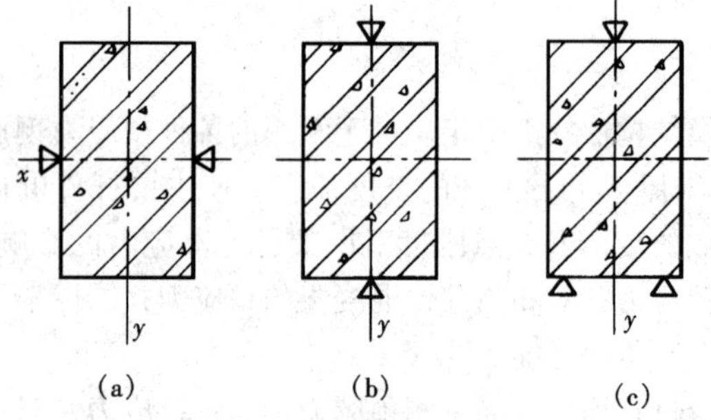

图 4－17 屋架杆件截面上应变测点布置方式

（a）只有轴力 N 作用；（b）有轴力 N 和弯矩 M_x 作用；（c）有轴力 N 和弯矩 M_x，M_y 作用

如果用电阻应变计测量弹性匀质杆件或钢筋混凝土杆件开裂前的内力，除了可按上述方法求得全部内力值外，还可以利用电阻应变仪测量电桥的特性以及电阻应变计与电桥连接方式的不同，使量测结果直接等于某一个内力所引起的应变。

为了正确求得杆件内力，测点所在截面位置应经过选择，屋架节点在设计理论上均假定为铰接，但钢筋混凝土整体浇注的屋架，其节点实际上是刚接的，由于节点的刚度，以致在杆件中邻近节点处还有次弯矩作用，并由此在杆件截面上产生次应力。因此，如果仅希望求得屋架在承受轴力或轴力和弯矩组合下的应力并避免节点刚度影响时，测点所在截面要尽量离节点远一些。反之，假如要求测定由节点刚度引起的次弯矩，则应该把应变测点布置在紧靠节点处的杆件截面上。图 4－18 为 9m 柱距、24m 跨度的预应力混凝土屋架试验测量杆件内力的测点布置。

应该注意，在布置屋架杆件的应变测点时，绝不可以将测点布置在节点上，因为节点处截面的作用面积不明确。图 4－19 所示屋架上弦节点中截面 1—1 的测点是量测上弦杆的内力；截面 2—2 是量测节点次应力的影响；比较两个截面的内力，就可以求出次应力。截面

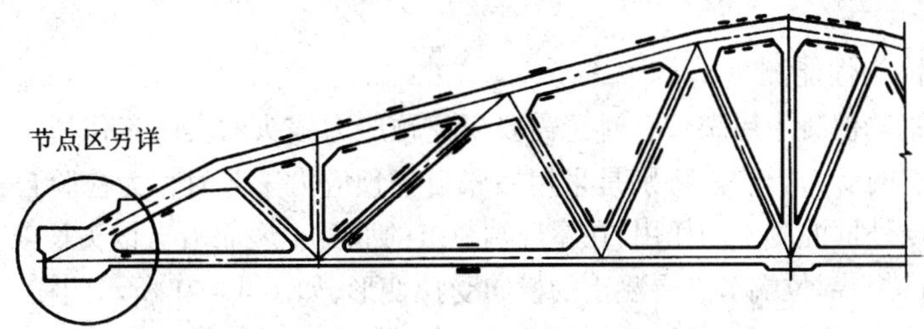

图4-18 9m柱距24m跨度预应力混凝土屋架试验测量杆件内力测点布置

说明：①图中屋架杆件上的应变测点用—表示；

②在端节点部位屋架上下弦杆上的应变测点是为了分析端节点受力需要布置的；

③端节点上应变测点布置见图4-20所示；

④下弦预应力钢筋上的电阻应变计测点未表明。

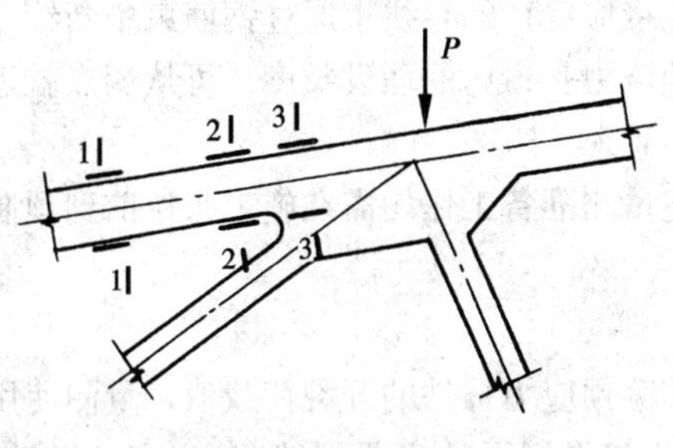

图4-19 屋架上弦节点应变测点布置

3—3是错误布置。

(3) 屋架端节点的应力分析

屋架的端部节点，应力状态比较复杂，这里不仅是上下弦杆相交点，屋架支承反力也作用于此，对于预应力钢筋混凝土屋架下弦杆预应力钢筋的锚头也直接作用在端节点。再加上构造和施工的原因，经常引起端节点的过早开裂或破坏，因此，往往需要通过试验来研究其实际工作状态。为了测量端节点的应力分布规律，要求按图4-20所示布置较多的三向应变网络测点，应变网络通常用电阻应变计组成。从三向小应变网络各点测得的应变量，利用计算或图解法求得端节点上的剪应力、正应力及主应力的数值与分布规律。为了量测上下弦杆交接处豁口应力分布情况，可沿豁口周边布置

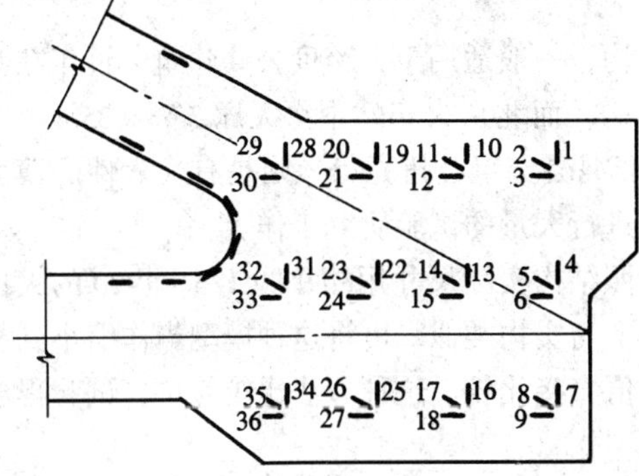

图4-20 屋架端部节点上应变测点布置

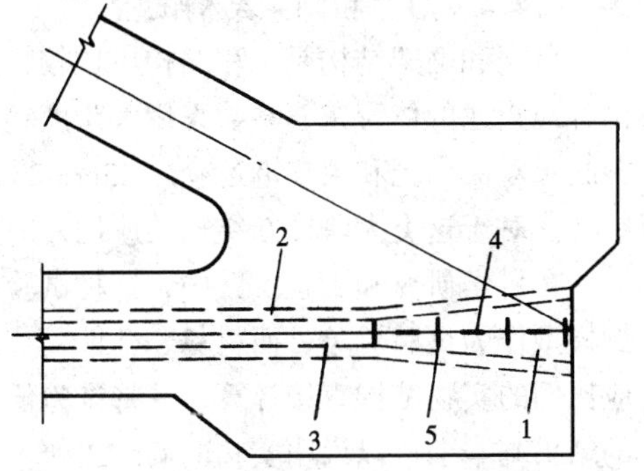

图4-21 屋架端节点自锚头部位测点位置

1—混凝土自锚锚头；2—屋架下弦预应力钢筋预留孔；3—预应力钢筋；4—纵向应变测点；5—横向应变测点

单向应变测点。

（4）预应力锚头性能测量

对于预应力钢筋混凝土屋架，有时还需要研究预应力锚头的实际工作情况和锚头在传递预应力时对端节点的受力影响。特别是采用后张自锚预应力工艺时，为检验自锚头的锚固性能与锚头对端节点外框混凝土的作用，在屋架端节点的混凝土表面沿自锚头长度方向布置若干应变测点，量测自锚头部位端节点混凝土的横向受拉变形，如图4－21所示的横向应变测点；如果按图4－21所示布置纵向应变测点时，则同时可以测得锚头对外框混凝土的压缩变形。

（5）屋架下弦预应力钢筋张拉应力测量

为了量测屋架下弦杆的预应力钢筋在施工张拉和试验过程中的应力值以及预应力的损失情况，需在预应力钢筋上布置应变测点；测点位置通常布置在屋架跨中及两端部位；如果屋架跨度较大，则在1/4跨度的截面上可以增加测点；如果有需要，预应力钢筋上测点位置可与屋架下弦杆上的测点部位相一致。在预应力钢筋上，经常是事先粘贴电阻应变计，以量测其应力变化，但必须注意防止电阻应变计受损。比较理想的做法是在成束钢筋中部放置一段短钢管使贴片的钢筋位置相互固定，这样便可将连接应变计的导线束通过钢筋束中断续布置的短钢管从锚头端部引出。有时为了减少导线在预应力孔道内的埋设长度，可从测点就近部位的杆件预留孔将导线束引出。

如果屋架预应力钢筋采用先张法施工，则上述量测准备工作均需在施工张拉前到预制构件厂或施工现场就地进行。

（6）裂缝测量

预应力钢筋混凝土屋架的裂缝测量，通常要实测预应力杆件的开裂荷载值，量测使用状态试验荷载值作用下的最大裂缝宽度，以及各级荷载作用下的主要裂缝宽度。在屋架试验中，由于端节点的构造与受力复杂，经常会产生斜裂缝，应加以注意。此外腹杆与下弦拉杆以及节点的交汇之处，将会较早开裂。

在屋架试验的观测设计中，利用结构与荷载对称性特点，经常在半榀屋架上考虑测点布置与安装主要仪表，而在另半榀屋架上仅布置若干对称测点，作为校核之用。

4.4.4 薄壳和网架结构试验

薄壳和网架结构是工程结构中比较特殊的结构，一般适用于大跨度公共建筑。近年在我国各地兴建的体育馆，多数采用大跨度钢网架结构。而北京火车站中央大厅35m×35m钢筋混凝土双曲扁壳和大连港运仓库23m×23m的钢筋混凝土组合扭壳等，则是有代表性的薄壳结构。对于这类大跨度新结构的应用，一般都须进行大量的试验研究工作。

在科学研究和工程实践中，这种试验一般按照结构实际尺寸用缩小为1/5～1/20的大比例模型作为试验对象，而材料、杆件、节点基本上与实物类似，可将这种模型当作缩小到相应比例的实物结构直接计算，并将试验值和理论值直接比较。这种方法比较简单，试验得出的结果基本上可以说明实物的实际工作情况。

1. 试件安装和加载方法

薄壳和网架结构都是平面面积较大的空间结构。薄壳结构不论是筒壳、扁壳还是扭壳，一般均有侧边构件，其支承方式可类似于双向板，有四角支承或四边支承，这时结构支承可由固定铰、活动铰及滚轴等组成。

网架结构在实际工程中是按结构布置直接支承在框架或柱顶，在试验中一般按实际结构支承点的个数将网架模型支承在刚性较大的型钢圈梁上。一般支座均为受压，采用螺栓做成的高低可调节的支座固定在型钢梁上，网架支座节点下面焊上带尖端的短圆杆，支承在螺栓支座的顶面，在圆杆上贴有应变计可测量支座反力，如图4－22所示。由于网架平面体型的不同，受载后除大部分支座受压外，在边界角点及其邻近的支座经常可能出现受拉现象。为适应受拉支座的要求，并做到各支座构造统一，也就是既可受压又能抗拉，在有的结构试验中采用钢球铰点支承形式，如图4－22（b）所示，钢球安置在特别的圆形支座套内，钢球顶端与网架边节点支座竖杆相连，支座套上设有盖板，当支座出现受拉时可限制球铰从支座套内拔出，同样可以由支座竖杆上的应变计测得支座拉力。圆形支座套下端用螺栓与钢圈梁连接，可以调整高低，使网架所有支座在加载前能统一调整，保证整个网架有良好的接触。图4－22（c）所示锁形拉压两用支座可安装于反力方向无法确定的支座上，它可以适应于受压或受拉的受力状态。某体育馆四立柱支承的方形双向正交网架模型试验中，采用了球面板做成的铰接支座，柱子上端用螺杆可调节的套管调整网架高度，这种构造在承受竖向荷载时是可以的，但当有水平荷载作用时就显得太弱，变形较大，如图4－22（d）所示。

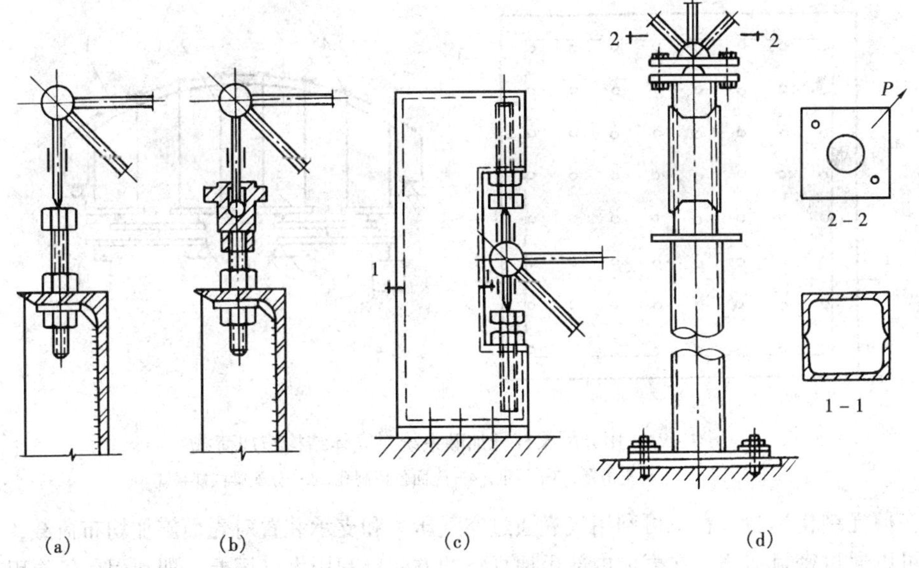

图4－22 网架试验的支座型式与构造

薄壳结构是空间受力体系，在一定的曲面形式下，壳体弯矩很小，荷载主要靠轴向力承受。壳体结构具有较大的平面尺寸，所以单位面积上荷载量不会太大，一般情况下可以用重力直接加载，将荷载分垛铺设于壳体表面；也可以通过壳面预留的洞孔直接悬吊荷载，如图4－23所示，并可在壳面上用分配梁系统施加多点集中荷载。在双曲扁壳或扭壳试验中可用特制的三角加载架代替分配梁系统，在三角架的形心位置上通过壳面预留孔用钢丝悬吊荷重，为适应壳面各点曲率变化，三角架的三个支点可用螺栓调节高度。

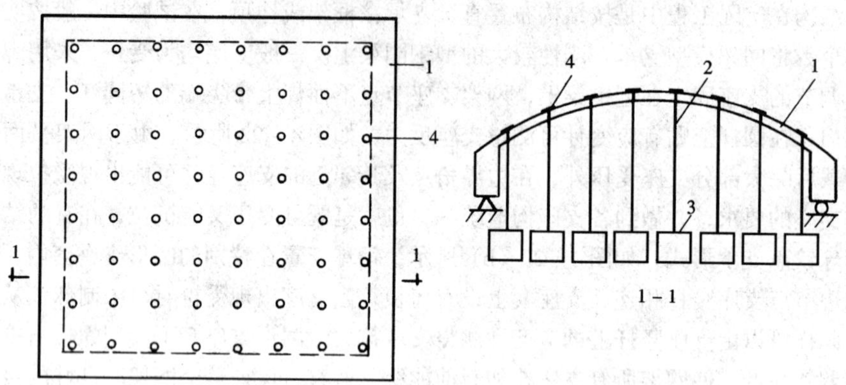

图 4－23 通过壳面预留洞孔施加悬吊荷载

1—试件；2—荷重吊杆；3—荷重；4—壳面预留洞孔

为了加载方便，也可以通过壳面预留孔洞设置吊杆而在壳体下面用分配梁系统通过杠杆施加集中荷载，如图 4－24 所示。

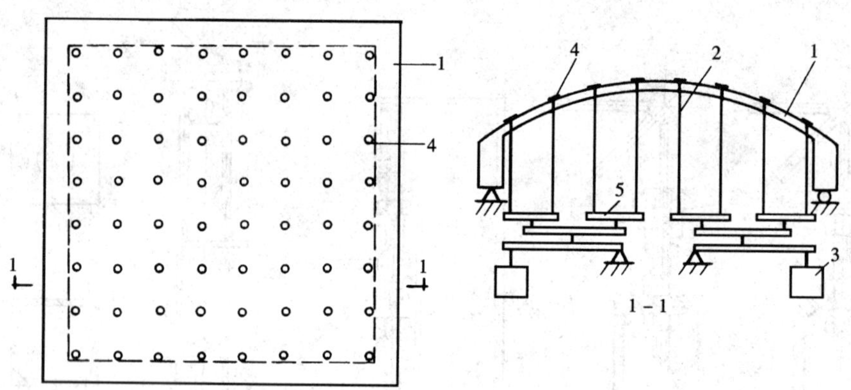

图 4－24 用分配梁杠杆加载系统对壳体结构施加荷载

1—试件；2—荷重吊杆；3—荷重；4—壳面预留洞孔；5—分配梁杠杆系统

在薄壳结构试验中，也可利用气囊通过空气压力和支承装置对壳面施加均布荷载，有条件时可以通过密封措施，在壳体内部用抽真空的方法，利用大气压差，即利用负压作用对壳面进行加载。这时壳面由于没有加载装置的影响，比较方便进行量测和观测裂缝。

如果需要较大的试验荷载或要求进行破坏试验时，则可按图 4－25 所示采用同步液压加载器和荷载支承装置施加荷载，以获得较好效果。

在我国建造的网架结构中，大部分是采用钢结构杆件组成的空间体系，作用于网架上的竖向荷载主要通过其节点传递。在较多试验中都用水压加载模拟竖向荷载，为了使网架承受比较均匀的节点荷载，通常在网架上弦的节点上焊以小托盘，上面放传递水压的小木板，木板按网架的网格形状及节点布置形状而定，要求该木板互不联系，以保证荷载传递作用明

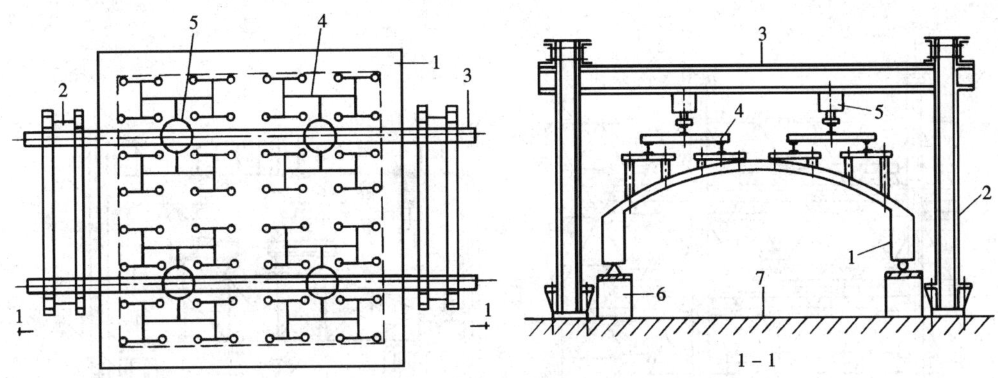

图4－25 用液压加载器进行壳体结构加载试验

1—试件；2—荷载支承架立柱；3—横梁；4—分配梁系统；5—液压加载器；6—支座；7—试验台座

确，挠曲变形自由。当变高度网架或上弦有坡度时，尚可通过连接托盘的竖杆调节高度，使荷载作用点在同一水平面，便于水压加载。在网架四周，用薄钢板、铁皮或木板按网架平面体型组成外框，用专门支柱支承外框的自重，然后在网架上弦的木板上和四周外框内衬以特制的开口大型塑料袋，这样，当试验加载时，水的重量在竖向通过塑料袋、木板直接经上弦节点传至网架杆件，而水的侧向压力由四周的外框承受，由于外框不直接支承于网架，所以施加荷载的大小直接可由水面的高度来计算，当水面高度为0.3m时，即相当于网架承受的竖向荷载为3kN/m^2。图4－26为网壳用水加载时的装置。

与薄壳试验一样，当需要进行破坏试验时，由于破坏荷载较大，可用多点同步液压加载系统经支承于网架节点的分配梁施加荷载，如图4－27所示。

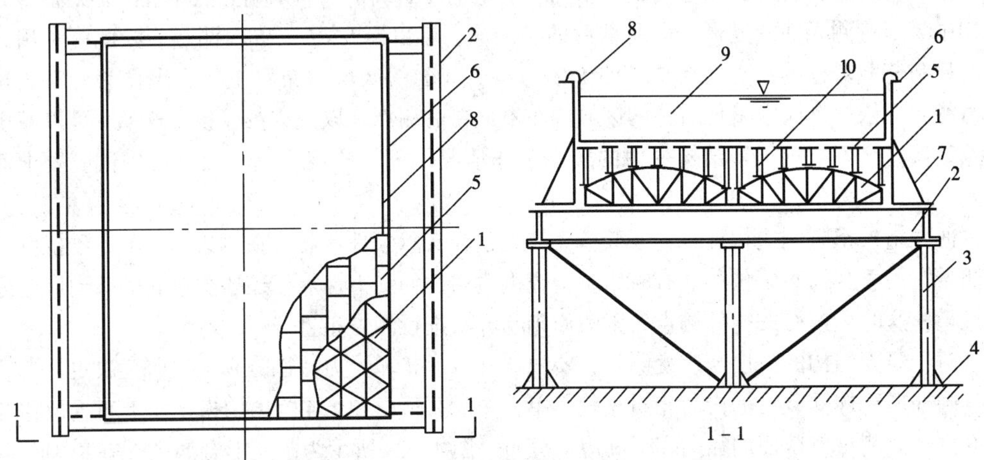

图4－26 钢网架试验用水加载的装置

1—试件；2—刚性梁；3—立柱；4—试验台座；5—分块式小木板；6—钢板外框；7—支撑；8—塑料薄膜水袋；9—水；10—节点荷载传递短柱

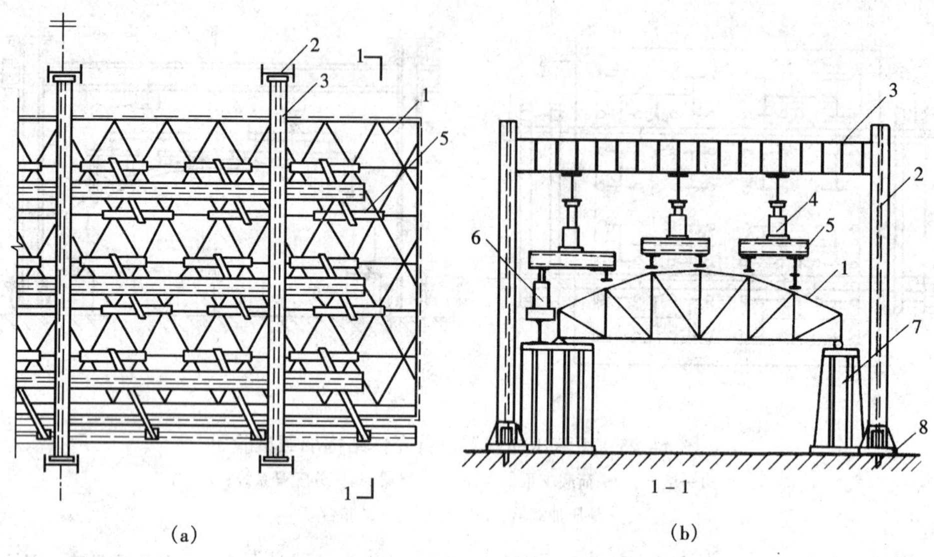

图 4-27 用多点同步液压加载器对钢网壳加载试验

1—网壳；2—荷载支承架立柱；3—横梁；4—液压加载器；
5—分配梁系统；6—平衡加载器；7—支座；8—试验台座

2. 试验项目和测点布置

薄壳结构与平面结构不同，它既是空间结构又具有复杂的表面外形，如筒壳，双曲抛物面壳和扭壳等，由于受力上的特点，其测量要比一般平面结构复杂得多。

壳体结构要观测的内容同样主要是位移和应变两大类。通常测点按平面坐标系统布置，所以测点的数量比较多，如果在平面结构中测量挠度曲线按线向采用五点布置法，则在薄壳结构中为了量测壳面的变形，即受载后的挠曲面，就需要 5×5=25 个测点。为此可利用结构对称和荷载对称的特点，在结构的 1/2、1/4 或 1/8 的区域内布置主要测点作为分析结构受力特点的依据，而在其他对称的区域内布置适量的测点，以便进行校核。这样既可以减少测点数量，又不影响了解结构受力的实际工作情况，至于校核测点的数量可按试验要求而定。

薄壳结构都有侧边构件，为了校核壳体的边界支承条件，需要在侧边构件上布置挠度计来测量它的垂直及水平位移。有时为了研究侧边构件的受力性能，还要测量它的截面应变分布规律，这时可按梁式构件测点布置的原则与方法进行测点布置。

对于薄壳结构的挠度与应变测量，要根据结构形状和受力特性分别加以研究决定。

圆柱形壳体受载后的内力相对比较简单，一般在跨中和 1/4 跨度的横截面上布置位移和应变测点，测量该截面的径向变形和应变分布。图 4-28 所示为圆柱形金属薄壳在集中荷载作用下的测点布置情况。利用挠度计测量壳体与侧边构件受力后的垂直和水平位移，测试内容主要有侧边构件边缘的水平位移，壳体中间顶部垂直位移以及壳体表面上 2 及 2′处的法向位移。其中以壳体跨中 $1/2l$ 截面上的 5 个测点最有代表性，此外还应在壳体两端部截面布置测点。利用应变计测量纵向应力，仅需布置在壳体曲面之上，主要布置在跨度中央、1/4l处与两端部截面上，其中两个1/4l截面和两个端部截面中的一个为主要测量截面，另一个与它对称的截面为校核截面。在测量的主要截面上布置10个应变测点，校核截面仅在半个壳面上布置5个测点。在跨中截面（轴线4—4和4′—4′）上因加载点使测点布置困难，所以在3/8l及5/8l截面的相应位置上布置补充测点。

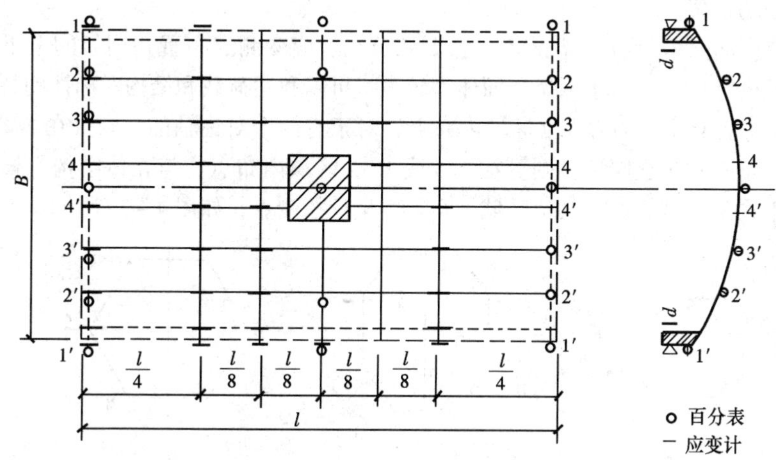

图4-28 圆柱形金属薄壳在集中荷载作用下的测点布置

对于双曲扁壳结构的挠度测点，除通常沿侧边构件布置垂直和水平位移的测点外，壳面的挠曲可沿壳面对称轴线或对角线布点测量，并在1/4或1/8壳面区域内布点，如图4-29(a)所示。

为了测量壳面主应力的大小和方向，一般均需布置三向应变网络测点。由于壳面对称轴上剪应力等于零，主应力方向明确，所以只需布置二向应变测点，如图4-29(b)所示。有时为了查明应力在壳体厚度方向的变化规律，则在壳体内表面的相应位置上也应对称布置应变测点。

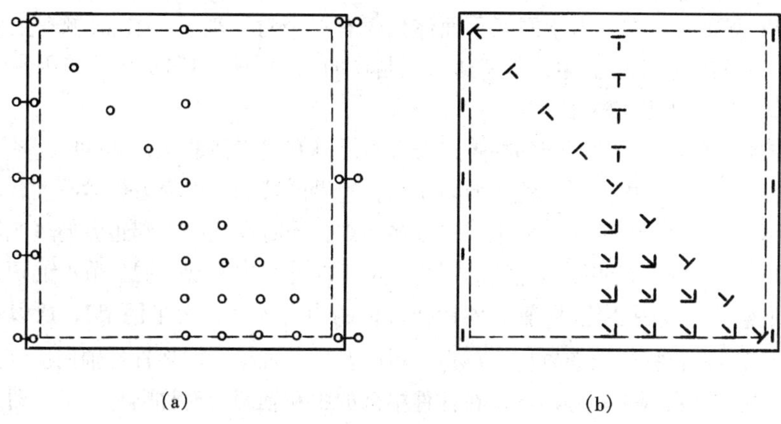

图4-29 双曲扁壳的测点布置

如果是加肋双曲壳，还必须测量肋的工作状况，这时壳面挠曲变形可以在肋的交点上布置测点。由于肋主要是单向受力，所以只须沿其走向布置单向应变测点，通过与在壳面平行于肋方向的测点相配合，即可确定其工作性质。

网架结构是杆件体系组成的空间结构，它的形式多种多样，有双向正交、双向斜交和三向正交等，由于网架结构可以被看作为桁架梁相互交叉组成，所以其测点布置的特点也类似于平面结构中的桁架。

网架的挠度测点可沿各桁架梁布置在下弦节点。应变测点布置在网架的上下弦杆、腹杆、竖杆及支座竖杆上。由于网架平面体型较大，可以利用荷载和结构对称性的特点；对于平面仅有一个对称轴的，可在1/2区域内布点；对于有两个对称轴的，则可在1/4或1/8区域内布点；对于三向正交网架，则可在1/6或1/12区域内布点。与壳体结构一样，主要测点应尽量集中在某一区域内，其他区域仅布置少量校核测点，如图4-30所示。

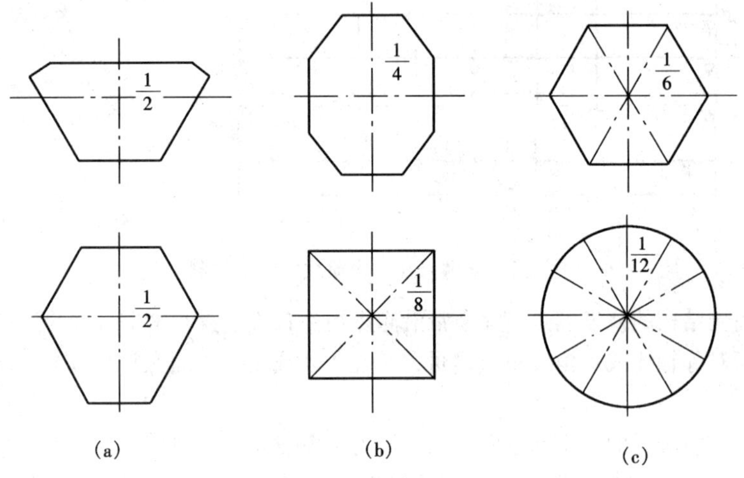

图4-30 按网架平面体型特点分区布置测点

图4-31所示为上海游泳馆网架，平面为不等边六边形的三向变截面折形板空间网架1/20模型试验的测点布置图。由于网架平面体型仅有一个对称轴 $y-y$，故测点主要布置在1/2区域内并以网架的右半区为主，考虑到加工制作的不均匀性和测量误差等因素在网架左半区亦布置量测点，以便校核。

杆件应变测点考虑到三向网架的特点，布置时沿具有代表性的 X，N_1 和 N_2 轴走向的桁架梁布置，在网架中央区内力最大的区域内布点，边界区域的杆件内力虽然不大，但由于受支座约束的干扰，内力分布复杂，故也布置较多测点，同时在从中央到边界的过渡区中适当布置一批测点，以观测、查明受力过渡的规律。由于在计算中发现在同一节点的两个杆件中 N_2 轴方向的桁架杆件内力要比 N_1 轴方向桁架杆件的内力大（指右半网架），所以选择了 X 轴方向某一节间的上弦杆连续布置应变测点，以检验这一现象。网架杆件轴向应变采用电阻应变计测量，为了消除弯曲偏心影响，在杆件中部的中和轴两边对称贴片，量测时采用串联半桥连接。在支座竖杆上都布置应变测点，以量测其内力，同时用以调整支座的初始标高并

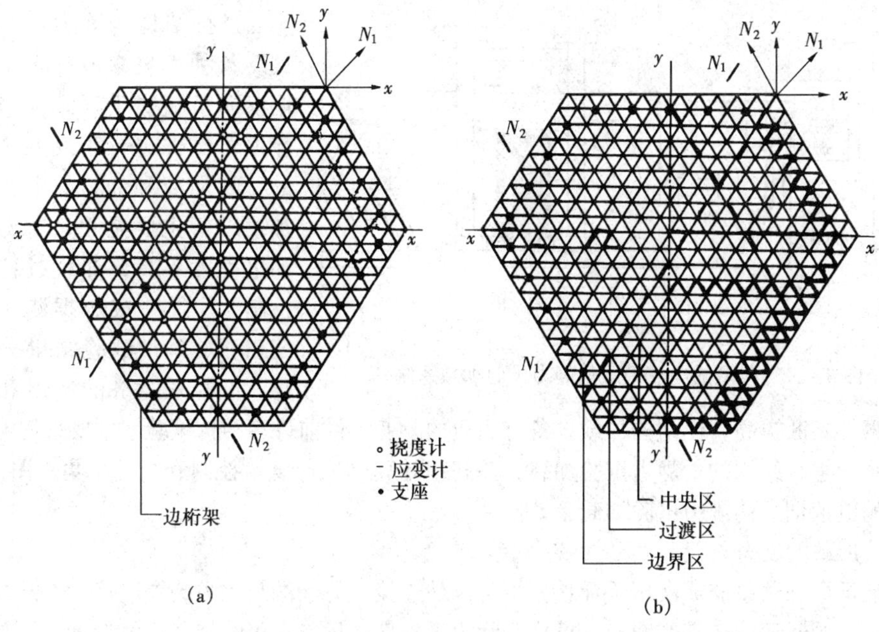

图 4-31 上海游泳馆网架 1/20 模型试验的测点布置
(a) 挠度测点布置；(b) 应变测点布置

检验支座点反力与外荷载的平衡状况。

网架位移测点主要布置在网架的纵轴、横轴，斜向对角线以及边桁架等几个方向。游泳馆网架挠度测点主要沿 $x-x$，$y-y$，N_1 和 N_2 等轴方向布置。

4.5 结构抗震静载试验

为了研究结构震害的破坏机理，有效地进行抗震设防，在结构试验中也往往采用静载试验方法实现对结构抗震性能的量测。主要有伪静力试验和拟动力试验。

4.5.1 伪静力试验

伪静力试验是目前在结构或构件抗震性能研究中应用最广泛的试验方法。它是以一定的荷载或位移作为控制值对试件进行正反两个方向反复的加载和卸载，用以模拟地震荷载对结构的受力过程，进而获得结构非线性的荷载—变形特性，故又称为低周反复荷载试验或恢复力特性试验。这种试验方法是在 20 世纪 60～70 年代基于结构非线性地震反应分析的要求提出的，可以最大限度地利用试件提供的各种信息，例如承载力、刚度、变形能力、耗能能力和损伤特征等。伪静力试验的根本目的是研究结构在正反两个方向反复加载和卸载情况下的基本性能，进而建立恢复力模型和承载力计算公式，探讨结构的破坏机制。

1. 加载设备与装置

(1) 加载设备

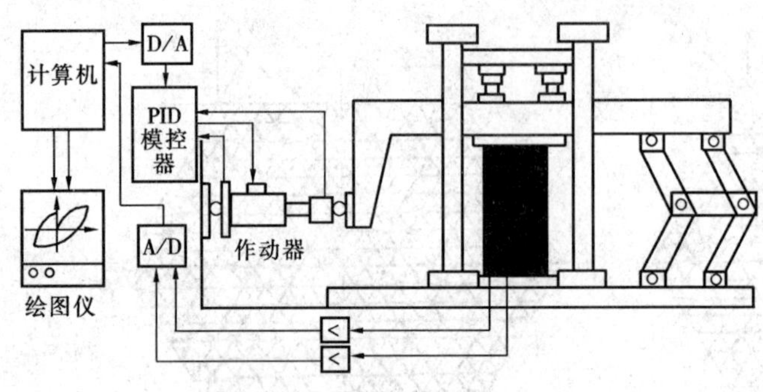

图 4－32 典型的电液伺服伪静力试验加载系统

进行结构伪静力试验的加载设备种类较多，过去主要采用双向机械式千斤顶或液压千斤顶对试件进行正反两个方向的反复加载和卸载。由于这类加载设备主要是手动加载，自动化程度不高，加载过程不易控制，往往造成数据测量不稳定、不准确，试验结果分析困难。近年来经济的发展和科学技术水平的不断提高，使结构加载设备有了质的改变，目前许多结构试验室主要采用电液伺服加载系统进行结构的伪静力试验加载，并利用计算机进行试验控制和数据采集。图 4－32 为典型的电液伺服伪静力试验加载系统。

(2) 加载的反力装置

电液伺服加载系统或液压千斤顶一端与试件连接，另一端与反力装置连接，以便给结构施加作用。同时试件还需要固定并模拟实际边界条件。目前常用的加载反力装置主要有：反力墙、反力台座、门式刚架、反力架等。加载的反力装置本身应具有足够的刚度、强度和整体稳定性，同时应尽可能地做到结构简单、安装方便。

2. 伪静力加载方法

伪静力加载方法有单向伪静力加载和双向伪静力加载之分。单向伪静力加载是水平反复荷载沿结构或构件一个主惯性轴方向进行；双向伪静力加载是水平反复荷载沿两个主惯性轴均作用。

(1) 单向伪静力加载

目前国内外较为普遍采用的单向伪静力加载主要有三种：位移控制加载，力控制加载，力—位移混合控制加载。

1）位移控制加载

位移控制加载是在加载过程中以位移（包括线位移、角位移、曲率或应变等）作为控制值或以屈服位移的倍数作为控制值，按一定的位移增幅进行循环加载。当试件具有明确屈服点时，一般都以屈服位移的倍数为控制值。当试件不具有明确的屈服点时（如轴压比较大的柱）或无屈服点时（如无筋砌体），则应根据已有专业知识规定一个认为合适的位移标准值来控制试验加载。在位移控制加载中，根据位移控制的幅值不同，又可分为变幅加载、等幅加载和变幅等幅混合加载，如图 4－33 所示。

变幅位移控制加载多用于研究构件的恢复力特性，并建立其恢复力模型。通常每一级位移幅值下循环 2～3 次，则由试验测得的滞回曲线可以建立构件的恢复力模型。

等幅位移控制加载主要用于确定构件在特定位移幅值下的特定性能，例如极限滞回耗能、强度降低率和刚度退化规律等。

变幅等幅混合加载可以综合地研究构件的性能，其中包括等幅部分的强度和刚度变化，

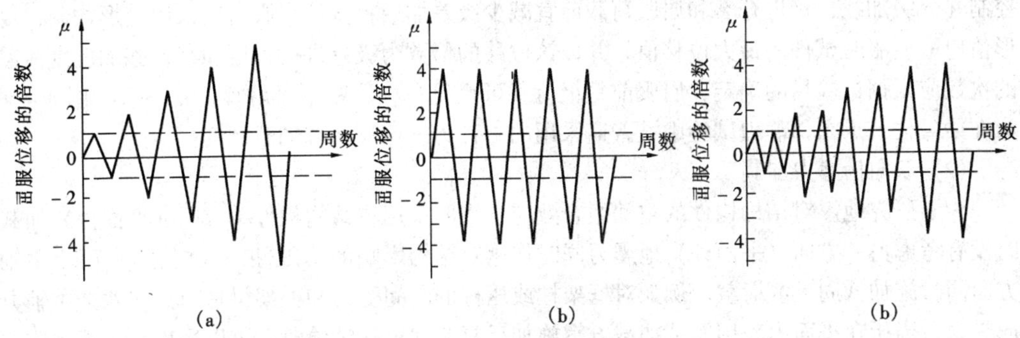

图 4-33 位移控制加载

(a) 变幅加载；(b) 等幅加载；(c) 变幅等幅混合加载

以及在变幅部分、特别是大变形增长情况下强度和耗能能力的变化。因此，在位移控制加载时，以变幅等幅混合加载方案使用得最多。图 4-34 所示的也是一种混合加载制度，在两次大幅值之间有几次小幅值的循环，以模拟构件承受二次地震冲击的影响，其中用小循环来模拟余震的影响。

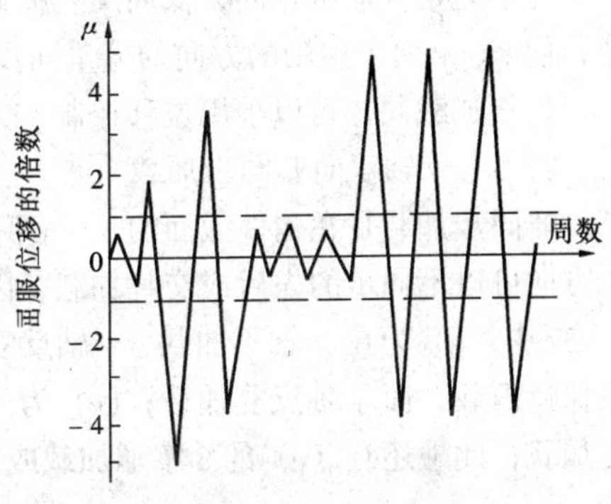

图 4-34 位移控制变幅等幅混合加载

2）力控制加载

力控制加载是在加载过程中，以力作为控制值，按一定的力幅值进行循环加载，其加载规则如图 4-35 所示。由于试件屈服后难以控制加载的力，所以这种加载制度较少单独使用。

3）力—位移混合控制加载

这种加载制度是先以力控制进行加载，当试件达到屈服状态时改用位移控制，一直加

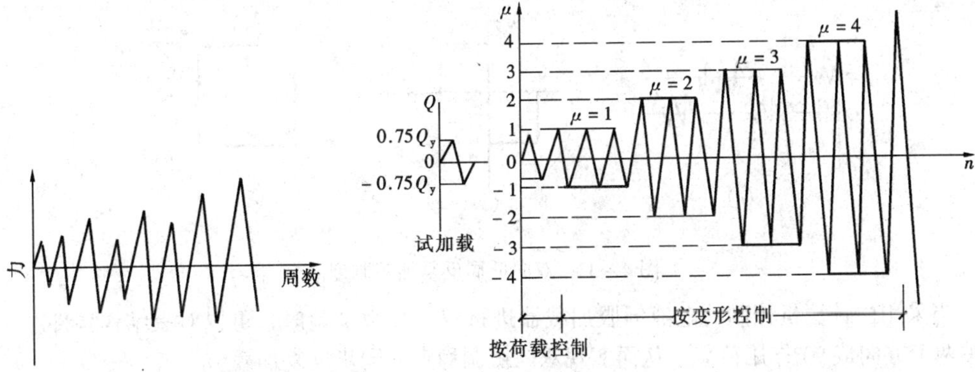

图 4-35 力控制加载

图 4-36 力—位移加载

载至试件破坏。《建筑抗震试验方法规程》（JGJ101—1996）规定：试件屈服前，应采用载荷

控制并分级加载，接近开裂和屈服荷载前宜减少级差加载；试件屈服后应采用变形控制，变形值应取屈服时试件的最大位移值，并以该位移的倍数为级差进行控制加载；施加反复荷载的次数应根据试验目的确定，屈服前每级荷载可反复一次，屈服以后宜反复三次。图 4 – 36 为在梁 – 柱节点在伪静力试验中被普遍采用的一种力—位移混合加载制度。

(2) 双向伪静力加载

为了研究地震对结构构件的空间组合效应，克服采用在结构构件单方向（平面内）加载时没有考虑另一方向（平面外）地震力同时作用对结构影响的局限性，可在 x、y 两个主轴方向同时施加低周反复荷载。例如对框架柱或压杆的空间受力和框架梁柱节点在两个主轴方向受力，当所在平面内采用梁端加载方案施加反复荷载进行试验时，可以采用双向同步或非同步的加载制度来实现。

1) x、y 轴双向同步加载

与单向反复加载相同，低周反复荷载作用在与构件截面主轴成 α 角的方向进行斜向加载，使 x、y 两个主轴的方向的分量同步作用。

反复加载同样可以采用位移控制、力控制和力—位移混合控制的加载制度。

2) x、y 轴双向非同步加载

非同步加载是在构件截面的 x、y 两个主轴方向分别施加低周反复荷载。由于 x、y 两个方向可以不同步的先后或交替加载，因此可以有如图 4 – 38 所示的各种加载变化方案。图 4 – 37 中 (a) 为在 x 轴不加载、y 轴反复加载，或情况相反，即单向加载；(b) 为 x 轴加载后保持恒载，而 y 轴反复加载；(c) 为 x 轴、y 轴先后反复加载；(d) 为 x、y 两轴交替反复加载；此外还有 (e) 的 8 字形加载或 (f) 的方形加载等。

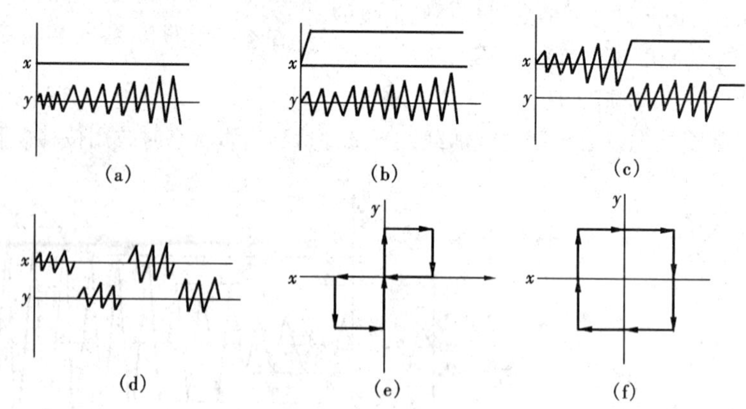

图 4 – 37　双向低周反复加载制度

当采用由计算机控制的电液伺服加载器进行双向加载试验时，可以对一结构构件在 x、y 轴两个方向成 90°作用荷载，从而实现双向协调稳定的同步反复加载。

3. 滞回曲线和骨架曲线的主要特征

(1) 滞回曲线

加载一周得到的荷载—位移曲线称为滞回曲线（滞回环）。根据各种构件恢复力特性的研究结果，构件的滞回曲线可归纳为如图4－38所示的四种基本形态。其中，（a）为梭形，例如受弯、偏压以及不发生剪切破坏的弯剪构件等；（b）为弓形，它反映了一定的滑移影响，有明显的“捏缩”效应，例如剪跨比较大，剪力较小并配有一定箍筋的弯剪构件和偏压剪构件等；（c）为反S形，它反映了更多的滑移影响，例如一般框架和有剪刀撑的框架、梁柱节点和剪力墙等；（d）为Z形，它反映了大量的滑移影响，例如小剪跨且斜裂缝又可以充分发展的构件以及锚固钢筋有较大滑移的构件等。

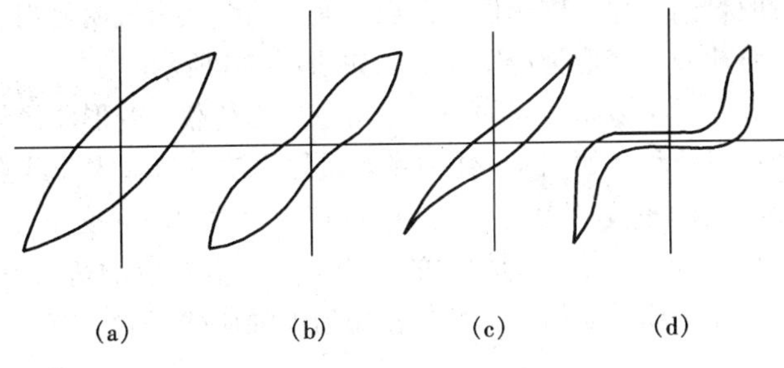

图4－38 四种典型滞回环

在许多构件中，往往开始是梭形，然后发展到弓形、反S形或Z形。因此，有人把后三种都算作反S形。实际上，后三种形式主要取决于滑移量，滑移的量变将引起图形的质变。

以上分析表明，不同种类的构件具有不同的破坏机制：正截面破坏的曲线图形一般呈梭形；剪切破坏和主筋粘结破坏将引起弓形等的“捏缩效应”，并随着主筋在混凝土中滑移量的增大以及斜裂缝的张合向Z形曲线图形发展。

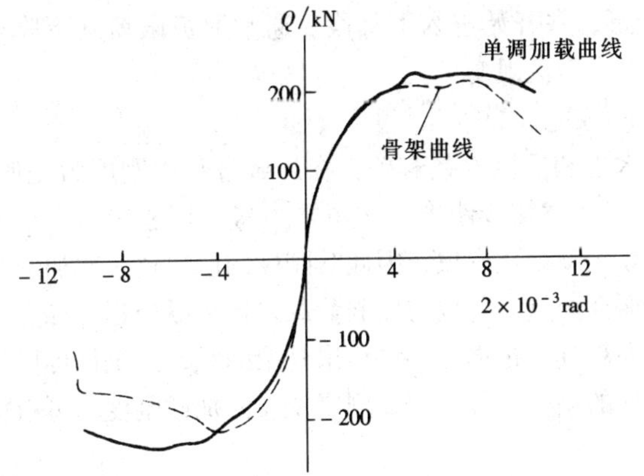

图4－39 骨架曲线与单调加载曲线

（2）骨架曲线

在变幅位移反复加载试验中，如果把荷载 位移（Q Δ）曲线每次循环的峰点（开始卸载点）都连接起来，就得到骨架曲线，图4－39为钢筋混凝土剪力墙滞回环的骨架曲线与单次加载的$Q-\Delta$曲线对比图。从图可以看出，骨架曲线的形状基本与单调加载曲线相似、但极限荷载则略低一些。

在研究非线性地震反应时，骨架曲线是很重要的。它是每次循环加载达到的水平力最大峰值的轨迹，反映了构件受力与变形的各个不同阶段及特性（承载力、刚度、延性、耗能及抗倒塌能力等），是确定恢复力模型中特征点的依据。

（3）承载力

由骨架曲线可以看出，构件在开裂前，荷载与位移呈线性关系，此时构件处于弹性阶段；构件开裂后，由于刚度降低，$Q-\Delta$曲线出现了第一个转折点，此时构件处于弹塑性阶段；构件屈服后，刚度进一步降低，$Q-\Delta$曲线出现第二个转折点，此时构件已处于塑性阶段。

对于有明显屈服点的构件，在试验过程中，当试验荷载达到屈服荷载后，构件的刚度将出现明显的变化，即构件的荷载—变形曲线上出现明显拐点。此时，相应于该点的试验荷载为屈服荷载，变形为屈服变形，如图 4-40 所示。

对于无明显屈服点的构件，可以采用荷载—变形曲线的能量等效面积法近似确定屈服荷载和屈服位移，如图 4-41 所示。具体方法：由最大荷载点 *A* 作水平线 *AB*，由原点 *O* 作割线 *OD* 与 *AB* 线交于 *D* 点，由 *D* 点引垂线与曲线 *OA* 交于 *E* 点，使面积 *ADCA* 与面积 *CFOC* 相等，则此时的 *E* 点即为构件的屈服点，*E* 点对应的荷载 Q_y 为屈服荷载，位移 Δ_y 为屈服位移。构件所能承受的最大荷载作用为极限荷载值。

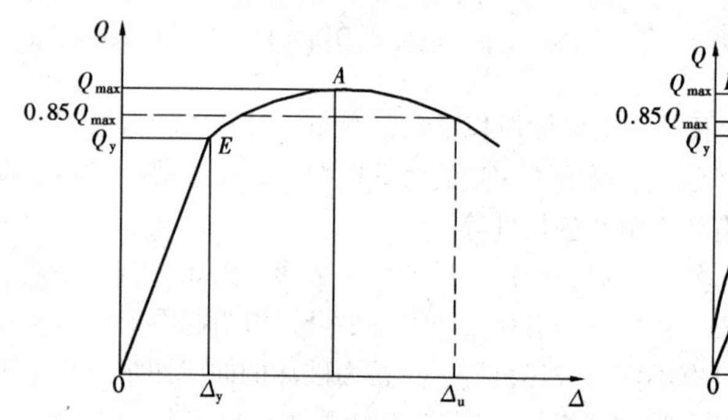

图 4-40 有明显屈服点构件的屈服荷载

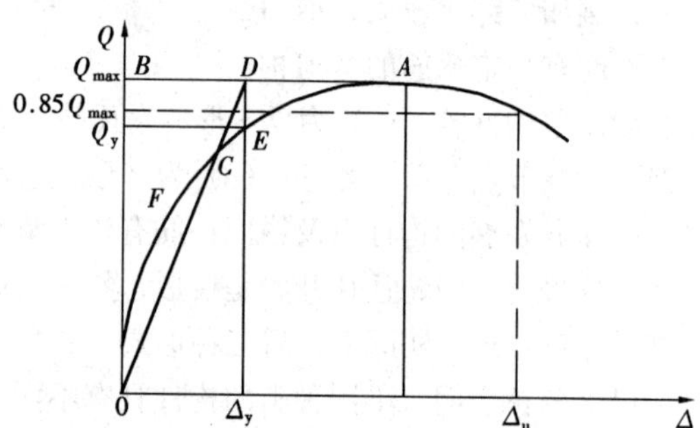

图 4-41 能量等效原理确定构件的屈服荷载

构件加载至极限荷载后，出现较大变形，并开始进入下降段。通常取极限荷载下降至 85%时所对应的荷载值作为破坏荷载，变形作为极限变形。

（4）刚度

从 $Q-\Delta$ 曲线可以看出，刚度与应力水平和反复次数有关，在加载过程中刚度为变值，为了满足地震反应分析需要，常用割线刚度代替切线刚度。在恢复力特性试验中，由于有加、卸载和正、反向加载等情况，同时存在刚度蜕化现象，因此其刚度问题要比一次加载复杂得多。在进行刚度分析时，可以取每一循环峰点的荷载与屈服荷载之比为纵坐标，峰点的荷载相应位移与屈服位移之比为横坐标，即将其无量纲化后再绘出骨架曲线，经统计可以得到弹性阶段、弹塑性阶段以及塑性阶段构件的刚度。关于卸载刚度及反向加载刚度均可由构件的恢复力模型直接确定。

（5）延性

延性是结构构件产生塑性变形的能力，而延性系数则是表示延性的指标，它反映了结构构件抗震性能的好坏。在结构抗震分析中延性系数用下面公式表示

$$\mu=\frac{\Delta_u}{\Delta_y} \tag{4-1}$$

式中 Δ_u——原则上应为极限荷载对应的变形，但在一些轴压比较大的柱中以及钢筋混凝土节点和剪力墙试验中，取荷载下降至 85%极限荷载时的构件挠度（或转角、曲率）；

Δ_y——相应于屈服荷载时的构件挠度（或转角、曲率）。

延性系数又分为曲率延性系数和位移延性系数；位移延性系数又分为角位移延性系数和

和线位移延性系数。在此应注意：曲率延性系数只标志了截面的延性；在塑性区段集中的曲率变形虽然提供了转角和位移，但位移延性系数不但和塑性铰区长度和曲率大小有关，还和构件的长度有关。

(6) 耗能

自1930年Jacobson提出了等效粘滞阻尼以来，在现代工程抗震中，经常采用等效粘滞阻尼系数大小来判别结构在抗震中的耗能能力。

等效粘滞阻尼系数（图4-42）可按下面公式计算：

$$h_e = \frac{1}{2\pi} \cdot \frac{ABC\text{图形面积}}{OBD\text{三角形面积}} \tag{4-2}$$

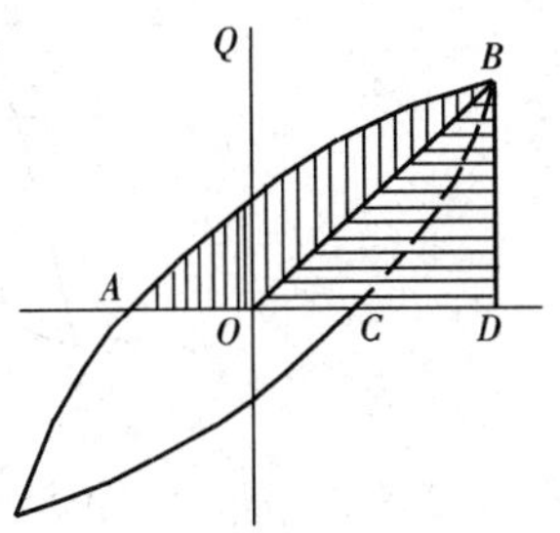

图4-42 等效粘滞阻尼系数计算

根据图4-42，按照式（4-2）计算可得，梭形的等效粘滞阻尼系数比反S形、Z形等都要大。

另一种表示耗能能力大小的指数就是功比指数。在第 i 次循环后，某一象限的功比指数为

$$I_w^s = \frac{\Sigma Q_i \Delta_i}{Q_y \Delta_y} \tag{4-3}$$

式中 Q_i、Δ_i——第 i 次循环时卸载点的荷载和位移。

4. 恢复力特性的模型化

恢复力模型的建立是结构构件非线性地震反应分析的基础。目前在地震反应分析中常用的恢复力模型有如图4-43所示的几种形式。其中，除（e）为光滑型外，其余均为折线型。

双线型和三线型均是表达稳态的梭形滞回曲线的模型，区别在于后者考虑了开裂对构件刚度的影响，从而与试验曲线更符合一些。但它们都不能反映钢筋混凝土（或砌体）构件的一个重要特点—刚度退化现象。刚度退化现象是导致构件低周疲劳破坏的一个主要因素。

Clough模型是表达刚度退化效应的一种双线型模型，而D-TRI模型则是考虑退化效应的一种三线型模型。因此，对于具有梭形刚度退化的滞回曲线，这两种模型都能较好地反应这一特点。

上述四种模型还不能反映钢筋混凝土构件的另一特点—滞回曲线的滑移性质。通过对有剪刀撑框架的恢复力特性试验，发现在极限荷载的60%~70%以内，同一位移幅值在2~3次循环加载下，出现的滞回曲线（环）比较稳定。若把这些滞回环用无量纲形式表示，即把力和位移坐标改成 $\frac{Q}{Q_0}$ 及 $\frac{\Delta}{\Delta_0}$，经标准化后，在荷载范围内滞回环将趋近于标准特征环（NCL）。

NCL模型的曲线方程为

$$\frac{Q}{Q_0} = \mp A \cdot \left(\frac{\Delta}{\Delta_0}\right)^4 + B \cdot \left(\frac{\Delta}{\Delta_0}\right)^3 - (1-B)\left(\frac{\Delta}{\Delta_0}\right) \pm A \tag{4-4}$$

式中：A、B 为系数。改变 A、B 可以得到一系列从梭形到反S形的滞回曲线，如图4-44所示。

滑移型能不同程度地反映弓形、反S形和Z形滞回曲线图形的特点，但对退化效应则考虑得不够。

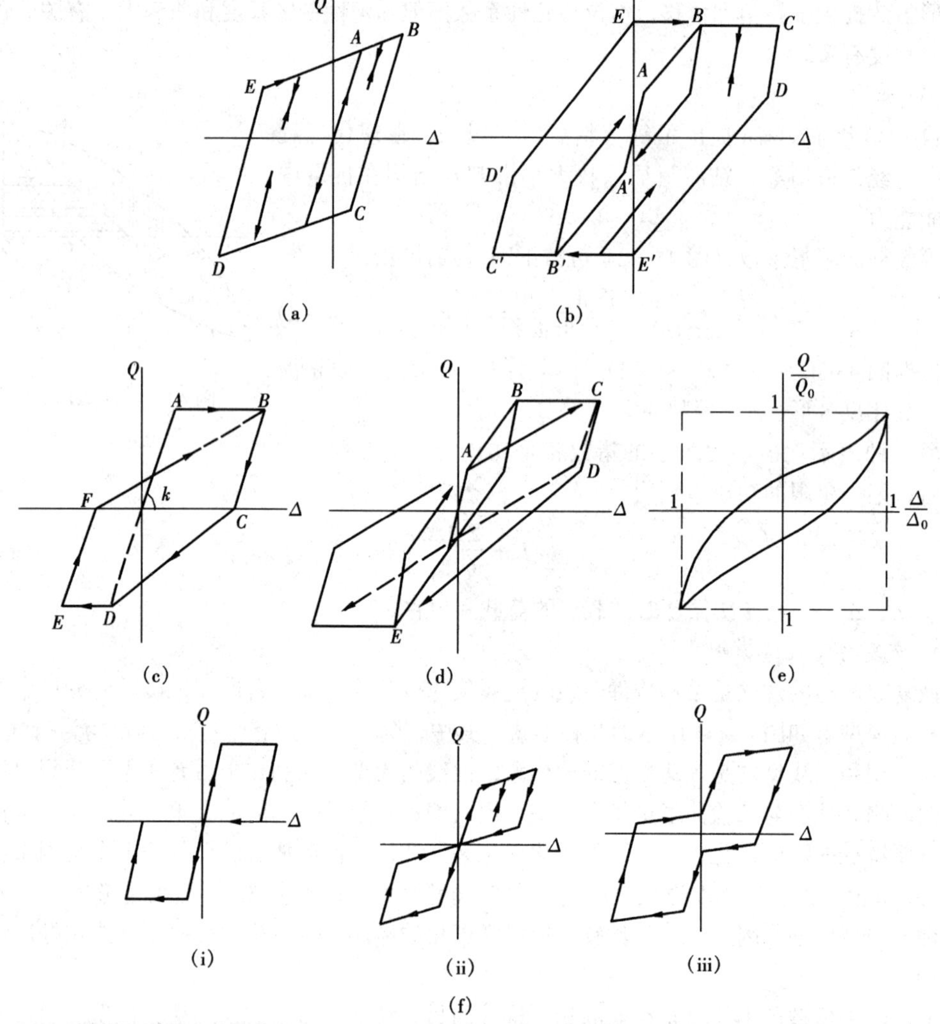

图 4-43　几种常用恢复力模型

(a) 双线型；(b) 三线型；(c) Clough 型；

(d) D-TRI 型；(e) NCL 型；(f) 滑移型

综上所述，伪静力试验方法的突出优点是它的经济性和实用性，从而使它具有应用上的广泛性。其试验设备简单，可做大比例模型试验，便于进行试验全过程观测，也可以随时修正加载制度或检查仪器工作情况。伪静力试验的不足之处是试验中没有考虑应变速率的影响。

4.5.2　拟动力试验

伪静力试验实质上是一种在指定的力或位移条件下的低周反复荷载试验，与实际的非线性地震反应有很大的差别。为此，20 世纪 70 年代发展了一种计算机—电液伺服结构试验装

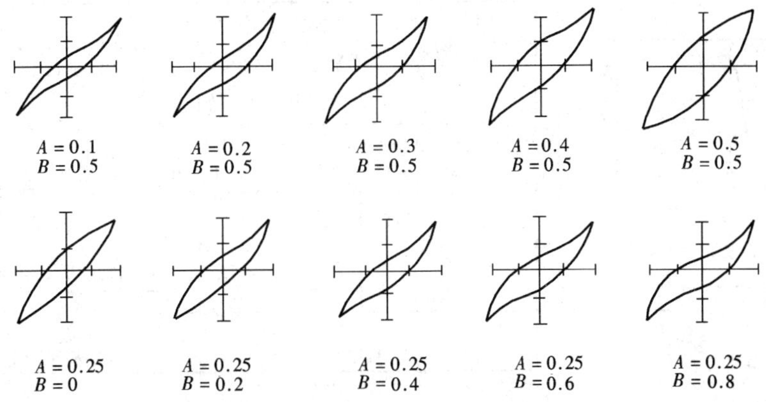

图 4－44　不同常数的 NCL 模型

置的联机系统，弥补了上述不足。

拟动力试验又称计算机联机试验，其基本原理是用计算机直接参与试验的执行和控制，包括利用计算机按某一地震实际反应计算得到的位移时程曲线驱动和控制电液伺服加载器对结构施加荷载。同时进行结构反应的量测和数据采集，经检测装置处理后通过联机系统将结构试验得到的反应量立即输入计算机，从而得到结构的瞬时非线性变形和恢复力之间的关系，再由计算机算出下一次加载后的变形，并将计算所得到的各控制点的变形转变为控制信号，驱动加载器强迫结构按实际地震反映实际结构的变形和受力。整个试验由专用软件系统通过数据库和运行系统来执行操作指令并完成整个系统的控制和运行。这样试验施加的荷载或变形时结构所产生的非线性力学特征与结构在实际地震作用下所经历的真实过程完全一致。但是，这种试验是用静力方式进行的，而不是在振动过程中完成的，故称为拟动力试验。

采用数值积分方法进行的结构非线性动力分析过程，首先应建立试验结构或构件的数学模型，用计算机计算出试验结构在地震作用下的预期反应，试验结构的恢复力是按结构形式、材质条件等所建立的数学模型确定的。

拟动力试验的工作框图如图 4－45 所示，图中虚线框图部分是用计算机计算试验结构的地震反应。右侧实线框图部分是联机加载试验的过程，在解微分方程的同时，平行进行试验结构加载，测定试验结构各质量集中点的恢复力，并进行计算机分析。这样用实测的恢复力代替了经简化假设的恢复力特性模型，将计算机分析与恢复力实测结合起来，使具有复杂恢复力特性的结构或考虑结构实际构造特征的影响，在地震反应计算中得到实现。

联机试验的设备是由计算机部分以及加载装置和加载控制系统部分组成的。

计算机部分的功能是根据某一时刻输入的地面运动加速度，以及上一时刻试验得到的恢复力，计算该时刻的位移反应，并据此对加载系统发出施加位移量的指令，从而测出在该位移条件下的恢复力，同时对试验结构的其他反应参数，如应变、位移等进行演算和处理。

加载装置和加载控制系统部分的功能是根据该时刻由计算机传来的位移指令转换成电压信号输入，用于电液伺服系统，使加载器按给定指令工作。

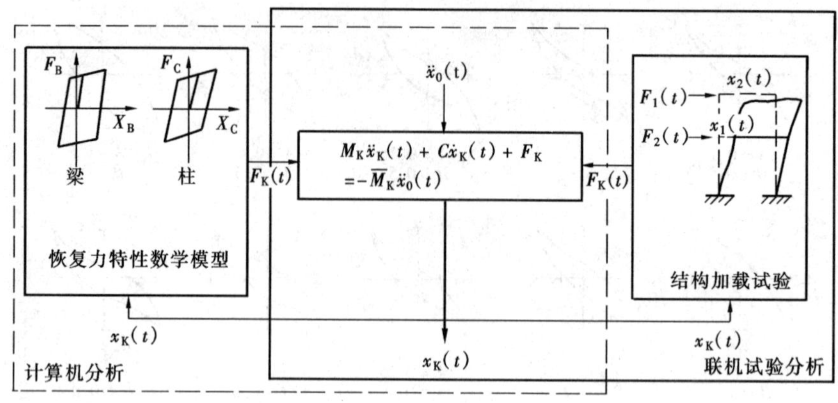

图 4-45 计算机分析和联机试验原理

计算机—电液伺服试验装置联机系统的控制和运行，是由专用软件系统通过数据库和运行系统执行操作指令并完成预定试验的，主要过程可归纳如下：

(1) 在计算机系统中输入地震加速度时程曲线，并按一定的时间间隔数字化，如图4-46所示。

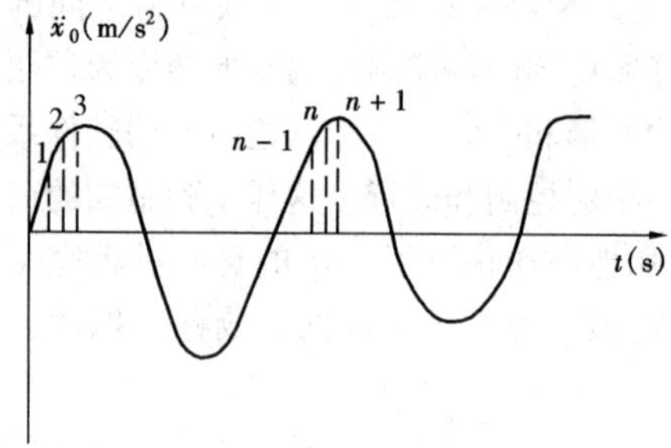

图 4-46 地震加速度时程曲线

(2) 把第 n 时刻的地面运动加速度 $\ddot{X}_{0n}$ 带入运动微分方程，解出第 n 时刻的地震反应位移值 X_n。

(3) 由计算机控制电液伺服加载系统，将 X_n 施加到结构上，实现这一步的地震反应。

(4) 量测此时试验结构的恢复力 F_n，并带入运动微分方程，按地震反应过程的加速度进行第 $n+1$ 时刻位移 X_{n+1} 的计算。量测结构的恢复力 F_{n+1}。

(5) 重复上述 (2) ~ (4) 步骤，按输入第 $n+1$ 时刻的地面运动加速度 $\ddot{X}_{0n+1}$，求解位移 X_{n+2}，量测恢复力 F_{n+2}，并继续进行加载试验，直至输入地震加速度时程所指定的时刻。试验程序框图如图 4-47 所示。

拟动力试验的优点在于：可以比较缓慢地再现地震时的结构反应，以便观察到结构破坏的全过程；可以获得比较详细的试验数据；可进行大比例模型试验。

但拟动力试验也有其局限性，主要表现在：

(1) 计算机的积分运算和电液伺服加载系统的控制都需要一定的时间，因此不能实时再现真实的地震反应，不能反映出应变速率对结构材料强度的影响。

(2) 实际反应产生的惯性力是用加载器来代替。因此只适用于离散质量分布的结构。

(3) 在联机试验中，除控制运动方程的数值积分外，还必须正确控制试验机，正确测定变位和力。即要求采用与计算机相同精度水准的加载系统。因此有些试验是很困难的。

为使拟动力试验取得更好的效果，应根据试验结构的具体目的，选择最优的数值计算方法，电液伺服结构试验系统的控制方法以及位移和力的测定方法。目前采用的数值方法有线性加速度法、中央差分法和隐式无条件稳定的 Newmark - β 法等；在加载控制软件的编制和试验误差抑制方面都达到了很高的水平。

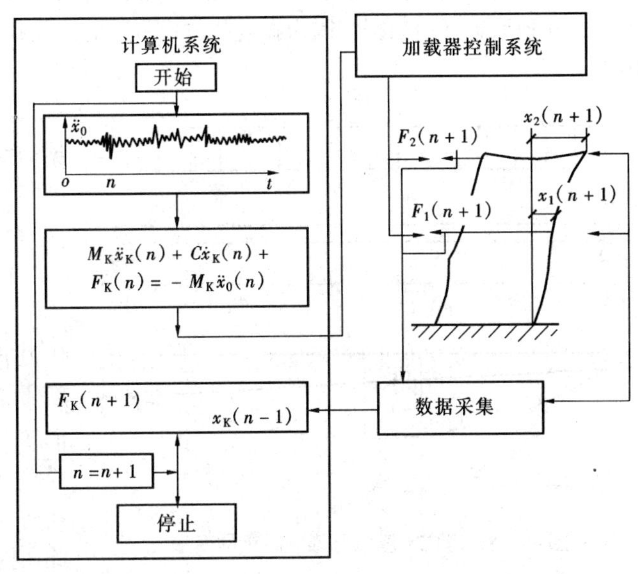

图 4-47 联机加载系统试验原理框图

拟动力试验分析方法是一种综合性试验技术。虽然其试验设备庞大，分析系统复杂，但它是一种很有前途的试验方法。

除上述研究结构抗震静力试验外，还可以采用动力试验，即模拟地震振动台试验。

4.6 静载试验量测数据的整理和分析

经过试验直接得到的各项原始数据，包括仪表测读的记录、试验情况记录等，是分析试验结果的依据。为了说明和解答试验前所提出的问题，必须将这些数据和情况进行科学的整理、分析和计算，以达到“去粗取精，去伪存真”的目的。

量测数据的整理和分析，就是将量测数据经过计算绘成图表和曲线，或用数字表达形式形象而直观地反映出结构的性能及其规律，用以检验结构的质量和验证设计计算的理论。因此这一工作极为重要。

量测数据包括在试验准备阶段和正式试验阶段采集到的全部数据。应保持其完整性、科学性和严肃性，不得随意更改。所有量测数据均应由试验、测读、记录、校核和项目负责人审核、签字备存。量测数据中的一部分是对试验起控制作用的数据，如最大挠度控制点、最大侧向位移控制点、控制截面上的应变等等。这类起控制作用的参数应在试验过程中随时整理，以便指导整个试验过程的进行。其他大量测试数据的整理分析工作，将在试验后进行。

对实测数据进行整理，一般均应算出各级荷载作用下仪表读数的递增值和累计值，必要时还应进行换算和修正，然后用曲线或图表给以表达。也可用方程式表达出来。

在原始记录数据整理的过程中，应特别注意读数及读数值的反常情况，如仪表指示值与理论计算值相差很大，甚至有正负号颠倒的情况，这时应对出现这些现象的规律进行分析，应判断其原因是由于试验结构本身发生裂缝、节点松动、支座沉降或局部应力达到屈服而引起数据突变，还是测试仪表安装不当所造成。在没有足够的根据和理由判断出原因以前，绝不可以轻易地取舍任何数据。因为在这些“反常”的读数和现象中可能包含着人们尚未认识的因素。

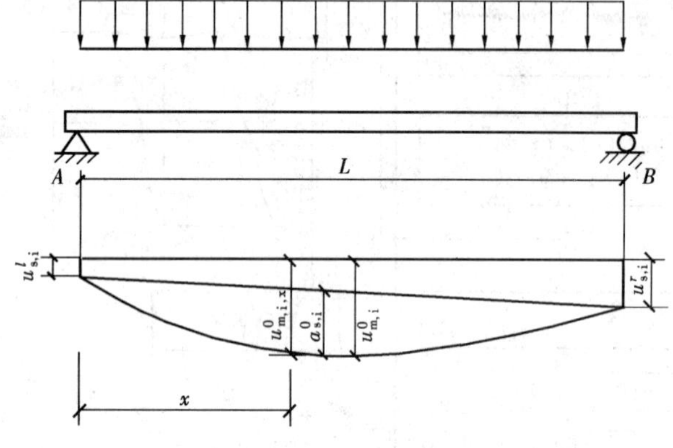

图 4－48 考虑支座沉降影响时梁的变形

本节仅对静载试验中部分基本数据的整理原则作简单介绍，更详细的内容参考第八章有关章节。

4.6.1 整体变形量测结果整理

1. 简支构件的挠度

构件的挠度是指构件本身在荷载作用下某截面的线位移。因此，在挠度实测值中应扣除试验时的支座沉降。消除支座沉降的原理和方法，如图 4－48 所示。此外，由于仪表初读数是在构件和试验装置安装后进行的，因此在构件挠度值中应加上构件自重和设备重力产生的挠度值。所以确定各级试验荷载作用下的短期挠度实测值时，应考虑支座沉降、构件自重和加荷设备中力和加荷图式改变的影响，按下面公式计算：

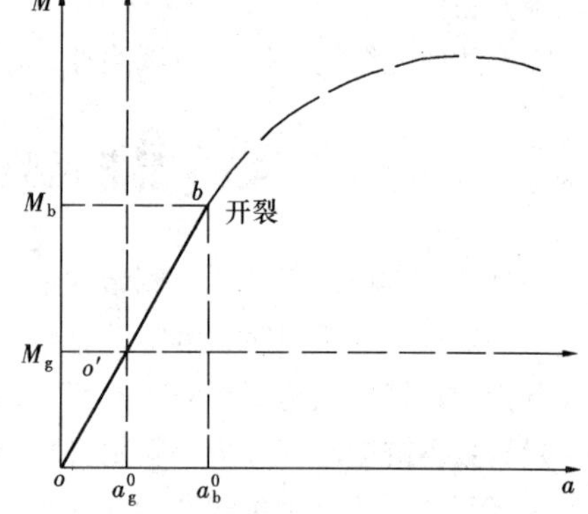

图 4－49 自重挠度计算

$$a_{s,i}^0=(a_{q,i}^0+a_g^0)\psi \qquad (4-5)$$

$$a_{q,i}^0=u_{m,i}^0-\frac{1}{2}(u_{s,i}^l+u_{s,i}^r) \qquad (4-6)$$

$$a_g^0=\frac{M_g}{M_b}a_b^0 \qquad (4-7)$$

式中 $a_{s,i}^0$——经修正后的第 i 级外加试验荷载作用下的构件跨中短期挠度实测值；

$a_{q,i}^0$——消除支座沉降后的第 i 级外加荷载作用下的构件跨中短期挠度实测值；

a_g^0——构件自重和加载设备重力产生的跨中挠度值，可近似认为构件在开裂前是处在弹性工作阶段，弯矩—挠度为线性关系，如图 4－49 所示；

$u_{m,i}^0$——第 i 级外加试验荷载作用下构件跨中位移实测值（包括支座沉降）；

$u_{s,i}^l$、$u_{s,i}^r$——分别为第 i 级外加试验荷载作用下构件左、右支座沉降实测值；

M_g——构件自重和加载设备重力产生的跨中弯矩值；

M_b、a_b^0——分别为从外加试验荷载开始至构件出现裂缝前一级荷载的加载值产生的跨中弯矩值和跨中挠度实测值；

ψ——用等效集中荷载代替均匀荷载时的加荷图式修正系数，按表 4－1 采用。

如果等效集中荷载的加荷图式不符合表 4－1 所列图式时，应根据内力图形用图乘法或积分法求出挠度，并与均布荷载下的挠度比较，从而求出加荷图式修正系数 ψ。

表 4-1 加荷图式修正系数 ψ

名称	加载图式	修正系数 ψ
均布荷载	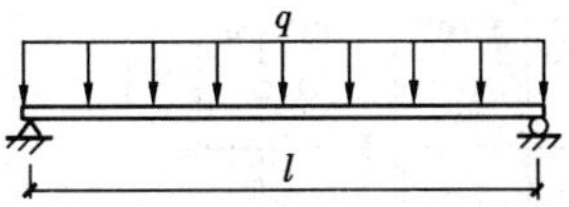 q; l	1.0
二集中力，四分点，等效荷载	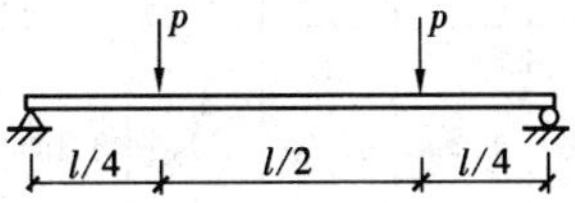 P P; l/4 l/2 l/4	0.91
二集中力，三分点，等效荷载	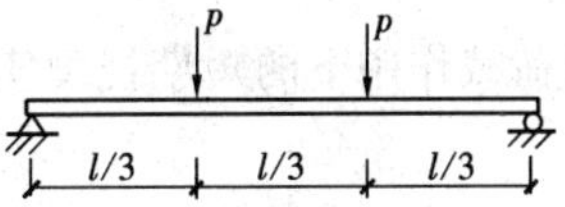 P P; l/3 l/3 l/3	0.98
四集中力，八分点，等效荷载	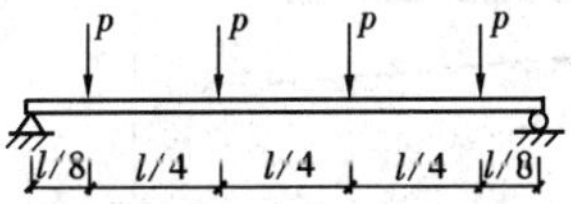 P P P P; l/8 l/4 l/4 l/4 l/8	0.99
八集中力，十六分点，等效荷载	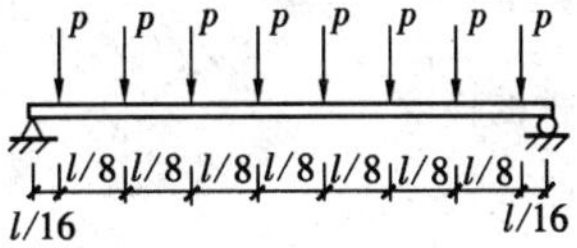 P P P P P P P P; l/16 l/8 l/8 l/8 l/8 l/8 l/8 l/8 l/16	1.0

当支座处遇障碍，致使在支座反力作用线上不能安装位移计时，可将仪表安装在离支座反力作用线内侧 d 距离处，在 d 处所测挠度比支座沉降为大，因而跨中实测挠度将偏小，应对（4-5）式中的 $a_{q,i}^{0}$ 乘以支座测点偏移修正系数 ψ_a（见表 4-2）。

表 4-2 支座测点偏移修正系数 ψ_a

荷载图示	$\frac{d}{l}$									
	0.01	0.02	0.03	0.04	0.05	0.06	0.07	0.08	0.09	0.10
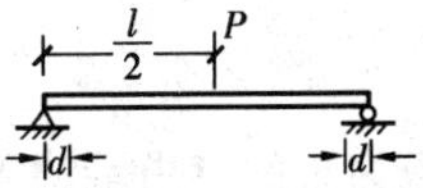 $\frac{l}{2}$; P; d; d	1.031	1.064	1.099	1.136	1.176	1.218	1.264	1.312	1.364	1.420

续表

荷载图示	$\frac{d}{l}$									
	0.01	0.02	0.03	0.04	0.05	0.06	0.07	0.08	0.09	0.10
	1.032	1.067	1.103	1.143	1.185	1.230	1.278	1.329	1.386	1.446
	1.033	1.067	1.104	1.144	1.189	1.232	1.281	1.333	1.390	1.451
	1.033	1.068	1.106	1.146	1.189	1.236	1.285	1.338	1.396	1.457

2. 悬臂构件的挠度

计算悬臂构件自由端在各级荷载作用下的短期挠度实测值，应考虑固定端的支座转角、支座沉降、构件自重和加载设备重量的影响，如图 4-50 所示。悬臂构件自由端在各级试验荷载作用下的短期挠度值按下面公式计算

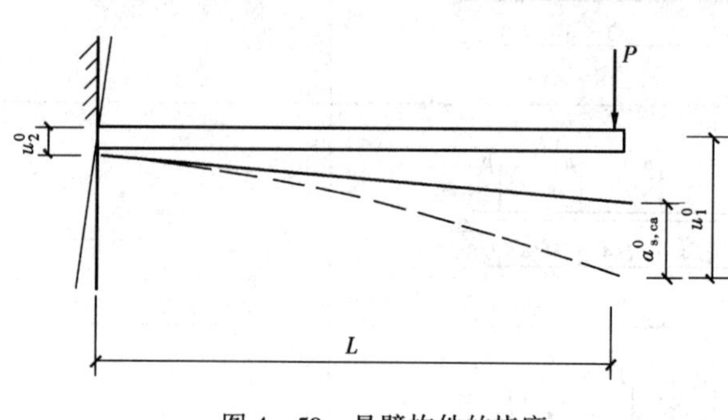

图 4-50　悬臂构件的挠度

$$a_{s,ca,i}^0 = (a_{q,ca,i}^0 + a_{g,ca}^0)\ \psi_{ca} \tag{4-8}$$

$$a_{q,ca,i}^0 = u_{1,i}^0 - u_{2,i}^0 - L \cdot \text{tg}\alpha \tag{4-9}$$

$$a_{g,ca}^0 = \frac{M_{g,ca}}{M_{b,ca}} a_{b,ca}^0 \tag{4-10}$$

式中 $a_{s,ca,i}^0$——经修正后的第 i 级外加试验荷载作用下悬臂构件自由端的短期挠度实测值；

$a_{q,ca,i}^0$——消除支座转角和支座沉降后的第 i 级外加试验荷载作用下悬臂构件自由端短期挠度实测值；

$u_{1,i}^0$——外加试验荷载作用下悬臂构件自由端竖向位移实测值（包括转角产生的位移和支座沉降）；

$u_{2,i}^0$——外加试验荷载作用下悬臂构件固定端支座沉降实测值；

α——悬臂构件固定端的截面转角；

L——悬臂构件的外伸长度；

$a_{g,ca}^0$——悬臂构件自重和设备重力产生的挠度值；

$M_{g,ca}$——悬臂构件自重和设备重力产生的固端弯矩；

$a_{b,ca}^0$——从外加试验荷载开始至悬臂构件出现裂缝前一级荷载为止的自由端挠度实测值；

$M_{b,ca}$——从外加试验荷载开始至悬臂构件出现裂缝前一级荷载为止的加载值产生的固定端弯矩；

ψ_{ca}——加荷图式修正系数，当在自由端用一个集中力作均布荷载的等效荷载时 $\psi_{ca}=0.75$，否则应按图乘法找出修正系数 ψ_{ca}。

4.6.2 截面内力的计算

1. 轴向受力构件截面形心处的内力计算

沿截面形心主惯性轴布置应变测点，则对于图 4-51 中的（a）、（c）、（d）、（e）其轴向力可按下面公式计算

$$\varepsilon_m = \frac{\varepsilon_1 + \varepsilon_2}{2} \tag{4-11}$$

$$N = \varepsilon_m \cdot E \cdot A = \frac{\varepsilon_1 + \varepsilon_2}{2} \cdot EA \tag{4-12}$$

式中 N——轴向力；

E、A——受力构件材料弹性模量和截面面积；

ε_1、ε_2——截面实测应变。

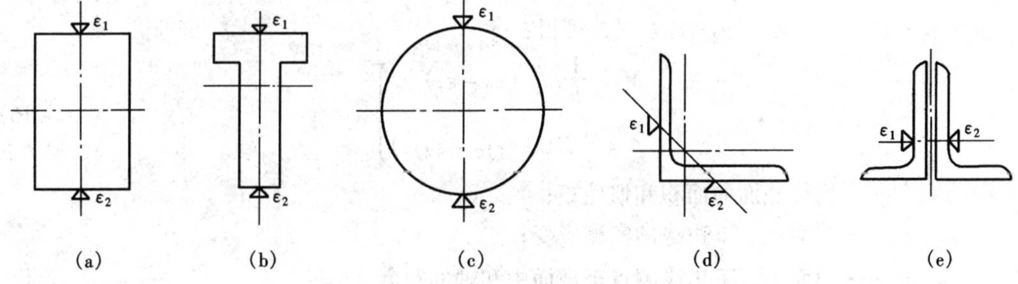

图 4-51 轴向受力构件截面上的测点布置

对于图 4-51 中的（b），则应先由 ε_1，ε_2 计算出截面形心位置处的应变，来代替式(4-12)中的 ε_m，以计算轴力。

2. 受弯构件

受弯构件有平面内的弯矩 M_x，应沿截面形心主惯性轴布置测点。对于中和轴位置已知的截面，可以仅布置一个测点，其弯矩可按下面公式计算

$$\sigma_1 = E\varepsilon_1 = \frac{M_x y_1}{I_x} \tag{4-13}$$

$$M_x = E \cdot \varepsilon_1 \cdot \frac{I_x}{y_1} \tag{4-14}$$

式中 M_x——弯矩；

E，I_x——受力构件材料弹性模量和轴惯性矩；

ε_1——截面实测应变；

y_1——测点到中和轴的距离。

对于中和轴未知的截面，则在截面上下表面各布置一个测点，根据测点应变确定中和轴位置后再按式（4－14）进行计算。

3. 压弯或拉弯构件

压弯或拉弯构件的内力有轴向力 N 和受力平面内的弯矩 M_x。有两个内力时，应变计数量不得少于欲求内力的种类数，因而必须安装两个应变计。当截面为矩形时应变测点如图4－52所示。以轴向力为主的压弯或拉弯构件的内力计算公式为：

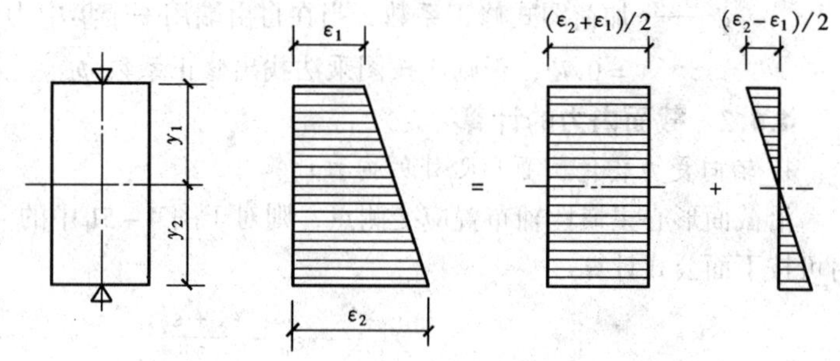

图 4－52 拉弯或压弯构件截面测点的布置及应变分析

$$\left.\begin{aligned}\sigma_1 &= \frac{N}{A} - \frac{M_x y_1}{I_x}\\ \sigma_2 &= \frac{N}{A} + \frac{M_x y_2}{I_x}\end{aligned}\right\} \tag{4-15}$$

当 $y_1 + y_2 = h$，$\sigma_1 = \varepsilon_1 E$，$\sigma_2 = \varepsilon_2 E$ 时，可得：

$$\left.\begin{aligned}M_x &= \frac{1}{h}EI_x\ (\varepsilon_2 - \varepsilon_1)\\ N &= \frac{1}{h}EA\ (\varepsilon_1 y_2 + \varepsilon_2 y_1)\end{aligned}\right\} \tag{4-16}$$

式中 A、I——构件截面的面积和惯性矩；

ε_1、ε_2——截面上、下边缘的实测应变；

y_1、y_2——截面上、下边缘测点至截面中和轴的距离。

4. 双向弯曲构件

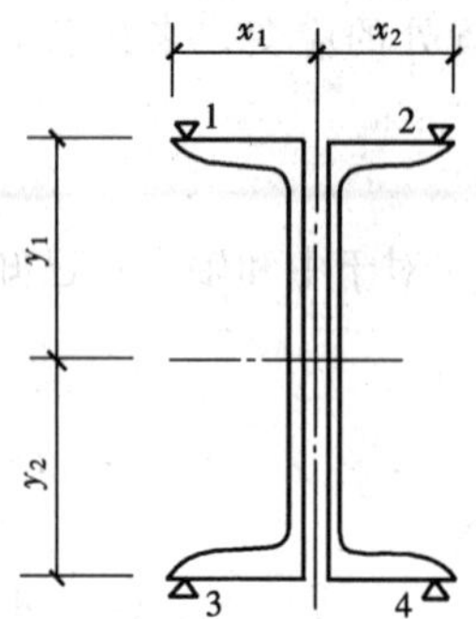

图 4－53 双向弯曲构件截面的测点布置

1～4—电阻应变片测点编号

构件受轴向力 N、双向弯矩 M_x 和 M_y 作用时，在工字形截面上的测点布置如图 4－53 所示。因而可以同时测得四个应变值即 ε_1、ε_2、ε_3、ε_4。再用外插法可求出截面四个角的外边缘处的纤维应变 ε_a、ε_b、ε_c、ε_d，利用下列方程组中的任意三个方程，即可求解出 N、M_x 和 M_y 等内力值。

$$\left.\begin{aligned}\varepsilon_a E &= \frac{N}{A} + \frac{M_x}{I_x}y_1 + \frac{M_y}{I_y}x_1\\ \varepsilon_b E &= \frac{N}{A} + \frac{M_x}{I_x}y_1 + \frac{M_y}{I_y}x_2\\ \varepsilon_c E &= \frac{N}{A} + \frac{M_x}{I_x}y_2 + \frac{M_y}{I_y}x_1\\ \varepsilon_d E &= \frac{N}{A} + \frac{M_x}{I_x}y_2 + \frac{M_y}{I_y}x_2\end{aligned}\right\} \tag{4-17}$$

上述（4－17）式方程组中，仅有三个方程彼此独立，而第四个方程为其他三个方程的线性组合，故取任意三个方程即可以解得 N、M_x 和 M_y。利用数解法求内力，当内力个数多于2时就比较麻烦，手工计算工作量较大。因而在结构试验中，对于中和轴位置不在截面高度1/2处的各种非对称截面，或应变测点多于3个以上时可以采用图解法来分析内力。

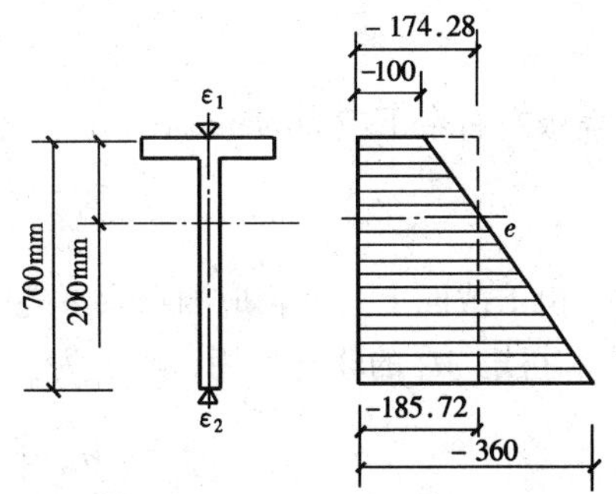

图4－54 T截面实测应变分析

【例4－1】 已知T形截面形心 $y_1=200\text{mm}$，高度 $h=700\text{mm}$，实测上、下边缘的应变分别为 $\varepsilon_1=-100\mu\varepsilon$，$\varepsilon_2=-360\mu\varepsilon$，试用图解法分析截面上存在的内力，及其在各测点产生的应变值。

解： 先按一定比例画出截面几何形状如图4－54所示，并画出实测应变图。通过水平中和轴与应变图的交点 e 作一条垂直线，得到轴向应变 ε_N 和弯曲应变 ε_{Mx}，其值计算如下：

$$\varepsilon_0=-\left(\frac{\varepsilon_2-\varepsilon_1}{h}y_1\right)=-\left(\frac{360-100}{700}\right)\times 200=-74.28\mu\varepsilon$$

$$\varepsilon_N=\varepsilon_1+\varepsilon_0=-100-74.28=-174.28\mu\varepsilon$$

$$\varepsilon_{M_x}^1=-\varepsilon_0=74.28\mu\varepsilon$$

$$\varepsilon_{M_x}^2=\varepsilon_2-\varepsilon_N=-360-(-174.28)=-185.72\mu\varepsilon$$

【例4－2】 一对称箱形截面，截面上布置4个测点，测得应变后换算成应力，画出应力图并延长至边缘，得边缘应力为：$\sigma_d=-44\text{N/mm}^2$，$\sigma_b=-22\text{N/mm}^2$，$\sigma_c=24\text{N/mm}^2$，$\sigma_d=54\text{N/mm}^2$，如图4－55所示。试用图解法分析截面应力。

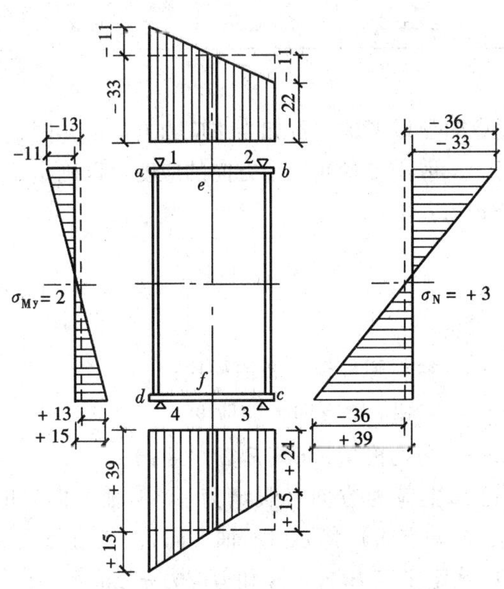

图4－55 对称截面应变分析

解：（1）上、下盖板中点处的应力：

$$\sigma_e=\frac{\sigma_a+\sigma_b}{2}=\frac{-44+(-22)}{2}=-33\text{N/mm}^2$$

$$\sigma_f=\frac{\sigma_c+\sigma_d}{2}=\frac{24+54}{2}=39\text{N/mm}^2$$

由于截面两端应力 σ_e、σ_f 的符号不同，因而有轴向力和垂直弯矩 M_x 共同作用。根据 σ_e、σ_f 进一步绘制应力图（右侧），并进行分解，可知其轴向拉力 N 产生的应力为：

$$\sigma_N=\frac{\sigma_e+\sigma_f}{2}=\frac{-33+39}{2}=3\text{N/mm}^2$$

由弯矩 M_x 产生的应力为：

$$\sigma_{M_x}=\pm\frac{\sigma_f-\sigma_e}{2}=\pm\frac{39-(-33)}{2}=\pm 36\text{N/mm}^2$$

因为上、下盖板应力分布图呈两个梯形，说明除了有轴向力 N 和 M_x 以外，还有其他内力作用，通过沿水平盖板的应力分布，在 y 轴上各引水平线（虚线），则可得到除去 σ_N、σ_{M_x}以外的应力，从图中分解得左侧应力图。上盖板左右余下应力为：

$$\frac{\sigma_a-\sigma_b}{2}=\pm\frac{-44-(22)}{2}=\mp 11\text{N/mm}^2$$

下盖板左右余下应力为：

$$\frac{\sigma_d-\sigma_c}{2}=\pm\frac{54-24}{2}=\pm 15\text{N/mm}^2$$

由于截面上、下相应测点余下的应力绝对值及其符号均不相同，说明它们是由水平弯矩 M_y 和扭矩 M_T 的联合作用，其值为：

$$\sigma_{M_y}=\pm\frac{-15+11}{2}=\mp 2\text{N/mm}^2$$

$$\sigma_{M_T}=\mu\frac{-15-11}{2}=\pm 13\text{N/mm}^2$$

求得四种应力后，根据截面几何性质，按材料力学公式，即可求得各项内力值。实测应力分析结果列于表 4－3。

表 4－3　应力分析结果

应力组成	符号	各点应力（N/mm²）			
		σ_a	σ_b	σ_c	σ_d
轴向力产生的应力	σ_N	+3	+3	+3	+3
垂直弯矩产生的应力	σ_{M_x}	−36	−36	+36	+36
水平弯矩产生的应力	σ_{M_y}	+2	−2	−2	+2
扭矩产生的应力	σ_{M_T}	−13	+13	−13	+13
各点实测应力	Σ	−44	−22	+24	+54

4.6.3　平面应力状态下的主应力计算

解决平面应力状态问题，应在布置应变测点时予以考虑。例如当主应力方向已知时，只需量测两个方向的应变；当主应力方向未知时，一般需要量测三个方向的应变，以确定主应力的大小及方向。根据弹性理论得知其计算公式为：

$$\left.\begin{aligned}\sigma_x&=\frac{E}{1-\nu^2}(\varepsilon_x+\nu\varepsilon_y)\\ \tau_{xy}&=\gamma_{xy}G\end{aligned}\right\}\qquad(4-18)$$

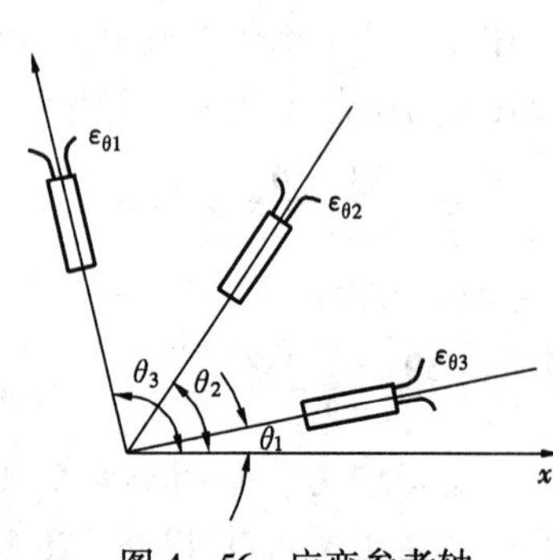

图 4－56　应变参考轴

式中　E、ν——材料弹性模量和泊松比；

ε_x、ε_y——x 和 y 轴方向上的应变；

G——剪切模量，$G=E/2(1+\nu)$。

因此当已知主应力方向（假定为 x，y 轴方向）时，可以测得 ε_1（x 轴方向）和 ε_2（y 轴方向），利用公式（4－18）就足以确定主应力 σ_1、σ_2 和剪应力 τ_{max}值：

$$\left.\begin{aligned}\sigma_1&=\frac{E}{1-\nu^2}(\varepsilon_1+\nu\varepsilon_2)\\ \sigma_2&=\frac{E}{1-\nu^2}(\varepsilon_2+\nu\varepsilon_1)\\ \tau_{max}&=\frac{E}{2(1+\nu)}(\varepsilon_1-\varepsilon_2)=\frac{\sigma_1-\sigma_2}{2}\end{aligned}\right\}\tag{4-19}$$

反之，若主应力方向未知，则必须量测三个方向的应变。假定第一应变片与 x 轴的夹角为 θ_1，第二应变片与 x 轴的夹角为 θ_2，第三应变片与 x 轴的夹角为 θ_3，如图 4－56 所示。则在上述各方向上量测的应变值分别为 $\varepsilon_{\theta1}$、$\varepsilon_{\theta2}$和 $\varepsilon_{\theta3}$，这些应变与正交应变 ε_x、ε_y 和剪应变 γ_{xy}之间的关系为：

$$\varepsilon_{\theta i}=\varepsilon_x\cos^2\theta_i+\varepsilon_y\sin^2\theta_i+\gamma_{xy}\sin\theta_i\cos\theta_i\tag{4-20}$$

或

$$\varepsilon_{\theta i}=\frac{\varepsilon_x+\varepsilon_y}{2}+\frac{\varepsilon_x-\varepsilon_y}{2}\cos2\theta_i+\frac{\gamma_{xy}}{2}\sin2\theta_i$$

式中 θ_i——应变片与 x 轴的夹角，$i=1$、2、3。

式（4－20）是由 θ_1、θ_2、θ_3 组成的联立方程组，解方程组即可求得 ε_x、ε_y 和 γ_{xy}。再将之代入下列公式，即可求得主应变及其方向为

$$\left.\begin{aligned}\begin{matrix}\varepsilon_1\\ \varepsilon_2\end{matrix}&=\frac{\varepsilon_x+\varepsilon_y}{2}\pm\sqrt{\left(\frac{\varepsilon_x-\varepsilon_y}{2}\right)^2+\left(\frac{\gamma_{xy}}{2}\right)^2}\\ \tan2\theta&=\frac{\gamma_{xy}}{\varepsilon_x-\varepsilon_y}\\ \gamma_{max}&=2\sqrt{\left(\frac{\varepsilon_x-\varepsilon_y}{2}\right)^2+\left(\frac{\gamma_{xy}}{2}\right)^2}\end{aligned}\right\}\tag{4-21}$$

令

$$\frac{\varepsilon_x+\varepsilon_y}{2}=A;\quad\frac{\varepsilon_x-\varepsilon_y}{2}=B;\quad\frac{\gamma_{xy}}{2}=C$$

代入式（4－21）及式（4－19），得主应力的计算式为：

$$\left.\begin{aligned}\begin{matrix}\sigma_1\\ \sigma_2\end{matrix}&=\left(\frac{E}{1-\nu}\right)A\pm\left(\frac{E}{1+\nu}\right)\sqrt{B^2+C^2}\\ \tan2\theta&=\frac{C}{B}\\ \gamma_{max}&=\left(\frac{E}{1+\nu}\right)\sqrt{B^2+C^2}\end{aligned}\right\}\tag{4-22}$$

在式（4－22）中，A、B 和 C 诸参数随应变花的型式不同而异，现列于表 4－4 中。为便于计算，实际使用时常使应变花中一片的方向与选定的参考轴重合，且将其余两片与此轴成特殊夹角。当应变花的夹角为非特殊角时，必须将实际角度一一代入式（4－20）中，求解 ε_x、ε_y 和 γ_{xy}。应变花数量较多时可编制程序借助计算机来完成计算，也可以用图解法进

行分析。

表 4－4　　应变花参数

测量平面上一点主应变时应变计的布置		A	B	C
应变花名称	应变花型式			
45°直角应变花	3, 2, 45°, 1, x	$\frac{\varepsilon_0+\varepsilon_{90}}{2}$	$\frac{\varepsilon_0-\varepsilon_{90}}{2}$	$\frac{2\varepsilon_{45}-\varepsilon_0-\varepsilon_{90}}{2}$
60°等边三角形应变花	60°, 3, 2, 120°, 1, x	$\frac{\varepsilon_0+\varepsilon_{60}+\varepsilon_{120}}{3}$	$\varepsilon_0-\frac{\varepsilon_0+\varepsilon_{60}+\varepsilon_{120}}{3}$	$\frac{\varepsilon_{60}-\varepsilon_{120}}{\sqrt{3}}$
伞型应变花	60°, 3, 2, 120°, 4, 1, x	$\frac{\varepsilon_0+\varepsilon_{90}}{2}$	$\frac{\varepsilon_0-\varepsilon_{90}}{2}$	$\frac{\varepsilon_{60}-\varepsilon_{120}}{\sqrt{3}}$
扇型应变花	4, 45°, 3, 2, 45°, 1, x	$\frac{\varepsilon_0+\varepsilon_{45}+\varepsilon_{90}+\varepsilon_{135}}{4}$	$\frac{1}{2}(\varepsilon_0-\varepsilon_{90})$	$\frac{1}{2}(\varepsilon_{135}-\varepsilon_{45})$

4.6.4　试验曲线与图表绘制

将各级荷载作用下取得的读数，按一定坐标系绘制成曲线，看起来更直观，能充分表达参数之间的内在规律，也有助于进一步用统计方法找出数学表达式。

适当选择坐标系及坐标轴的比例有助于确切地表达试验结果。直角坐标系只能表示两个变量间的关系。在试验研究中一般用纵坐标表示自变量（荷载），用横坐标表示因变量（变形或内力），有时会遇到因变量不止一个的情况，这时可采用"无量纲变量"作为坐标。例如为了研究钢筋混凝土矩形单筋受弯构件正截面的极限弯矩 $M_u=A_sf_y\left(h_0-\frac{A_sf_y}{2bf_{cu}}\right)$ 的变化规律，需要进行大量的试验研究，而每一个试件的含钢率 $\rho=A_s/bh_0$、混凝土立方体强度 f_{cu}、断面形状和尺寸 bh_0 都有差别，若以每一个试件的实测极限弯矩 M_u^0 与计算极限弯矩 M_u^c 逐个比较，就无法用曲线表示。但若将纵坐标改为无量纲变量 M_u^o/M_u^c，横坐标分别以 ρ 或 f_{cu} 表示，如图 4－57 所示，则即使混凝土强度、截面尺寸等相差较大的梁，也能揭示梁随配筋率不同的性能变化规律。图 4－57 表明，当配筋率超过某一临界值 ρ_{cri} 或混凝土立方体强度低于某一临界值 $f_{cu,cri}$ 时，按公式计算将偏于不安全。

绘制试验曲线时，应尽可能用比较简单的曲线形式，并使曲线通过较多的试验点，或使曲线两边的点数相差不多。一般靠近坐标系中间的数据点可靠性更好些，两端的数据可靠性稍差些。具体的方法将在后面数据统计分析有关内容中作进一步讨论。下面对常用试验曲线的特征作简要说明。

1. 荷载—变形曲线

荷载变形曲线有结构构件的整体变形曲线，控制节点或截面上的荷载—转角曲线，铰支

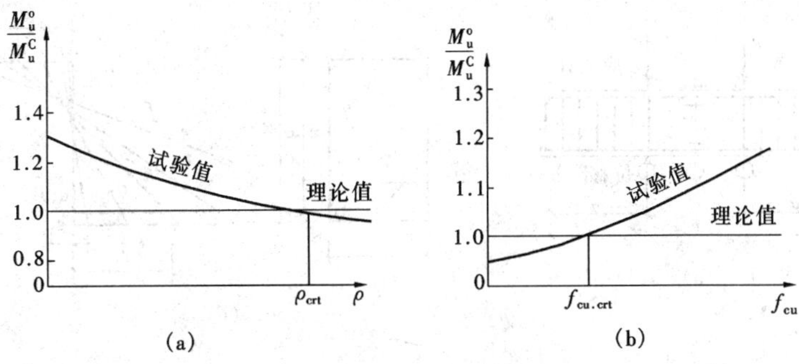

图 4-57 钢筋混凝土单筋梁抗弯强度的试验分析

(a) 混凝土设计强度相同；(b) 配筋率相同

座和滑动支座的荷载—侧移曲线，以及荷载—时间曲线，荷载—挠度曲线等。在这些曲线中，一般有三种情况，如图 4-58 所示。曲线“1”及曲线“2”的 OA 段，结构处于弹性工作状态；曲线“2”则表现出结构的弹性和塑性工作性质，这是钢筋混凝土结构试验的常见现象，在加载过程中，结构出现裂缝或局部破坏，将在变形曲线上形成转折点（A 点、B 点）。

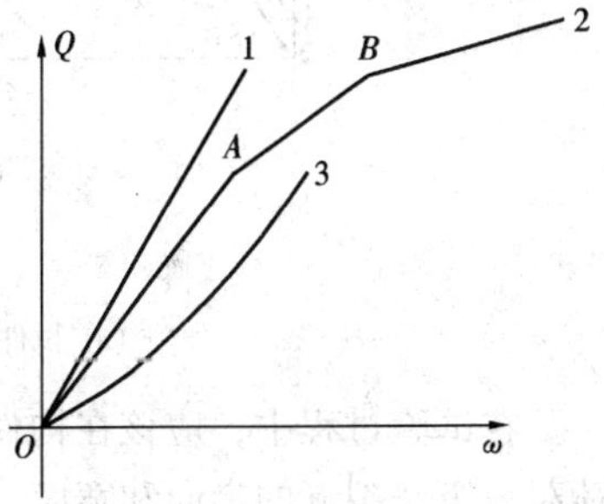

曲线“3”属于反常现象，说明试验存在问题，可能是仪器观测上的错误，也可能是在加载过程中邻近构件、支架等参与工作代为分担荷载所造成。但是在卸载时，非弹性变形的恢复过程则是该种曲线形式，不过卸载后，曲线不能回到坐标原点，有一定的残余变形。

图 4-58 荷载—变形曲线基本特征

变形—时间曲线，表明结构在某一恒定荷载作用下变形随时间增长的规律。变形稳定的快慢程度与结构材料及结构形式等特点有关，如果变形不能稳定，说明结构有问题。它可能是钢结构的局部构件达到屈服，也可能是钢筋混凝土结构中的钢筋发生滑动等，具体情况应作进一步分析。

2. 荷载—应变曲线

图 4-59 为钢筋混凝土受弯构件试验，要求测定控制截面上的应变变化及其与荷载的关系、纵向钢筋应变与荷载的关系、混凝土表面应变与荷载的关系等。

在绘制截面应变图时，应选取控制截面，沿其高度布置测点，用一定的比例尺将某一级荷载下的各测点的应变值绘出并用线连接起来，即为截面应变分布图。截面应变图可用来研究截面应力的实际分布情况以及中和轴的位置等。对于线弹性材料，截面的应变分布规律即反映了截面应力的分布规律。对于非弹性材料，则应按材料的 $\sigma-\varepsilon$ 曲线查取相应应力值。

若对某一点描绘各级荷载下的应变图，则可以看出该点应变变化的全过程，图 4-59(b) 所示就是梁跨中截面上各级荷载下截面应变分布曲线，由此可以确定中和轴位置，即混凝土受压区高度 x。

3. 构件裂缝及破坏特征图

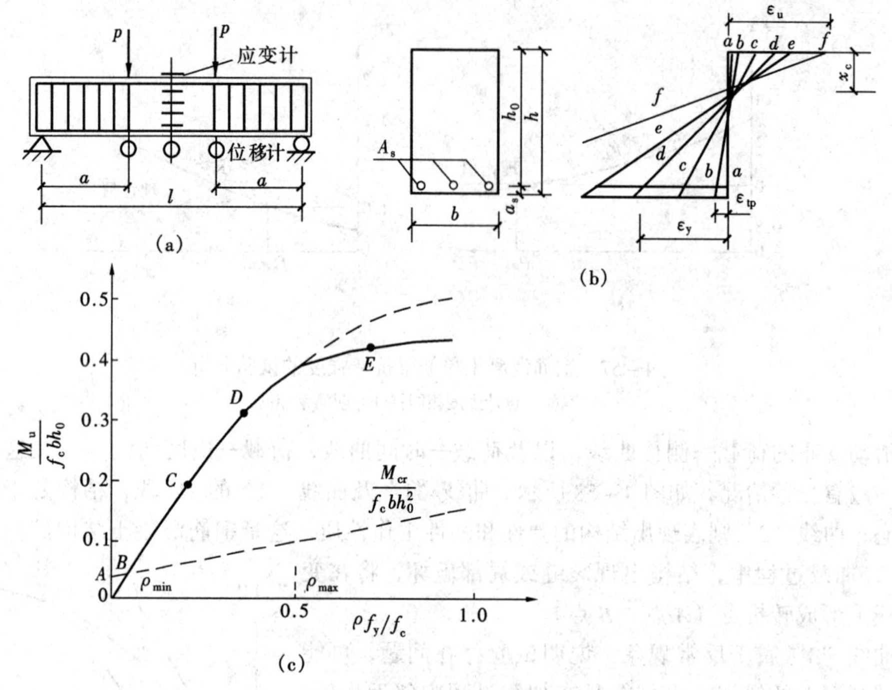

图 4-59 荷载—应变曲线

(a) 试件与荷载；(b) 跨中截面应变分布；(c) 极限弯矩

在试验过程中，应该在构件上按裂缝开展迹线画出裂缝开展过程，并标注出现裂缝时的荷载等级及裂缝的走向和宽度。待试验结束后，用方格纸按比例描绘裂缝和破坏特征，必要时应照相记录。

根据试验研究对象的结构类型、荷载性质及变形特点等，还可绘出一些其他的特征曲线，如超静定结构的荷载—反力曲线，某些特定结点上的局部挤压和滑移曲线等。

4.7 结构性能的检验与评定

根据试验研究的任务和目的不同，试验结果的分析和评定方式也有所不同。为了探索结构内在的某些规律，或者检验某一计算理论的准确性或实用性，则需对试验结果进行综合分析，找出诸变量之间的相互关系，并与理论计算对比，总结出数据、图形或数学表达式作为研究结论。为了检验某种结构构件的某项性能，则应根据对其进行的试验结果，依照国家现行标准规范的要求对这项结构性能做出评定。

下面以钢筋混凝土构件为例，讨论结构构件性能的评定问题。

4.7.1 构件承载力检验

为了检验结构构件是否满足承载力极限状态，对做承载力检验的构件应进行破坏性试验，以判定达到极限状态标志时的承载力试验荷载值。

(1) 当按混凝土结构设计规范的允许值进行检验时，应满足下式要求：

$$\gamma_u^0 \geqslant \gamma_0 [\gamma_u] \tag{4-23}$$

或

$$S_u^0 \geqslant \gamma_0 [\gamma_u] S$$

式中 γ_u^0——构件的承载力检验系数实测值，即承载力检验荷载实测值与承载力设计值（均含自重）的比值，或表示为承载力荷载效应实测值 S_u^0 只与承载力荷载效应设计值 S（均含自重）之比值；

γ_0——结构构件的重要性系数，按表4-5采用；

$[\gamma_u]$——构件的承载力检验系数允许值，与构件受力状态有关，按表4-6采用。

(2) 当按构件实配钢筋的承载力进行检验时，应满足下式要求：

$$\gamma_u^0 \geqslant \gamma_0 \eta [\gamma_u] \tag{4-24}$$

或

$$S_u^0 \geqslant \gamma_0 \eta [\gamma_u] S \tag{4-25}$$

$$\eta = \frac{R(f_c, f_s, A_s^0 \cdots)}{\gamma_0 S}$$

式中 η——构件承载力检验修正系数；

S——荷载效应组合设计值；

$R(\cdot)$——根据实配钢筋面积 A_s^0 确定的构件承载力计算值，应按钢筋混凝土结构设计规范有关承载力计算公式的右边项进行计算。

表4-5 结构构件的重要性系数 γ_0

结构安全等级	γ_0
一级	1.1
二级	1.0
三级	0.9

表4-6 承载力检验指标 $[\gamma_u]$ 值

受力情况	轴心受拉、偏心受拉、受弯、大偏心受压							轴心受压或小偏心受压	受弯构件的受剪	
标志编号	①			②			③	④	⑤	⑥
承载力检验标志	主筋处裂缝宽度达到1.5mm，或挠度达到跨度的1/50			受压区混凝土破坏			受力主筋拉断	混凝土受压破坏	腹部斜裂缝宽度达到1.5mm，或斜裂缝末端混凝土剪压破坏	斜截面混凝土斜压破坏或受拉主筋端部滑脱，其他锚固破坏
	Ⅰ～Ⅲ级钢筋、冷拉Ⅰ～Ⅱ级钢筋	冷拉Ⅲ～Ⅳ级钢筋	热处理钢筋、钢丝、钢铰线	Ⅰ～Ⅲ级钢筋、冷拉Ⅰ～Ⅱ级钢筋	冷拉Ⅲ～Ⅳ级钢筋	热处理钢筋、钢丝、钢铰线				
$[\gamma_u]$	1.20	1.25	1.45	1.25	1.30	1.40	1.50	1.45	1.35	1.50

(3) 承载力极限标志。结构承载力的检验荷载实测值是根据各类结构达到各自承载力检验标志时得到的。结构构件达到承载力极限状态的标志，主要取决于结构受力状况和结构构件本身的特性。

1) 轴心受拉、偏心受拉、受弯、大偏心受压构件。当采用具有明显屈服点的热轧钢筋时，处于正常配筋的上列构件，其极限标志通常是受拉主筋首先达到屈服，进而受拉主筋处的裂缝宽度达到1.5mm，或挠度达到1/50的跨度。对超筋受弯构件，受压区混凝土破坏比受拉钢筋屈服早，此时最大裂缝宽度小于1.5mm，挠度也小于1/50跨度，因此受压区混凝土压坏便是构件破坏的标志。在少筋的受弯构件中，则可能出现混凝土一开裂，钢筋即被拉断的情况，此时受拉主筋被拉断是构件破坏的标志。

采用无明显屈服点的钢筋、钢丝及钢绞线配筋的构件，受拉主筋拉断或构件挠度达到跨度的1/50是主要的极限标志。

2）轴心受压或小偏心受压构件。这类构件，主要是柱类构件，当外加荷载达到最大值时，混凝土将被压坏或被劈裂，因此混凝土受压破坏是承载能力的极限标志。

3）受弯构件的剪切破坏。受弯构件的受剪和偏心受压及偏心受拉构件的受剪，其极限标志是腹筋达到屈服，或斜向裂缝宽度达到1.5mm或1.5mm以上，沿斜截面混凝土斜压或斜拉破坏。

4）粘结锚固破坏。对采用热处理钢筋、直径为5mm及5mm以上没有附加锚固措施的碳素钢丝、钢绞线及冷拔低碳钢丝配筋的先张法预应力混凝土结构，在构件的端部钢筋与混凝土可能产生滑移，当滑移量超过0.2mm时，即认为已超过了承载力极限状态，即钢筋与混凝土的粘结发生了破坏。

4.7.2 构件的挠度检验

（1）当按混凝土结构设计规范规定的挠度允许值进行检验时，应满足下列要求：

$$a_s^0 \leqslant [a_s] \tag{4-26}$$

$$[a_s] = \frac{M_s}{M_l(\theta-1)+M_s}[a_f]$$

或

$$[a_s] = \frac{Q_s}{Q_l(\theta-1)+Q_s}[a_f]$$

式中 a_s^0，$[a_s]$——在正常使用短期检验荷载作用下，构件的短期挠度实测值和短期挠度允许值；

M_s，M_l——分别为按荷载效应短期组合和长期组合计算的弯矩值；

Q_s，Q_l——荷载短期组合值和长期效应组合值；

θ——考虑荷载长期效应组合对挠度增大的影响系数，对桁架可取 $\theta=2.0$，其他按规范有关条文取用；

$[a_f]$——构件的挠度允许值，按结构规范有关规定采用。

（2）当按实配钢筋确定的构件挠度值进行检验，或仅做刚度、抗裂或裂缝宽度检验的构件，应满足下列要求：

$$a_s^0 = 1.2a_s^c \quad 且\ a_s^0 \leqslant [a_s] \tag{4-27}$$

式中 a_s^c——在正常使用的短期检验荷载作用下，按实配钢筋确定的构件短期挠度计算值。

4.7.3 构件的抗裂检验

在正常使用阶段不允许出现裂缝的构件，应对其进行抗裂性检验。构件的抗裂性检验应符合下列要求：

$$\gamma_{cr}^0 \geqslant [\gamma_{cr}] \tag{4-28}$$

$$[\gamma_{cr}] = 0.95\frac{\gamma f_{tk}+\sigma_{pc}}{f_{tk}\sigma_{sc}}$$

式中 γ_{cr}^0——构件抗裂检验系数实测值，即构件的开裂荷载实测值与正常使用短期检验荷载值之比；

$[\gamma_{cr}]$——构件的抗裂检验系数允许值，由设计标准给出；

γ——受压区混凝土塑性影响系数，按混凝土规范有关规定取用；

σ_{sc}——荷载短期效应组合下，抗裂验算边缘的混凝土法向应力；

σ_{pc}——检验时在抗裂验算边缘的混凝土预压应力计算值，应考虑混凝土收缩徐变造成预应力损失 σ_{l5}随时间变化的影响系数 β，$\beta=\frac{4j}{(120+3j)}$，$j$ 为施加预应力后的时间，以天计；

f_{tk}——检验时混凝土抗拉强度标准值。

4.7.4 构件裂缝宽度检验

对正常使用阶段允许出现裂缝的构件，应限制其裂缝宽度。构件的裂缝宽度应满足下列要求：

$$w_{s,max}^0 \leqslant [w_{max}] \tag{4-29}$$

式中 $w_{s,max}^0$——在正常使用短期检验荷载作用下，受拉主筋处最大裂缝宽度的实测值；

$[w_{max}]$——构件检验的最大裂缝宽度允许值，按规范有关规定采用。

4.7.5 构件结构性能评定

根据结构性能检验的要求，对被检验的构件，应按表4-7所列项目和标准进行性能检验，并按下列规定进行评定：

表4-7 复式抽样再检的条件

检验项目	标准要求	二次抽样检验指标	相对放宽
承载力	$\gamma_0[\gamma_u]$	$0.95\gamma_0[\gamma_u]$	5%
挠 度	$[a_s]$	$1.10[a_s]$	10%
抗 裂	$[\gamma_{cr}]$	$0.95[\gamma_{cr}]$	5%
裂缝宽度	$[w_{max}]$	—	0

(1) 当结构性能检验的全部检验结果均符合表4-7规定的标准要求时，该批构件的结构性能应评为合格。

(2) 当第一次构件的检验结果不能全部符合表4-7的标准要求，但又能符合第二次检验要求时，可再抽两个试件进行检验。第二次检验时，对承载力和抗裂检验要求降低5%；对挠度检验提高10%；对裂缝宽度不允许再作第二次抽样，因为原规定已较松，且可能的放松值就在观察误差范围之内。

(3) 对第二次抽取的第一个试件检验时，若都能满足标准要求，则可直接评为合格。若不能满足标准要求，但又能满足第二次检验指标时，则应继续对第二次抽取的另一个试件进行检验，检验结果只要满足第二次检验的要求，该批构件的结构性能仍可评为合格。

应该指出，对每一个试件，均应完整地取得三项检验指标。只有三项指标均合格时，该批构件的性能才能评为合格。在任何情况下，只要出现低于第二次抽样检验指标的情况，即应当判为不合格。

第5章 结构动载试验

5.1 概述

各种类型的工程结构，在实际使用过程中除了承受静荷载作用外，还常常承受各种动荷载作用。为了了解结构在动荷载作用下的工作性能，一般需要进行结构动载试验。通过动力加荷设备直接对结构构件施加动力荷载，以了解结构的动力特性，研究结构在一定动荷载下的动力反应，评估结构在动荷载作用下的承载力及疲劳寿命等特性；以达到消除或减小动荷载的不利影响，并有效利用振动效应。动载试验是结构试验工作的一个重要组成部分。结构在动荷载作用下的性能和动力反应问题愈来愈为人们所重视，近年来国内外在这方面做了大量工作，积累了丰富的经验。

土木工程中需要研究和解决的动力问题范围很广，归纳起来大致有以下几方面：

(1) 我国是一个地震频发的国家，历史上曾发生多次强烈地震。例如1976年唐山地震，波及范围之广，遭受损失之大，人员伤亡之多为人类历史罕见。为了保障人民生命安全并减少基本建设的损失，需要从事抗震理论分析和试验研究，为地震设防和抗震设计提供依据，提高各类工程结构的抗震能力。

(2) 设计和建造工业厂房时需要考虑生产过程中产生的振动对厂房结构和构件的影响。例如，由于大型机械设备（锻锤、水压机、空压机、风机、发电机组等）运转产生的振动和冲击；由于厂房吊车制动力所产生的厂房横向与纵向振动；多层工业厂房由于机床上楼所造成的振动危害等问题。

(3) 高层建筑与高耸构筑物（如电视塔、输电线架空塔架、烟囱等）设计时需要解决风荷载所引起的振动问题。

(4) 在生产工艺上有特殊要求的厂房中，振动对精密仪表和精密机床会产生不利影响，使之不能正常工作，另外振动及其带来的噪声也会使劳动条件恶化，直接危害工人健康，必须采取防振、隔振和消振等措施。

(5) 桥梁设计与建设中需要考虑车辆运动对桥梁的振动及危害问题。

(6) 海洋石油平台设计中需要解决海浪、浮冰的冲击等不利影响问题。

(7) 国防建设中需要研究建筑物的抗爆问题，研究如何抵抗核爆炸等所产生的瞬间冲击荷载（即冲击波）对结构的影响。

与静载试验相比，动载试验具有一些特殊的规律性。首先，造成结构振动的动荷载是随时间而改变的；其次，结构在动荷载作用下的反应与结构本身动力特性有密切关系。动荷载产生的动力效应，有时远远大于相应的静力效应，甚至不大的一个动荷载，可能使结构遭受严重破坏。而在另外一些情况下，动力效应却并不比静力效应大，还可能小于相应的静力效应。

结构动载试验通常有如下几项基本内容：

(1) 结构动力特性测试

结构的动力特性包括结构的自振频率、阻尼、振型等参数。这些参数取决于结构的形式、刚度、质量分布、材料特性及连接构造等因素，而与外荷载无关。结构的动力特性是进行结构抗震计算，解决工程共振问题及诊断结构累积损伤的基本依据，因而结构动力参数的测试是结构动载试验的最基本内容。

(2) 动荷载特性测定

动荷载特性是建筑结构进行动力分析和隔振设计时必须掌握的，它直接影响到结构的动力反应。动荷载特性测定包括：测定结构动荷载作用力的大小、方向、频率及其作用规律等。

(3) 结构动力反应测试

结构动力反应测试包括以下两方面的内容：

1) 测定工程结构在实际工作时的振动水平（振幅、频率）及性状，例如厂房结构在动力机器作用下的振动，桥梁在移动荷载作用下的振动，地震时建筑结构的振动反应（强震观测）等。分析研究得到的这些资料数据，可以用来研究结构的工作是否正常、安全，存在何种问题，薄弱环节在何处，并据此对原设计及施工方案进行评价，为保证安全和正常使用提出建议。

2) 振动台模型试验。地震对结构的作用是由于地面运动引起的一种惯性力。通过振动台对结构输入人造地震波或实测地震波，可以比较准确地模拟结构的地震反应。尽管由于台面尺寸、台面承载能力等因素的限制，振动台模拟地震试验目前还存在一定的局限性，但这种试验对揭示结构的抗震性能和地震破坏机理仍然是一种比较直观可靠的研究途径。

(4) 结构构件的疲劳试验

结构构件的疲劳试验是为了确定结构构件在多次重复荷载作用下的疲劳强度，它是在专门的疲劳试验机上进行的。

结构中遇到的振动形式有些是确定性振动，即可以用确定性函数来描述的规则振动，但大多情况则属于随机振动。对于确定性振动和随机振动从量测到分析处理方法都有一定差别。近年来随着计算机技术的发展及一些信号处理机和结构动态分析设备的应用，在结构物随机振动的分析和对动力试验结果的数据处理方面，取得了迅速发展。目前已能够方便、迅速而且准确地处理动载试验所获得的大量数据，识别模态参数，建立结构的动力模型，从而使结构动载试验资料的分析处理工作有了一个全新面貌，而且这方面技术发展很快，不断有更新的、功能更强的、更加完善的软件和机型出现。

5.2 动载试验荷载模拟技术

结构动载试验时的动荷载有两种情况，一种是实际的动力荷载，如动力机械、起重和运输设备在运行过程中产生的动力荷载等；另一种是为了产生预期的振动用起振机和振动台等专门设备对试验结构施加动荷载。下面介绍常用的加载方法和设备。

5.2.1 惯性力加载

惯性力加载是利用物体运动时产生的惯性力，对结构施加动荷载。按产生惯性力的方法可分为冲击力、离心力及直线位移惯性力加载等。

1. 冲击荷载

这种荷载作用在试件上的时间较短，属于突然加载。通常用于测定试件在冲击荷载作用下的承载力、抗裂等性能，有时也用于测定结构本身的各种动力特性，如固有频率等。

产生冲击荷载的方法较简单，通常有突加荷载法和突卸荷载法两种，如图5-1、图5-2所示。采用突加荷载法时，将重物提升到某一高度，然后通过脱钩装置或割断绳索的方法使其自由下落到结构上，从而引起结构的振动。突加荷载法的优点是可以用较小的荷载产生较大的振幅。缺点是加上的重物要附着在结构上一起振动，对结构产生一定影响，同时重物落下时的撞击也会引起结构的局部破坏。突加荷载可以垂直作用，也可以水平作用。采用突加荷载法时，重物重量的大小和落重高度，应根据所需振幅大小决定。一般落重高度小于2.5m，重量不大于试验跨内结构自重的0.1%。为防止重物跳动或结构局部损坏，可在落点

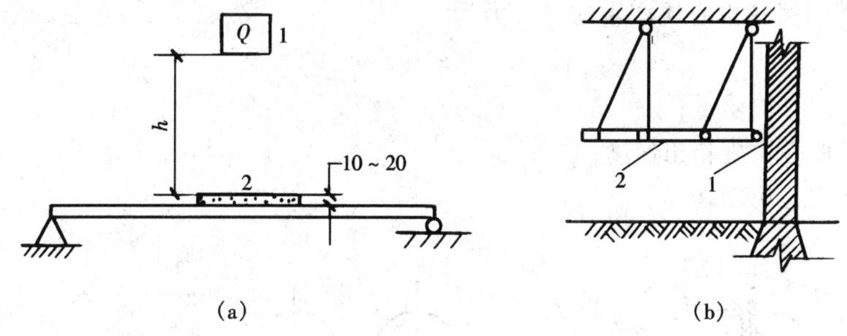

图5-1 突加荷载法

1—重物；2—垫层

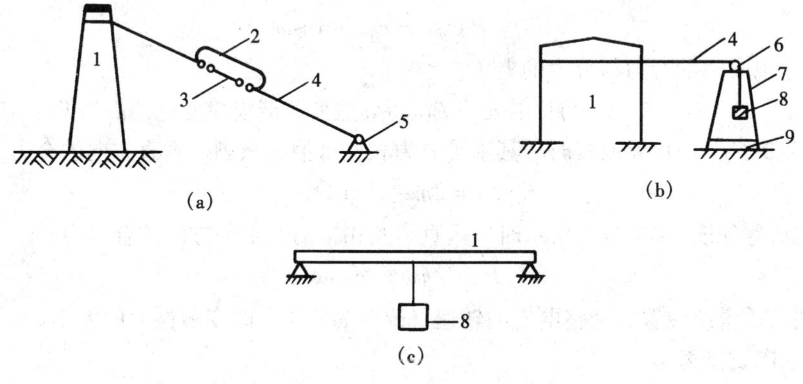

图5-2 张拉突卸法

(a) 绞索张拉；(b) 细钢丝张拉；(c) 绳索悬吊

1—结构物；2—保护索；3—钢棒；4—钢丝绳；5—绞车或卷扬机；

6—滑轮；7—支架；8—重物；9—减振垫层

处铺一层厚约10～20mm的砂垫层。还可以用张拉突卸的方法对结构施加冲击荷载。用铰索张拉结构使其产生一个初始位移，当拉力足够大时，钢棒被拉断，荷载（拉力）突然卸去，结构便作自由振动。对于小模型试验，可以采用剪断细钢丝造成突然卸去悬挂重物的办法，使结构物作自由振动。张拉突卸法适用于动力特性测定试验，结构自振时没有附加质量的影响。

2. 离心力加载

离心力加载是根据旋转质量产生离心力的原理对结构施加简谐振动荷载。图5－3所示为离心力加载，每一偏心块产生的离心力为

$$P = m\omega^2 r \tag{5-1}$$

式中 m——偏心块质量；

ω——偏心块旋转角速度；

r——偏心块旋转半径。

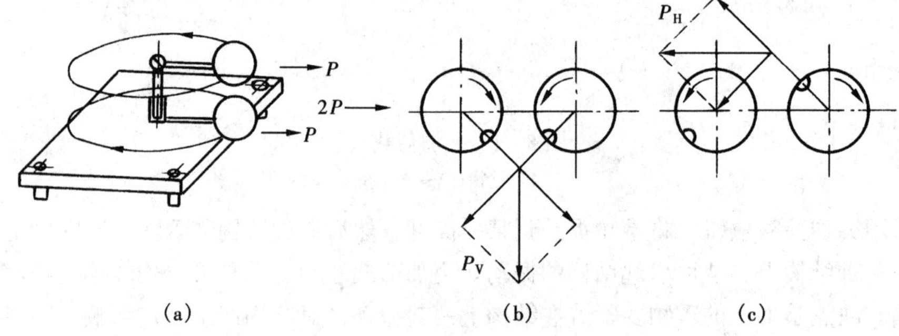

图5－3 偏心质量起振原理

在任何瞬时产生的离心力均可分解成垂直和水平二个分力

$$P_V = P\sin\alpha = m\omega^2 r\cdot\sin\omega t \tag{5-2}$$

$$P_H = P\cos\alpha = m\omega^2 r\cdot\cos\omega t \tag{5-3}$$

式中 α——离心力的合力与分力的夹角。

由式（5－2）、式（5－3）可以看出，P_V、P_H是呈简谐规律变化的。当两个旋转的偏心质量按图5－3（b）的位置放置时，其水平分力相互抵消，只剩下垂直方向的合力为

$$P_V = 2m\omega^2 r\cdot\sin\omega t \tag{5-4}$$

当质量块的放置如图5－3（c）所示时，垂直力互相抵消，水平方向的合力为

$$P_H = 2m\omega^2 r\cdot\cos\omega t \tag{5-5}$$

改变质量块的质量或位置，调整电机的转速（改变ω）均可改变激振力的大小。

5.2.2 电磁加载

通电导体在磁场中，会受到与磁场方向相垂直的作用力。根据这个原理，在磁场（永久磁铁或直流线圈励磁）中放入动圈，通以交变电流，则可以使固定于动圈上的顶杆等部件往复运动，产生荷载。若动圈通以一定方向的直流电，则产生静载。

目前常见的电磁加载设备为电磁式激振器与振动台。

电磁式激振器由磁场系统（包括励磁线圈、铁芯等）、动圈（工作线圈）、弹簧、顶杆等部件装在外壳中组成，图5-4所示为其构造原理。动圈固定在顶杆上，置于磁铁芯中心孔隙中，并由固定在壳体上的弹簧支承。弹簧除支承顶杆外，工作时还使顶杆产生一个稍大于电动力的预压力，使激振时不致产生顶杆撞击试件的现象。

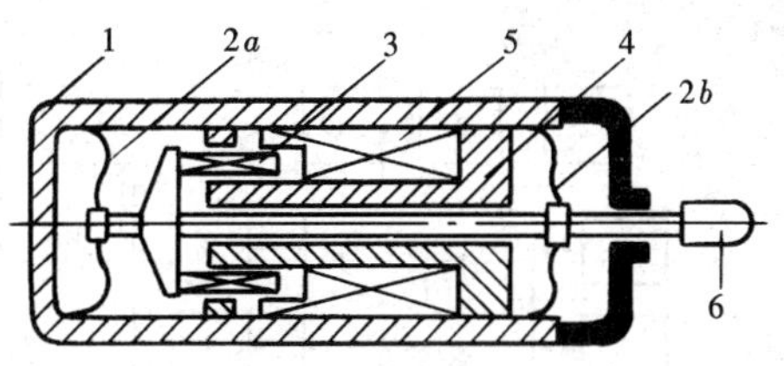

图5-4 电磁式激振器构造及工作原理

1—外壳；2a、2b—弹簧；3—动圈；4—铁芯；5—励磁线圈；6—顶杆

当励磁线圈通以稳定的直流电时，铁芯形成一个强大的恒磁场。与此同时，由低频讯号发生器输出的交变电流经功率放大器放大后输入工作线圈，工作线圈即按交变电流谐振规律在磁场中运动，使顶杆推动试件振动。使用时安装于支座上，可以做垂直激振，也可以做水平激振。

电磁式激振器的优点是频率范围较宽，由几赫兹到十几赫兹；推力由几百牛到几十千牛；重量轻；控制方便，按给定讯号可以产生各种波形的激振力。缺点是激振力不大，仅适合于小型结构或小模型试验。

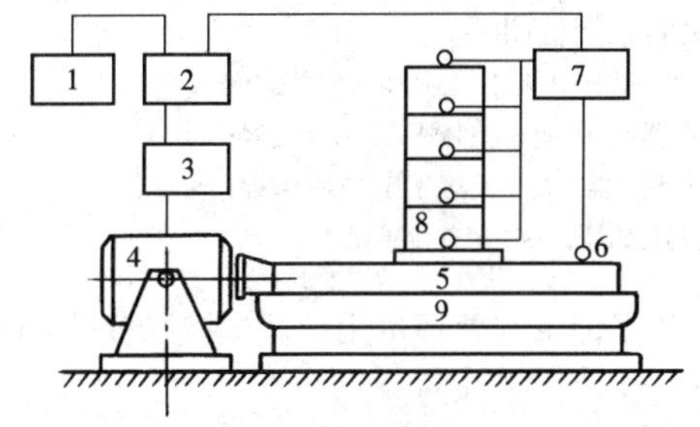

图5-5 电磁式振动台组成系统图

1—信号发生器；2—自动控制仪；3—功率放大器；4—电磁激振器；5—振动台台面；6—测振传感器；7—振动测量记录系统；8—试件；9—台座

电磁式振动台实际上是利用电磁式激振器来推动活动台面构成的。但由于振动台的激振器输入励磁和活动线圈的电流都比较大，工作时间长了容易发热，故附有冷却系统。激振力较小的般用空气冷却，激振力较大的则用空心导线绕组，孔中通以蒸馏水循环冷却。为了获得良好的波形，用橡胶弹簧、空气弹簧或磁悬来悬挂活动系统，使振动台在负荷情况下动圈能回到最佳位置。动圈周围加有滚轮制导，以防止偏斜。图5-5所示为其构造简图。

5.2.3 液压振动台

液压振动台主要用于模拟地震振动台试验。模拟地震振动台的研制工作始于20世纪60年代。各国的研制过程一般都是从规则波发展到随机波；从单个加振器发展到多个加振器同步工作；从模控台面波形再现发展到数控台面波形再现；从单向水平运动发展到双向、三向以至加上转动等六个自由度的运动等等。目前这类振动台多采用电液伺服系统推动。

模拟地震振动台系统包括：台面及基础、泵源及油压分配系统、加振器、模控、数据采集和数据处理；此外，还有与模控及数据采集系统相接的计算机。近代模拟地震振动台要实现按规定的波形运动，必然得采用数字迭代补偿技术。整个系统（包括试件）如图5-6所示。其特点是能在低频时产生大的推力。

模拟地震振动台有单向运动（水平或垂直），双向运动和三向运动等数种。为了减少泵站设备，并考虑到地震是短时间的冲击过程，较大的振动台还设有蓄能器组，使油的瞬时流量可达平均流量的数倍。振动台的运行采用位移误差跟踪模拟控制及数控二种，用计算机控

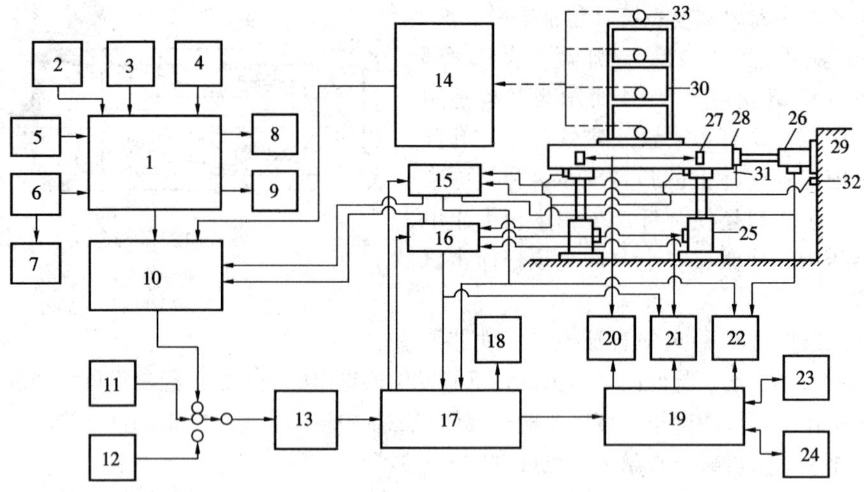

图 5-6　模拟地震振动台系统框图

1～10—计算机主机及各部设备；11—信号发生器；12—数据记录仪；13—输入信号选择器；14—传感器调节器；15、16—水平、垂直振动控制器；17—电子控制站；18—示波器；19～24—液压源及其分配器；25～27—加振器及其限位器；28—振动台面；29—基础；30—试件；31、32—反馈用加速度、位移传感器；33—试件传感器

制使台面反应的谱和原始输入信号的谱互相一致。数据记录与处理也用计算机控制多线同时进行，在模拟地震试验中，每秒采样可高达 2 万个。

模拟地震振动台的台面是由钢、混凝土或铝合金制成的平板，支承于静压导轨上，由输入信号（周期波、地震波等）通过电液伺服阀控制加振器油液流量的大小和方向，从而带动振动台作水平或垂直方向运动。振动台装有传感器，将台面的运动参数反馈输入到伺服阀的控制器中，以形成闭环系统。

在各种结构模型（或足尺）动力试验中，模拟地震振动台是最理想的结构抗震试验设备。它可以按照人们的需要模拟地震现象，置于该模拟地震台上的结构和基础的反应，经相似换算后，即为原型结构在真实地震下的反应。由于其在结构模型动力试验中，是直接测取结构模型在地震波作用下的加速度、速度、位移和应变反应，因此更接近实际情况。

目前，已建成的模拟地震振动台，国内最大尺寸为 6m × 6m，最大载重 800kN；国际上最大尺寸为 15m × 15m，其最大载重 5000kN。由于地震对结构物影响的研究日趋重要，规模更大的振动台将陆续出现。

5.3　动载试验量测仪器

振动参量（位移、速度、加速度）可以通过不同方法进行量测，如机械式振动测量仪、光学测量系统及电测法等。电测法将振动参量转换成电量，之后用电子仪器进行放大、显示或记录。电测法灵敏度高，且便于遥控、遥测，是目前最常用的方法。

振动测量系统由拾振器、测振放大器和记录仪等部分组成。拾振器是将机械振动信号转变为电信号的敏感元件。拾振器按量测参数可分为位移式、速度式和加速度式；按构造原理可分为磁电式、压电式、电感式和应变式；按使用角度又可分为绝对式（惯性式）和相对式、接触式和非接触式等。

5.3.1 惯性式拾振器的力学原理

振动具有传递作用，测振时很难在振动体附近找到一个静止点作为测量振动的基准点。例如要测量动力机器工作时的振动，因为周围地基也在振动，所以不能把地基作为基准点。这样就需要在仪器内部设法构成一个基准点。由惯性质量和弹性元件组成的振动系统可以解决这个问题，其工作原理如图5-7所示。该系统主要由惯性质量块 m、弹簧 k 和阻尼器 c 构成。使用时将仪器外壳框架固定在振动体上，并和振动体一起振动。设被测振动物体按下面规律振动

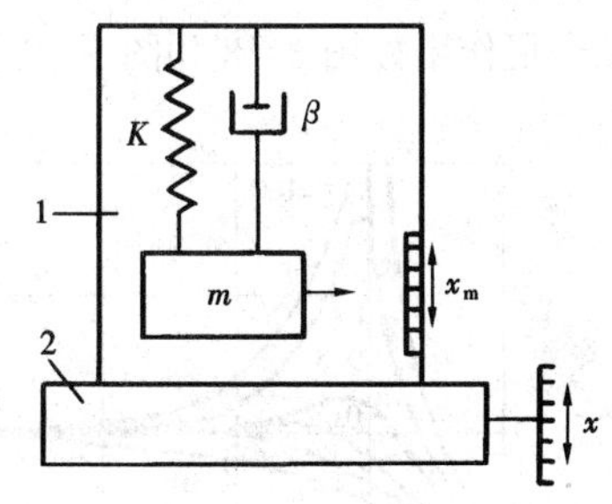

图5-7 拾振器力学原理

1—拾振器；2—振动体

$$x = X_0 \sin\omega t \tag{5-6}$$

则质量块 m 的振动微分方程为

$$m(\ddot{x} + \ddot{x}_m) + c\dot{x}_m + kx_m = 0 \tag{5-7}$$

式中 x——振动体相对于固定参考座标的位移；

x_m——质量块相对于其外壳的位移；

X_0——被测振动的振幅；

ω——被测振动的圆频率。

式（5-7）可写作

$$\ddot{x}_m + 2n\dot{x}_m + \omega_n^2 x_m = X_0 \omega^2 \sin\omega t \tag{5-8}$$

这是单自由度、有阻尼、强迫振动的方程，其中 $\omega_n^2 = k/m$、$2n = c/m$，其通解为

$$x_m = Be^{-nt}\cos(\sqrt{\omega^2 - n^2}\, t + \alpha) + X_{m0}\sin(\omega t - \varphi) \tag{5-9}$$

上式中第一项为自由振动解，由于阻尼的存在而很快衰减，第二项 $X_{m0}\sin(\omega t - \varphi)$ 为强迫振动的特解，其中

$$X_{m0} = \frac{X_0 (\omega/\omega_n)^2}{\sqrt{[1 - (\omega/\omega_n)^2]^2 + (2\zeta\omega/\omega_n)^2}} \tag{5-10}$$

$$\varphi = \text{arctg}\frac{2\zeta\omega/\omega_n}{1 - (\omega/\omega_n)^2} \tag{5-11}$$

式中 ζ——阻尼比，$\zeta = n/\omega_n$；

ω_n——质量弹簧系统的固有频率。

将式（5-9）中的第二项 $X_{m0}\sin(\omega t - \varphi)$ 与式（5-6）相比较可以看出质量块相对于仪器外壳的运动规律与振动体的运动规律一致但两者相差一个相位角 φ。

质量 m 的相对振幅 X_{m0} 与振动体的振幅 X_0 之比为

$$\frac{X_{m0}}{X_0}=\frac{(\omega/\omega_n)^2}{\sqrt{[1-(\omega/\omega_n)^2]^2+(2\zeta\omega/\omega_n)^2}} \tag{5-12}$$

根据式（5－11）和式（5－12）以 ω/ω_n 为横坐标以 X_{m0}/X_0 和 φ 为纵坐标，并使用不同的阻尼作出如图 5－8 和图 5－9 所示的曲线，即拾振器的幅频特性曲线和相频特性曲线。

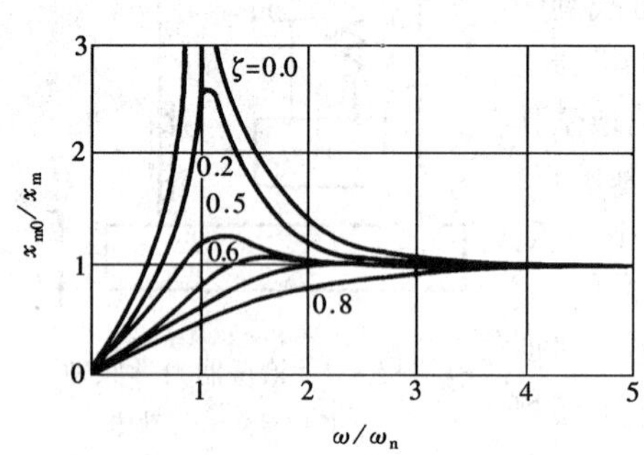

图 5－8　位移计幅频特性曲线

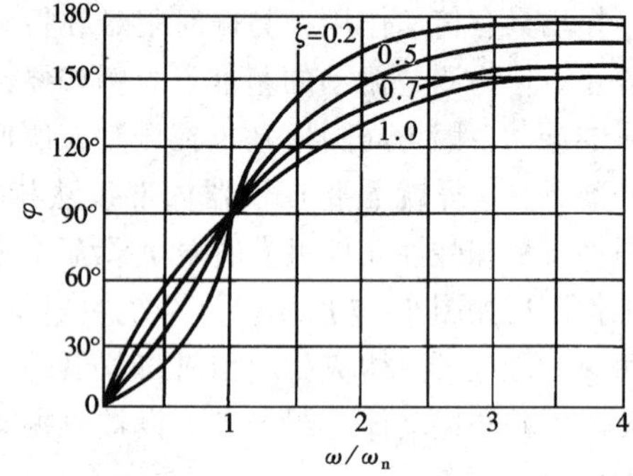

图 5－9　位移计相频特性曲线

在试验过程中，ζ 可能随时发生变化。从图中可以看出，为使 X_{m0}/X_0 和 φ 角在试验期间保持常数，必须限制 ω/ω_n 值。当取不同频率比 ω/ω_n 和阻尼比 ζ 时，拾振器将输出不同的振动参数。

（1）当 $\frac{\omega}{\omega_n}\gg 1$，$\zeta<1$ 时，由式（5－11）和式（5－12）得

$$\frac{X_{m0}}{X_0}=\frac{(\omega/\omega_n)^2}{\sqrt{[1-(\omega/\omega_n)^2]^2+(2\zeta\omega/\omega_n)^2}}\rightarrow 1$$

$$\varphi\rightarrow 180°$$

这说明质量块的相对振幅和振动体的振幅趋近于相等而相位相反，这是测振仪器工作的理想状态，满足此条件的测振仪称位移计。

实际使用中，当测定位移的精度要求较高时，频率比可取其上限，即 $\omega/\omega_n>10$；对于精度为一般要求的振幅测定，可取 $\omega/\omega_n=5\sim10$，这时仍可近似地认为 $X_{m0}/X_0\rightarrow 1$，但具有一定误差；幅频特性曲线平直部分的频率下限，与阻尼比有关，对无阻尼或小阻尼的频率下限可取 $\omega/\omega_n=4\sim5$，当 $\zeta=0.6\sim0.7$ 时，频率比下限可放宽到 2.5 左右，此时幅频特性曲线有最宽的平直段，也就是有较宽的频率使用范围。但在被测振动体有阻尼情况下，仪器对不同振动频率呈现出不同的相位差如图 5－9 所示。如果振动体的运动不是简单的正弦波，而是两个频率 ω_1 和 ω_2 的迭加，则由于仪器对相位差的反应不同，测出的迭加波形将发生失真，所以应注意关于波形畸变的限制。对于具有多个频率的复杂震动，如果最高频率成份满足 $\omega_H/\omega_n\ll 1$，则 $\varphi\approx 180°$，可以认为波形不失真，但对于随机振动，位移计不可能不失真。

应该注意，一般厂房、民用建筑的第一自振频率为 2～3Hz 左右，高层建筑为 1～2Hz 左右，高耸结构物如塔架、电视塔等柔性结构的第一自振频率则更低。这就要求拾振器具有很低的自振频率。为降低 ω_n 必须加大惯性质量，因此一般位移拾振器的体积较大也较重，使

用时对被测系统有一定影响，特别对于一些质量较小的振动体就不太适用，必须寻求另外的解决办法。

(2) 当 $\omega/\omega_n \approx 1$，$\zeta \gg 1$ 时，由式 (5-12) 得

$$\frac{(\omega/\omega_n)^2}{\sqrt{[1-(\omega/\omega_n)^2]^2+(2\zeta\omega/\omega_n)^2}} \to \frac{\omega}{2\zeta\omega_n}$$

所以 $X_{m0} \approx \frac{1}{2\zeta\omega_n}\dot{X}_0$

这时拾振器反应的示值与振动体的速度成正比，故称为速度计。$1/2\zeta\omega_n$ 为比例系数，阻尼比 ζ 愈大，拾振器输出灵敏度愈低。设计速度计时，由于要求的阻尼比 ζ 很大，相频特性曲线的线性度就很差，因而对含有多频率成分波形的测试失真也较大。同时速度拾振器的可用频率范围非常狭窄，因而工程中很少使用。

(3) 当 $\omega/\omega_n \ll 1$，$\zeta < 1$ 时，由式 (5-12) 得

$$\frac{1}{\sqrt{[1-(\omega/\omega_n)^2]^2+(2\zeta\omega/\omega_n)^2}} \to 1$$

$$X_{m0} \approx \frac{\omega^2}{\omega_n^2}X_0 \qquad \mathrm{tg}\varphi \approx 0$$

因为

$$x = X_0\sin\omega t$$

$$\ddot{x} = -X_0\omega^2\sin\omega t$$

又因为测振仪器运动微分方程的特解为：

$$x_m = X_{m0}\sin(\omega t-\varphi)$$

代入 X_{m0} 得

$$x_m \approx \frac{\omega^2}{\omega_n^2}X_0\sin(\omega t-\varphi)$$

再代入 $\ddot{X}$ 得

$$X_m \approx -\frac{1}{\omega_n^2}\ddot{X} \quad (5-13)$$

拾振器反应的位移与振动体的加速度成正比，比例系数为 $1/\omega_n^2$。这种拾振器用来测量加速度，称加速度计。加速度计幅频特性曲线如图 5-10 所示。由于加速度计用于频率比 $\omega/\omega_n \ll 1$ 的范围内，故相频特性曲线仍可用图 5-9。从图 5-9 看出，其相位超前于被测

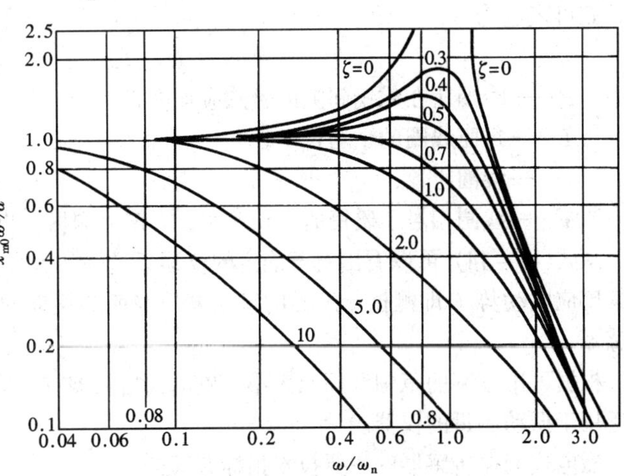

图 5-10 加速度计幅频特性曲线

频率，在0～90°之间。这种拾振器当阻尼比 $\zeta=0$ 时，没有相位差，因此测量复合振动不会发生波形失真。但拾振器总是有阻尼的，当加速度计的阻尼比 $\zeta=0.6\sim0.7$ 时，由于相频曲线接近于直线，所以相频与频率比成正比，波形不会出现畸变。若阻尼比不符合要求，将出现与频率比成非线性的相位差。

5.3.2 测振传感器

在惯性式拾振器中，质量弹簧系统将振动参数转换成了质量块相对于仪器外壳的位移，使拾振器可以正确反映振动体的位移、速度和加速度。但由于测试工作的需要，拾振器除应正确反映振动体的振动外，尚应不失真地将位移、速度及加速度等振动参量转换为电量，以便用量电器进行量测。振动参数转换的方法有多种形式，如利用电磁感应原理、压电晶体材料的压电效应原理、机电耦合伺服原理以及电容、电阻应变、光电原理等。其中磁电式拾振器能线性地感应振动速度，所以通常又称为感应式速度传感器。它适用于实际结构物的振动量测。压电晶体式拾振器，因为体积较小，重量轻，自振频率高，故适用于模型结构试验。

1. 磁电式速度传感器

磁电式速度传感器的特点是灵敏度高、性能稳定、输出阻抗低、频率响应范围有一定宽度，通过对质量弹簧系统参数的不同设计，可以使传感器既能量测非常微弱的振动，也能量测较强的振动，是工程振动测量中最常用的拾振仪器。

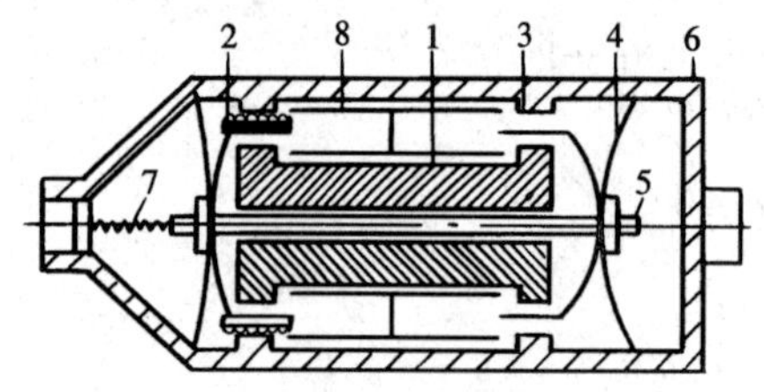

图5－11 磁电式速度传感器

1—磁钢；2—线圈；3—阻尼环；4—弹簧片；5—芯轴；6—外壳；7—输出线；8—铝架

图5－11所示为一典型的磁电式速度传感器，磁钢和壳体固定安装在所测振动体上，与振动体一起振动，芯轴与线圈组成传感器的可动系统（质量块）并由簧片和壳体连接，测振时惯性质量块和仪器壳体相对移动，因而线圈和磁钢也相对移动从而产生感应电动势，根据电磁感应定律，感应电动势 E 的大小正比于切割磁力线的线圈匝数和通过此线圈中磁通量的变化率。如果以振动体的速度表示感应电动势的大小，则可表达为：

$$E=BLnv \tag{5-14}$$

式中 B——线圈所在磁钢间隙的磁感应强度；

L——每匝线圈的平均长度；

n——线圈匝数；

v——线圈相对于磁钢的运动速度，亦即所测振动物体的振动速度。

从式（5－14）可以看出对于确定的仪器系统 B、L、n 均为常量。与位移计原理相同，但其感应电动势 E 即测振传感器的输出电压与所测振动的速度成正比。故称为惯性式速度传感器。

根据可用频率的范围和振幅大小，磁电式拾振器有不同的型号，65型和701型拾振器是广泛用于振动测量的仪器。

磁电式测振传感器的主要技术指标有：

（1）固有频率 f_0

传感器质量弹簧系统本身的固有频率，是传感器的一个重要参数，与传感器的频率响应有很大关系。

(2) 灵敏度 k

即传感器的拾振方向感受到一个单位振动速度时，传感器的输出电压。$k=E/v$，其单位通常是 $mV/cm \cdot s^{-1}$。

(3) 频率响应

对于阻尼值固定的传感器，频率响应曲线只有一条，有些传感器可以由试验者选择和调整阻尼，阻尼不同，传感器的频率响应曲线也不同。

(4) 阻尼系数

就是磁电式测振传感器质量弹簧系统的阻尼比，阻尼比的大小与频率响应关系很大，通常磁电式测振传感器的阻尼比设计为0.5~0.7。

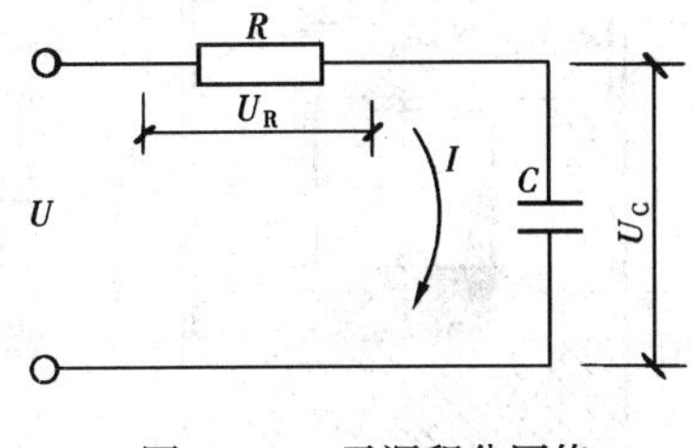

图5-12　无源积分网络

如上所述，磁电式测振传感器的输出电压是与所测振动的速度成正比的，要求振动位移或加速度可以通过积分网络或微分网络来实现。如图5-12所示，输入电压为 U，输出电压为 U_c，则

$$U = U_R + U_c = R \cdot I + \frac{1}{C}\int I\mathrm{d}t$$

式中　I——回路电流。

$$I = \frac{U}{\sqrt{R^2 + \left(\frac{1}{\omega C}\right)^2}}$$

设计积分电路时应使得阻抗 R 远大于容抗 $\frac{1}{\omega C}$，即 $R \gg \frac{1}{\omega C}$ 或 $C \gg \frac{1}{\omega R}$，$R \approx U_R$

$$U_c = \frac{1}{C}\int I\mathrm{d}t = \frac{1}{C}\int \frac{U}{R}\mathrm{d}t = \frac{1}{RC}\int U\mathrm{d}t \tag{5-15}$$

也就是说从电容器所得到的输出电压 U_c 正比于输入电压 U 的积分。

传感器输出的电压信号一般比较微弱，需经过电压放大器进行放大。放大器应与磁电式传感器很好地匹配。首先放大器的输入阻抗要远大于传感器的输出阻抗，这样就可以把信号尽可能多地输入到放大器的输入端。放大器应有足够的电压放大倍数，同时信噪比要比较大。为了同时能够适应于微弱的振动测量和较大的振动测量，通常放大器设多级衰减器。放大器的频率响应应能满足测试的要求，即应具有好的低频响应和高频响应。完全满足上述要求有时是困难的，因此在选择或设计放大器时要各项指标通盘考虑。一般将微积分网络和电压放大器设计在同一个仪器里。

2. 压电式加速度传感器

压电式拾振器是利用压电晶体材料具有的压电效应制成的。压电晶体在三轴方向上的性能不同，x 轴为电轴线，y 轴为机械轴线，z 轴为光轴线。若垂直于 x 轴切取晶片且在电轴线方向施加外力 F，当晶片受到外力而产生压缩或拉伸变形时，内部会出现极化现象，同时在其相应的两个表面上出现异号电荷，形成电场。当外力去掉后，又重新回到不带电状态。这种将机械能转变为电能的现象，称为“正压电效应”。若晶体不是在外力作用下而在电场作用下产生变形，则称为“逆压电效应”。压电晶体受到外力产生的电荷 Q 由下式表示：

$$Q = G\sigma A \tag{5-16}$$

式中 G——晶体的压电常数；

σ——晶体的压强；

A——晶体的工作面积。

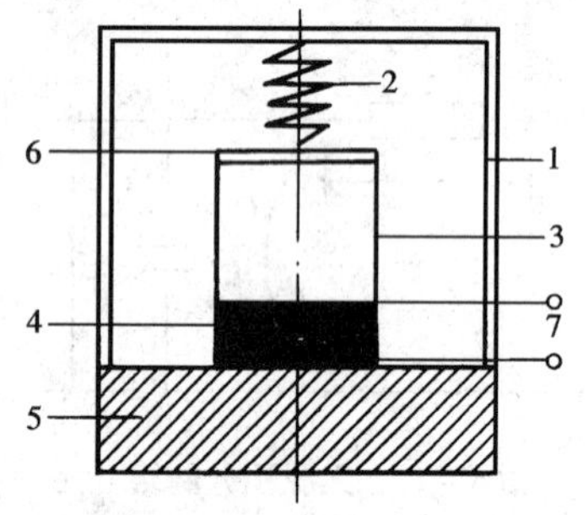

图 5-13 压电加速度传感器原理

1—外壳；2—弹簧；3—质量块；4—压电晶体片；5—基座；6—绝缘垫；7—输出端

在压电材料中，石英晶体是较好的一种，它具有高稳定性、高机械强度和能在很宽的温度范围内使用的特点，但灵敏度较低。在计量方面使用最多的是压电陶瓷材料，如钛酸钡、锆钛酸铅等。采用良好的陶瓷配制工艺可以得到较高的压电灵敏度和很宽的工作温度，而且易于制成所需形状。

压电式加速度传感器的结构原理如图 5-13 所示，压电晶体片上是质量块 m，用硬弹簧将它们夹紧在基座上。质量弹簧系统的刚度 K 由硬弹簧刚度 K_1 和晶体刚度 K_2 组成。在压电式加速度传感器内，质量块的质量 m 较小，阻尼系数也较小，而刚度 K 很大，因而质量、弹簧系统的固有频率 $\omega_n = \sqrt{\frac{K}{m}}$ 很高，根据用途可达若干千赫，高的甚至可达 100～200kHz。

由前面的分析可知，当被测物体的频率 $\omega \ll \omega_n$ 时，质量块相对于仪器外壳的位移反映了所测振动的加速度值，由式（5-13）确定，即 $x_m = -\frac{1}{\omega_n}\frac{d^2x}{dt^2}$。晶体的刚度为 K_2，因而作用在晶体上的动压力为

$$\sigma A = K_2 x_m \approx -\frac{K_2 d^2 x}{\omega_n^2 dt^2}$$

由（5-16）式可知，晶体上产生的电荷量为

$$Q = -\frac{GK_2 d^2 x}{\omega_n^2 dt^2} \tag{5-17}$$

而电压

$$U = -\frac{GK_2 d^2 x}{C\omega_n^2 dt^2} \tag{5-18}$$

式中 C——传感器的电容量。

C 包括传感器本身的电容 C_a、电缆电容 C_c 和前置放大器的输入电容 C_i，即

$$C = C_a + C_c + C_i$$

由式（5-17）和式（5-18）可以看出，压电晶体两表面所产生的电荷量（或电压）与

所测振动的加速度成正比，因此可以通过测量压电晶体的电荷量来测振动的加速度值。

在式（5-17）式中

$$\frac{GK_2}{\omega_n^2} = S_q \tag{5-19}$$

称为压电式加速度传感器的电荷灵敏度，即传感器感受单位加速度时所产生的电荷量。式（5-18）中

$$\frac{GK_2}{C\omega_n^2} = S_u \tag{5-20}$$

称为压电式加速度传感器的电压灵敏度，即传感器感受单位加速度时产生的电压量。

压电式加速传感器具有动态范围大（可达 10^5g），频率范围宽、重量轻、体积小等特点，被广泛应用于振动测量的各个领域，尤其在宽带随机振动和瞬态冲击等场合，几乎是唯一合适的测试传感器。其主要技术指标如下：

（1）灵敏度

传感器灵敏度的大小主要取决于压电晶体材料的特性和质量块的质量大小。传感器几何尺寸愈大，亦即质量块愈大灵敏度愈高，但使用频率愈窄。传感器体积减小灵敏度也减小，但使用频率范围加宽，选择压电式加速度传感器，要根据测试要求综合考虑。

（2）安装谐振频率

传感器说明书标明的安装谐振频率 $f_{安}$ 是指将传感器牢固（用螺栓）安装在一个有限质量 m（目前国际公认的标准是体积为 1in³，质量为 180g）的物体上的谐振频率。传感器的安装谐振频率与传感器的频率响应有密切关系。实际测量时安装谐振频率还要受具体安装方法的影响，例如螺栓的种类、表面的粗糙度等等。不好的安装方法会影响测试质量。

（3）频率响应

压电式加速度传感器的频率响应曲线如图 5-14 所示。可以看出在低频段是平坦的直线，随着频率的增高，灵敏度误差增大，当振动频率接近安装谐振频率时灵敏度会变得很大。由于压电式加速度传感器本身有很高的安装谐振频率，所以这种传感器的工作频率上限较之其他类型的测振传感器高，即工作频率范围宽。至于工作频率的下限，就传感器本身可以达到极低，但实际测量时取决于电缆和前置放大器的性能。

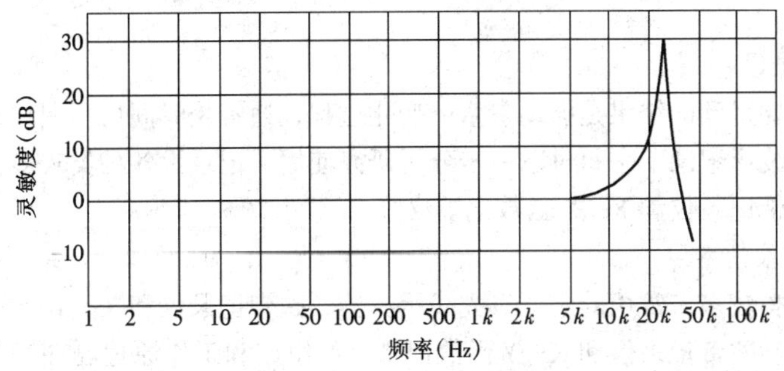

图 5-14 压电式加速度传感器的频率响应曲线

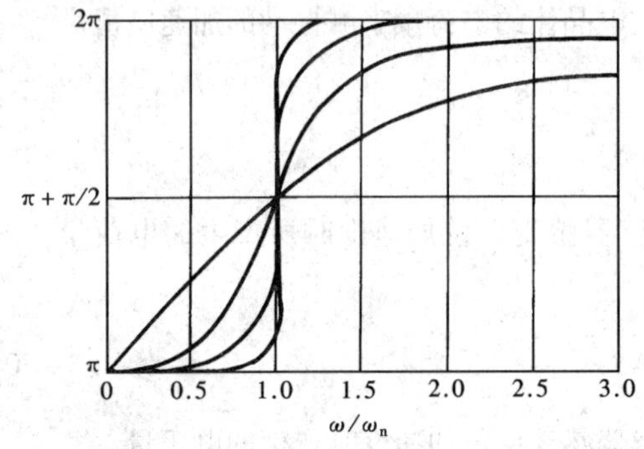

图 5-15 压电式加速度传感器的相频特性曲线

图 5-15 所示是压电式加速度传感器的相频特性曲线，压电式加速度传感器工作在 $\omega/\omega_n \ll 1$ 的范围内，而且阻尼比 ζ 很小，一般在 0.01 以下，这一段相位滞后几乎等于常数 π，不随频率改变。这一性质在测量复杂振动和随机振动时具有重要意义，不会产生相位畸变。

(4) 横向灵敏度比

压电式加速度传感器承受垂直于主轴方向振动时的灵敏度与沿主轴方向的灵敏度之比称为横向灵敏度比，在理想情况下应等于零，即当与主轴垂直方向振动时不应有信号输出，但由于压电晶体材料的不均匀性和不规则性，零信号指标难以实现。横向灵敏度比应尽可能小，质量较好的传感器应小于 5%。

(5) 幅值范围（动态范围）

压电式加速度传感器的灵敏度保持在一定误差大小（5% ~ 10%）时的输入加速度幅值量级范围称为幅值范围，即传感器保持线性的最大可测范围。

压电式加速度传感器用的放大器有电压放大器和电荷放大器两种。

电压放大器具有结构简单，价格低廉，可靠性好等优点。但输入阻抗比较低，在作为压电式加速度传感器的下一级仪表时，导线电容变化将非常敏感地影响仪器的灵敏度。因此必须在压电式加速度传感器和电压放大器之间加一阻抗变换器，同时传感器和阻抗变换器之间的导线要有所限制，标定时和实际量测时要用同一根导线。当压电加速度传感器使用电压放大器时可测振动频率的下限较电荷放大器为高。

电荷放大器是压电式加速度传感器的专用前置放大器，由于压电加速度传感器的输出阻抗非常高，其输出电荷信号很小，因此必须采用输入阻抗极高的一种放大器与之相匹配，否则传感器产生的电荷就要经过放大器的输入电阻释放掉。采用电荷放大器能将高内阻的电荷源转换为低内阻的电压源，而且输出电压正比于输入电荷。因此电荷放大器同样也起着阻抗变换作用。电荷放大器的优点是对传输电缆电容不敏感，传输距离可达数百米，低频响应好，但成本较高。

5.3.3 记录设备

振动量测所要得到的结果是振动参量的变化过程，通常是时间历程曲线，因此需要用记录设备把数据或波形记录下来，供下一步分析研究使用。记录设备种类较多，常用的主要有光线示波器、磁带记录仪和 X—Y 函数记录仪等。

1. 常用的记录设备

记录设备种类较多，常用的主要有光线示波器、磁带记录仪和 X—Y 函数记录仪等。

光线示波器、磁带记录仪和 X—Y 函数记录仪的组成和工作原理已在第 3 章中介绍，不再赘述，在此仅就其在动载试验中应考虑的问题加以简要说明。

光线示波器具有较好的频率响应，可以记录从 0 ~ 500Hz 之间的动态变化。为适应使用上的不同要求，同一台光线示波器中配备有各种型号的振动子，使用时应根据其技术参数选用。振动子的主要技术参数有以下几个：

(1) 直流电流灵敏度 S_i

即振动子线圈通过单位直流电流时光点在记录纸带上的偏移量。要根据测振放大器输出信号电流的大小，选择灵敏度适当的振动子，使光点在记录纸绘下足够大的振幅，而信号电流又不超过振动子所能允许通过的最大电流。

(2) 固有频率 f_0

指振动子自身质量弹簧系统在空气中的自由振动频率。

(3) 幅频特性

振动子通过幅度相同而频率不同的电流时其偏转角变化的特性称幅频特性，如图 5-16 所示。这种特性与振动子的阻尼比有关。阻尼比为 0.6~0.8 时振幅畸变较小。通常油阻尼振动子的工作频率约为 0~1/3f_0。当测试频率较高时，应选用固有频率较高的振动子。

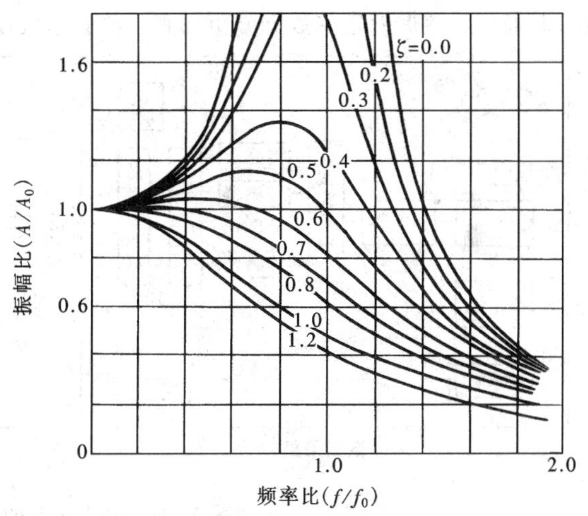

图 5-16 振动子的幅频特性曲线

磁带记录仪可以记录从直流到 2 兆赫（DC—2MH）的交变信号，在振动测试中应用越来越广泛，尤其在冲击或随机振动的测试中，几乎是必不可少的记录设备。

X—Y 函数记录仪采用零位法测量，准确性（误差为 0.2%~0.5%满量程）和灵敏度高，记录笔振幅大（可达 200~300mm），线数为 1~3 线，但响应时间长（0.25~1s），只适用于低频参量的记录。

2. 其他记录设备

除上述记录仪器外，还有阴极射线示波器、瞬态记录仪等设备。

近年来发展起来的瞬态记录仪实际上是一种数据采集设备。其基本构成如图 5-17 所示。被测信号通过适当的放大或衰减后，送到模—数转换器（A/D 转换器），将输入的模拟信号数字化。数字化包括采集—量化二个过程，转换为二进制代码后即被送入数字存储器。

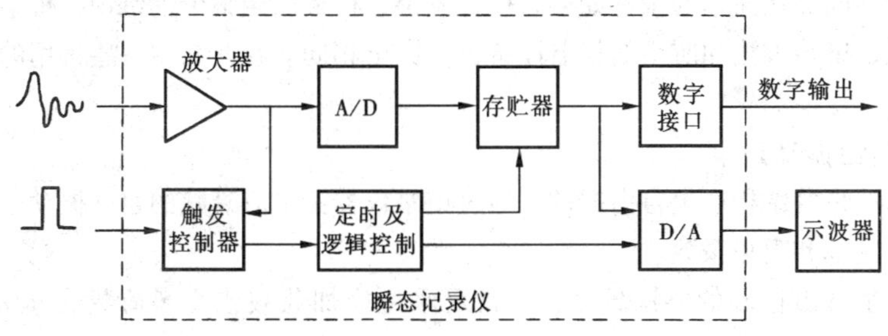

图 5-17 瞬态记录仪工作原理框图

采集—量化—存储不断重复。并受逻辑电路控制。转换速度则由定时电路控制。触发信号可来自外部也可取自内部，即所谓外触发和内触发，存储过程也就是记录过程。存储的数据信息可以反复读出，通过数字接口送往计算机处理，也可经数—模转换器（D/A 转换器）还原成模拟信号，再送入示波器或其他记录仪显示所测信号波形。

3. 动态数据采集系统

关于数据采集系统的组成、数据采集过程在第 3 章中已介绍，对于结构动力试验来说，从数据采集、数据处理到数据分析也有一整套系统设备，其框图如图 5－18 所示。

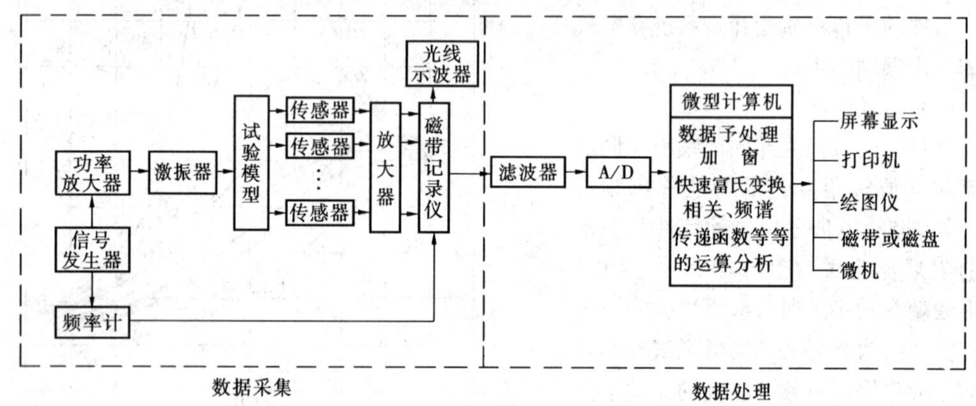

图 5－18 动力试验的数据系统

5.4 结构动力特性试验

结构的动力特性（如固有频率、振型及阻尼系数等），是结构本身的固有参数，仅取决于结构的组成形式、刚度、质量分布、材料特性等因素。

对于比较简单的动力问题，一般只需量测结构的基本频率。但对于比较复杂的多自由度体系，有时还须考虑第二、第三甚至更高阶的固有频率以及相应的振型。结构的固有频率及相应的振型虽然可由结构动力学原理计算得到，但由于实际结构的组成和材料性质等因素，经过简化计算得出的理论数值一般误差较大。至于阻尼系数则只能通过试验来确定。因此，采用试验手段研究各种结构物的动力特性具有重要的实际意义。土木工程的类型各异，其结构形式也有所不同。从简单的构件如梁、柱、屋架、楼板以至整个建筑物、桥梁等，其动力特性相差很大，试验方法和所用的仪器设备也不完全相同。在此介绍一些常用的动力特性试验方法。

5.4.1 自由振动法

自由振动法是使结构产生自由振动，通过记录仪器记下有衰减的自由振动曲线，由此求出结构的基本频率和阻尼系数。

使结构产生自由振动的办法较多，通常可采用突加荷载或突卸荷载的办法（图 5－1、图 5－2）。例如对有吊车的工业厂房，可以利用小车突然刹车制动，引起厂房横向自由振动。对体积较大的结构，可对结构预加初位移，试验时突然释放预加位移，从而使结构产生自由振动。

用发射反冲小火箭（又称反冲激振器）的方法可以产生脉冲荷载，也可以使结构产生自由振动。该方法特别适宜于烟囱、桥梁、高层房屋等高大建筑物。近年来国内已研制出各种型号的反冲激振器，推力为10～40kN，国内一些单位用这种方法对高层房屋、烟囱、古塔、桥梁、闸门等做过大量试验，得到较好结果，但使用时要特别注意安全问题。

在测定桥梁的动力特性时，还可以采用载重汽车越过障碍物的办法产生一个冲击荷载，从而引起桥梁的自由振动。

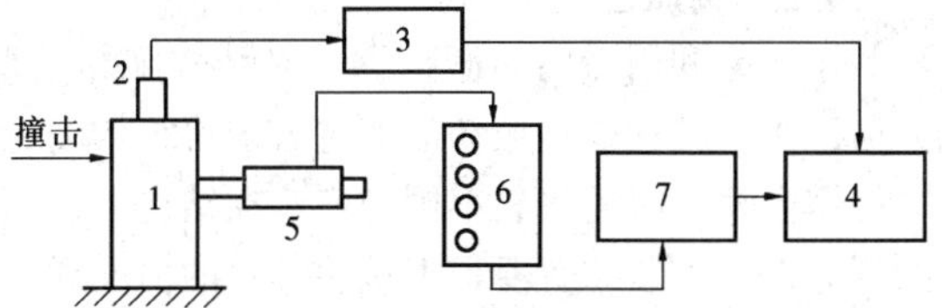

图5－19 自由振动衰减量测系统
1—结构物；2—拾振器；3—放大器；4—光线示波器；5—应变位移传感器；6—应变仪桥盒；7—动态电阻应变仪

采用自由振动法时，拾振器一般布置在振幅较大处，要避开某些杆件的局部振动。最好在结构物纵向和横向多布置几点，以观察结构整体振动情况。自由振动时间历程曲线的量测系统如图5－19所示。记录曲线如图5－20所示。

由实测得到的有衰减的结构自由振动记录图上，可以根据时间信号直接测量出基本频率。为了消除荷载影响，最初的一、两个波一般不用。同时，为了提高准确度，可以取若干个波的总时间除以波数得出平均数作为基本周期，其倒数即为基本频率。

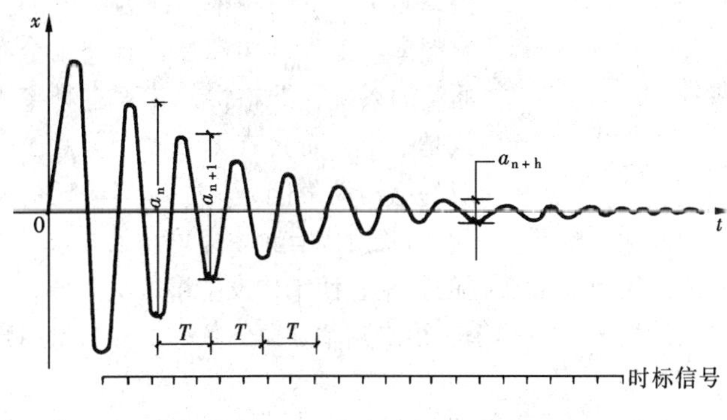

图5－20 自由振动时间历程曲线

结构的阻尼特性用对数衰减率或临界阻尼比表示，由于实测得到的振动记录图一般没有零线，所以在测量阻尼时应采取图5－20所示从峰到峰的测量方法，这样比较方便而且准确度高。

由结构动力学可知，有阻尼自由振动的运动方程为

$$x(t)=Ae^{-nt}\sin(\omega t+\alpha) \tag{5-21}$$

图5－20中振幅值 a_n 对应的时间为 t_n；a_{n+1}对应 t_{n+1}，$t_{n+1}=t_n+T$，$T=2\pi\omega$；代入式（5－21），并取对数得

$$\ln\frac{a_n}{a_{n+1}}=nT$$

$$n=\frac{\ln\frac{a_n}{a_{n+1}}}{T}$$

$$\zeta = \frac{n}{\omega} = \frac{\ln \dfrac{a_n}{a_{n+1}}}{2\pi} \tag{5-22}$$

式中 n——衰减系数；

ζ——阻尼比。

用自由振动法得到的周期和阻尼系数均比较准确，但只能测出基本频率。

5.4.2 共振法

共振法是利用专门的激振器，对结构施加简谐动荷载，使结构产生稳态的强迫简谐振动，借助于对结构受迫振动的测定，求得结构动力特性的基本参数。

使用激振器时需将其牢固地安装在结构上，不使其跳动，否则将影响试验结果。激振器的激振方向和安装位置要根据试验结构的情况和试验目的而定。一般说来，整体结构动荷载试验多为水平方向激振，楼板和梁的动荷载试验多为垂直方向激振。激振器的安装位置应选在所要测量的各个振型曲线都不是节点的部位。试验前最好先对结构进行初步动力分析，做到对所测量的振型曲线的大致形式心中有数。

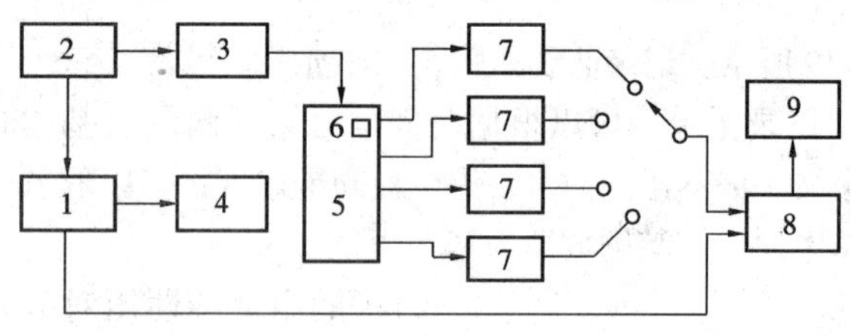

图 5-21 共振法测量原理

1—发生器；2—功率放大器；3—激振器；4—频率仪；5—试件；6—拾振器；7—放大器；8—相位计；9—记录仪

由结构动力学可知，当干扰力的频率与结构本身固有频率相等时，结构就发生共振。因此，连续改变激振器的频率（频率扫描），使结构产生共振，则记录下的频率，即为结构的固有频率。工程结构都是具有连续分布质量的系统，严格讲，其固有频率不只是一个，而具有无限多个。对于一般的结构动力问题，了解其最低的基本频率是最重要的。对于较复杂的动力问题，也只需了解前几阶固有频率即可满足要求。采用共振法进行动荷载试验时，由低到高连续改变激振器的频率，使结构发生第一次共振、第二次共振、第三次共振……，就可得到结构的第一频率、第二频率、第三频率等，测量原理如图 5-21 所示。

图 5-22 所示为对建筑物进行频率扫描试验时所得到的记录曲线。在共振频率附近逐渐调节激振器的频率，同时记录下结构的振幅，就可作出频率—振幅关系曲线或称共振曲线。

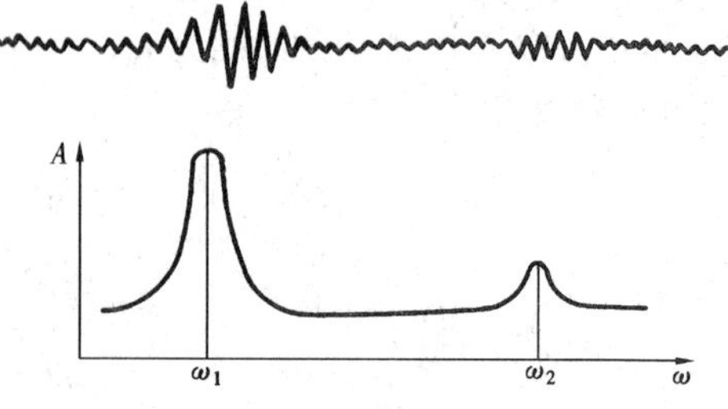

图 5-22 共振时的振动图形和共振曲线

当使用偏心式激振器时，应注意到转速不同，激振力大小也不一样。激振力与激振器转速的平方成正比。为使绘出的共振曲线具有可比性，应把振幅折算为单位激振力作用下的振幅，或把振幅换算为在相同激振力作用下的振幅。通常将实测振幅 A 除以激振器圆频率的平方 ω^2，以 A/ω^2 为纵座标，ω 为横座标绘制共振曲线，如图 5-23 所示。曲线上峰值对应频率值即为结构的固有频率。从共振曲线上也可以得到结构的阻尼系数，具体作法：在纵座标最大值 x_{max} 的 0.707 倍处作一水平线与共振曲线相交于 A 和 B 两点，其对应横座标是 ω_1 和 ω_2，则阻尼系数 n 为

$$n=\frac{\omega_1-\omega_2}{2} \tag{5-23}$$

临界阻尼比 ζ_c 为

$$\zeta_c=\frac{n}{\omega} \tag{5-24}$$

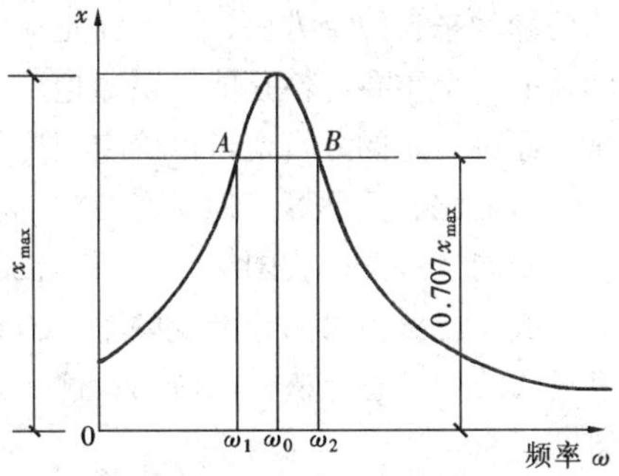

图 5－23 由共振曲线求阻尼系数和阻尼比

由结构动力学可知，结构按某一固有频率振动时形成的弹性曲线称为结构对应于此频率振动的振型。对应于基频、第二频率、第三频率分别有第一振型、第二振型、第三振型。用共振法测量振型时，要将若干个拾振器布置在结构的若干部位。当激振器使结构发生共振时，同时记录下结构各部位的振动图，通过比较各点的振幅和相位，即可给出该频率的振型图。图 5－24 所示为共振法测量某建筑物振型的具体情况。绘制振型曲线图时，要规定位移的正负值。例如在图 5－24 中规定顶层的拾振器 1 的位移为正，则凡与它相位相同的为正，反之则为负。将各点的振幅按一定的比例和正负值画在图上即是振型曲线。

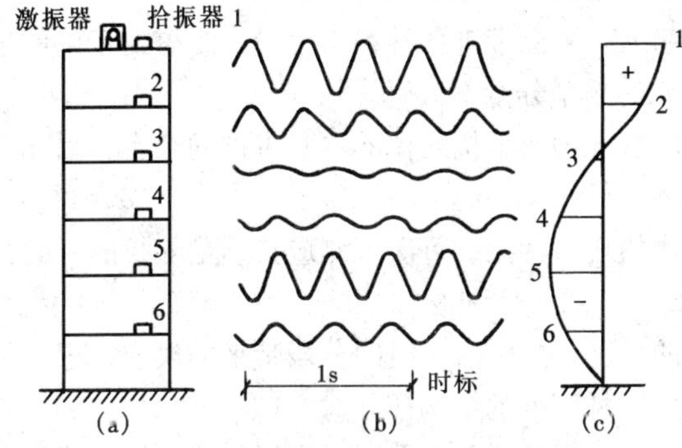

图 5－24 用共振法测建筑物振型

(a) 拾振器和激振器的布置；(b) 共振时记录下的振动曲线图；(c) 振型曲线

拾振器的布置视结构形式而定，可根据结构动力学原理初步分析或估计振型的大致形式，然后在控制点（变形较大的位置）布置仪器。例如图 5－25 所示框架，在横梁和柱子的中点、1/4 处、柱端点共布置了 1～6 个测点。这样便可较好地连成振型曲线。测量前，对各通道应进行相对校准，使之具有相同的灵敏度。

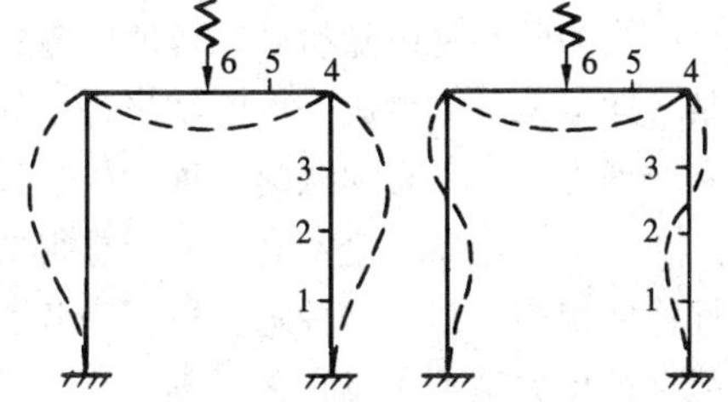

图 5－25 测框架振型时测点布置

有时由于结构形式比较复杂，测点数超过已有拾振器数量或记录装置能容纳的点数，可以逐次移动拾振器，分几次测量，但是必须有一个测点作为参考点，各次测量中位于参考点的拾振器不能移动，而且各次测量的结果都要与参考点的曲线比较相位。参考点也应选在不是节点的部位。

5.4.3 脉动法

结构的脉动是经常存在的，但极其微弱，通常在 10μm 以下，高耸的烟囱可达到 10mm。

结构的脉动来自两个方面，一方面是地面脉动；另一方面是风和气压等引起的微幅振动。结构脉动的一个重要特性是能够明显地反映出结构的固有频率。因此若将结构的脉动过程记录下来，经过一定的分析便可以确定结构的动力特性。可以从脉动信号中识别出结构物的固有频率、阻尼比、振型等多种模态参数，还可以用脉动法识别扭转空间振型。

脉动测量方法，我国早在20世纪50年代就开始应用。但由于试验条件和分析手段的限制，一般只能获得第一振型及频率。20世纪70年代以来，由于计算技术的发展和一些信号处理机或结构动态分析仪的应用，这一方法得到了迅速发展，并被广泛应用于结构动力分析和研究。

测量脉动信号要使用低噪声、高灵敏的拾振器和放大器，并应配有记录仪器和信号分析仪。用这种方法进行实测，不需要专门的激振设备，不受结构形式和大小的限制。脉动法在结构微幅振动条件下所得到的固有频率比用共振法所得要偏大一些。

从分析结构动力特性的目的出发，应用脉动法时应注意下列几点：

（1）结构的脉动是由于环境随机振动引起的，可能带来各种频率分量，为得到正确的记录，要求记录仪器有足够宽的频带，使所需要的频率分量不失真。

（2）根据脉动分析原理，脉动记录中不应有规则的干扰或仪器本身带进的杂音，因此观测时应避开机器或其他有规则的振动影响。

（3）为使每次记录的脉动均能反映结构物的自振特性，每次观测应持续足够长的时间并且重复几次。

（4）为使高频分量在分析时能满足要求的精度，减小由于时间分段带来的误差，记录仪的纸带应有足够快的速度，而且可变，以适应各种刚度的结构。

（5）布置测点时应将结构视为空间体系，沿高度及水平方向同时布置仪器，如仪器数量不足可做多次测量。这时应有一台仪器保持位置不动作为各次测量的比较标准。

（6）每次观测最好能记下当时的天气、风向、风速以及附近地面的脉动，以便分析这些因素对脉动的影响。

1. 模态分析法

结构的脉动是由随机脉动源所引起的响应，是一种随机过程。随机振动是复杂的过程，对某一样本每重复测试一次的结果是不同的，所以一般随机振动特性应从事件的统计特性的研究中得出，并且必须认为这种随机过程是各态历经的平稳过程。

如果单个样本在全部时间上所求得的统计特性与在同一时刻对振动历程的全体所求得的统计特性相等，则称这种随机过程为各态历经的。另外由于工程结构脉动的主要特征与时间的起点选择关系不大，它在时刻 t_1 到 t_2 这一段随机振动的统计信息与 $t_1+\tau$ 到 $t_2+\tau$ 这一段的统计信息是相关的，并且差别不大，即具有相同的统计特性，因此，结构脉动又是一种平稳随机过程。只要有足够长的记录时间，就可以用单个样本函数来描述随机过程的所有特性。

与一般振动问题相类似，随机振动问题也是讨论系统的输入（激励）、输出（响应）以及系统的动态特性三者之间的关系。假设 $x(t)$ 是脉动源输入的振动过程，结构本身称为系统，当脉动源作用于系统后，结构在外界激励下就产生响应，即结构的脉动反应 $y(t)$，称为输出的振动过程，这时系统的响应输出必然反应了结构的特性。图5-26所示是输入、系统与输出三者的关系。

图5-26 输入、系统与输出关系

在随机振动中，由于振动时间历程是明显的非周期函数，用傅立叶积分的方法可知这种振动有连续的各种频率成分，且每种频率有其对应的功率或能量，把它们的关系用图线表示，称为功率在频率域内的函数，简称功率谱密度函数。

在平稳随机过程中，功率谱密度函数给出了某一过程的"功率"在频率域上的分布方式，可用它来识别该过程中各种频率成分能量的强弱，以及对于动态结构的响应效果，是描述随机振动的一个重要参数，也是在随机荷载作用下结构设计的一个重要依据。

在各态历经平稳随机过程的假定下，脉动源的功率谱密度函数 $S_x(\omega)$ 与结构反应谱密度函数 $S_y(\omega)$ 之间存在着以下关系

$$S_y(\omega)=|H(i\omega)|^2\cdot S_x(\omega) \tag{5-25}$$

式中 $H(i\omega)$——传递函数；

ω——圆频率。

由随机振动理论可知

$$H(i\omega)=\frac{1}{\omega_0^2\left[1-\left(\frac{\omega}{\omega_0}\right)^2+2i\xi\frac{\omega}{\omega_0}\right]} \tag{5-26}$$

由以上关系可知，当已知输入、输出时，即可得到传递函数。

在测试工作中通过测振传感器测量地面自由场的脉动源 $x(t)$ 和结构反应的脉动信号 $y(t)$的记录，将这些符合平稳随机过程的样本由专用信号处理机（频谱分析仪）通过使用具有传递函数功率谱程序进行计算处理，即可得到结构的动力特性——频率、振幅、相位等。计算结果可以在处理机上直接显示，也可用X—Y记录仪将结果绘制出来。图5-27所示是利用专用计算机把时程曲线经过傅立叶变换，由数据处理结果得到的频谱图。从频谱曲线值法很容易定出各阶频率，结构固有频率处必然出现突出的峰值，一般基频处非常突出，而在第二第三频率处也有相应明显的峰值。

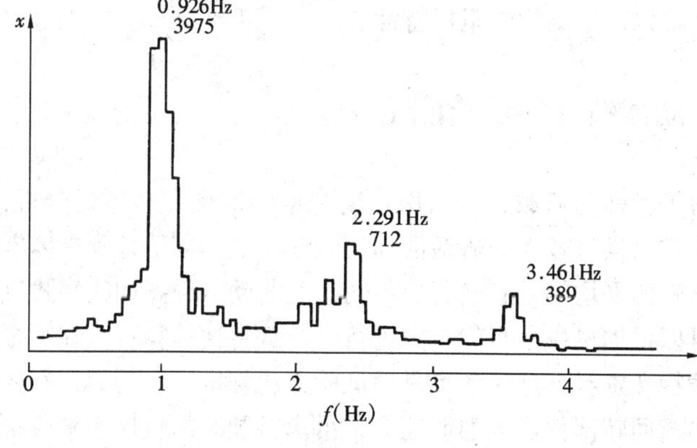

图5-27 经数据处理得到的频谱图

2. 主谱量法

利用模态分析法可以由功率谱得到工程结构的自振频率。如果输入功率谱是已知的，还可以得到高阶频率、振型和阻尼，但用上述方法研究结构动力特性参数需要专门的频谱分析设备及专用程序。

在实践中人们从记录得到的

脉动信号图中往往可以明显地发现它反映出结构的某种频率特性。由环境随机振动法的基本原理可知，既然结构的基频谐量是脉动信号中最主要的成份，那么在记录里就应有所反映。事实上在脉动记录里常常出现酷似“拍”的现象，在波形光滑之处“拍”的现象最显著，振幅最大，凡有这种现象之处，振动周期大多相同，这一周期往往就是结构的基本周期，如图5-28所示。

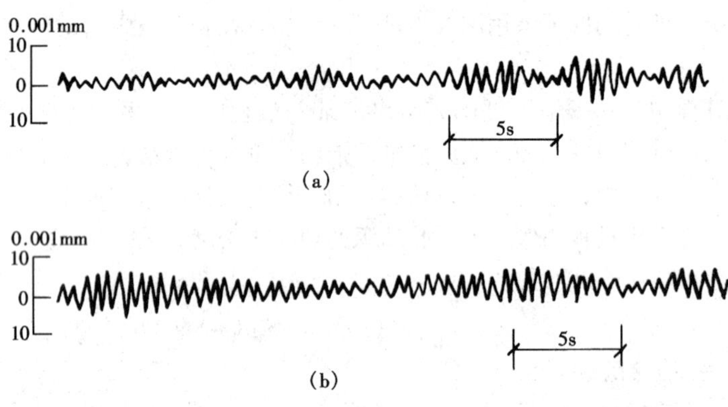

图5-28　脉动信号记录图

(a) 多层民用房屋的脉动记录；(b) 钢筋混凝土单层厂房的脉动记录

在结构脉动记录中出现这种现象是不难理解的，因为地面脉动是一种随机现象，其频率多种多样，当这些信号输入到具有滤波器作用的结构时，由于结构本身的动力特性，使得远离结构自振频率的信号被抑制，而与结构自振频率接近的信号则被放大，这些被放大的信号恰恰为揭示结构动力特性提供了线索。

在出现“拍”的瞬时，可以理解为在此刻结构的基频谐量处于最大，其他谐量处于最小，因此表现出结构基本振型的性质。利用脉动记录读出该时刻同一瞬间各点的振幅，即可以确定结构的基本振型。

对于一般结构用环境随机振动法确定基频与主振型比较方便，有时也能测出第二频率及相应振型，但高阶振动的脉动信号在记录曲线中出现的机会很少，振幅也小，这样测得的结构动力特性误差较大。另外主谐量法难以确定结构的阻尼特性。

5.5　动载特性的试验测定

对建筑结构中的地震荷载或风力等特殊动荷载，可以用长期观察的历史资料进行分析，确定其作用力的大小和振动规律，通常它具有较大的概括性和代表性，但仍需估计到具体震源的动力特性有可能和统计资料所反映的平均结果有显著的不同。有些动力设备如往复式机械及各种带有离心力的回转机械，可以根据机械本身的参数进行动荷载特性计算；但在很多场合下，不能用计算方法获得动荷载特性资料，这时就得采用试验方法确定了。例如，有些名义上均衡回转而实际并不是完全均衡回转部件产生的惯性力，吊车行驶时因轨道不平或接头所产生的冲击荷载，液体或气体的压力脉动、风压脉动、冲击波等等，都需要通过试验方法确定其动荷载特性。

5.5.1 探测主振源的方法

作用在结构上的动荷载常常很复杂，许多情况下是由多个振源产生的，首先要找出对结构振动起主导作用而危害最大的主振源，然后测定其特性。

结构发生振动时，主振源并不总是显而易见的，这时可以通过下述试验方法测定。

在工业厂房内有多台动力机械设备时，可以逐个开动，观察结构在每个振源影响下的振动情况，从中找出主振源，但是这种方法往往由于影响生产而不便实现。

分析实测振动波形，按不同振源将会引起规律不同的强迫振动这一特点，间接判定振源的某些性质，作为探测主振源的参考依据。

当振动记录图形是间歇性的阻尼振动，而且有明显尖峰和衰减的特点时，说明是撞击性振源所引起的振动，如图5－29（a）所示；转速恒定的机械设备将引起规律的、稳定的具有周期性的振动；图5－29（b）所示是具有单一简谐振源的接近正弦规律的振动图形，这可能是一台机器或多台转速一样的机器所引起的振动；图5－29（c）所示是两个频率相差两倍的简谐振源引起的合成振动图形；图5－29（d）所示是三个简谐振源引起的更为复杂的合成振动图形。当振动图形符合“拍振”的规律时，振幅周期性地由小变大，又由大变小，如图5－29（e）所示。这有可能是两种情况，一种是由两个频率接近的简谐振源共同作用；另一种只有一个振源，但其频率和结构的固有频率相近。图5－29（f）所示是属于随机振动一类的记录图形，它是由随机性动荷载引起的，例如液体或气体的压力脉冲。

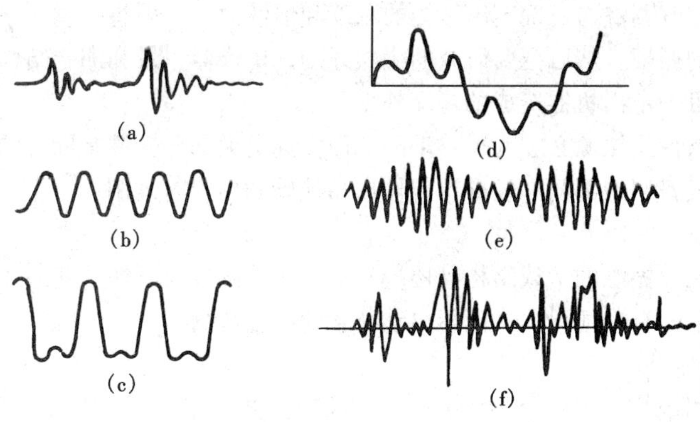

图5－29 各种振源的振动记录图

分析结构振动的频率，可以作为进一步判断主振源的依据。由结构动力分析可知，结构强迫振动的频率和作用力的频率相同，因此具有这种频率的振源就可能是主振源。对于简谐振动可以直接在振动记录图上量出振动频率，而对于复杂的合成振动则需将合成振动记录图作进一步分析，作出复合振动频谱图。在频谱图上可以清楚地看出合成振动是由哪些频率成分组成的，哪一个频率成分具有较大的幅值，从而判断哪一个振源是主振源。

5.5.2 动荷载特性的试验测定

根据不同的动荷载，可以采用下述几种试验方法测定其特性。

1. 直接测定法

它是通过测定动荷载本身参数以确定其特性。这种方法简单可靠，由于量测技术不断提高，各种传感器逐步完善，其应用范围也愈来愈广。

对一些由往复式运动部件产生的惯性力（如牛头刨床、曲柄连杆机械等），可以用加速度传感器安装在运动部件上，直接测出机器工作时运动部件的加速度变化规律。由于运动部件的质量是已知的，所以惯性力便可得到。

测定某些机械传递到结构上的动荷载，可使用各种测力传感器，将传感器固定在结构物和机器底座之间，开动机器时可将产生的惯性力用记录仪器记下来。但用此法测力传感器的刚度应足够大，否则会导致很大误差。

对于密封容器或受管道内液体或气体的压力运动产生的动荷载，可以在该容器上安装压力传感器，直接记录容器内液体或气体的压力波动图形，从而得出由此产生的动荷载。

有些机器主设备如桥式吊车，可以通过测量某一杆件的变形得到动荷载的大小和规律。但应注意选取适当的杆件，这是很重要的，被选的杆件要经过动力特性的测定。

2. 间接测定法

此法是把要测定动力的机器安装在有足够弹性变形的专用结构上，结构下面为刚性支座。可以采用受弯钢梁或木梁安装在大型基础上作为这种弹性结构。梁的刚度和跨度选择必须不与机器发生共振，以保证所确定的动力荷载的准确度。

试验时首先把机器安装在梁上，在机器未开动前先进行结构的静力和动力特性的测定（可采用突加或突卸荷载法），确定出结构的刚度和惯性力矩、固有振动频率、阻尼比及已知简谐外力作用下的振幅。然后把要研究的机器开动，用仪器记录和测定结构的振动情况，根据测出的数据则可确定出机器造成的可变外力。

该法的先决条件是振源必须为可移动的，而实际上大部分振源是固定的，因此这种方法比较适合于动力设备制造部门和校准单位作产品检验和标定时采用。

3. 比较测定法

这种方法是比较振源的承载结构（楼板、框架或基础）在已知动荷载作用下的振动情况和待测振源作用下的振动情况，从而得出动荷载的特性数据。

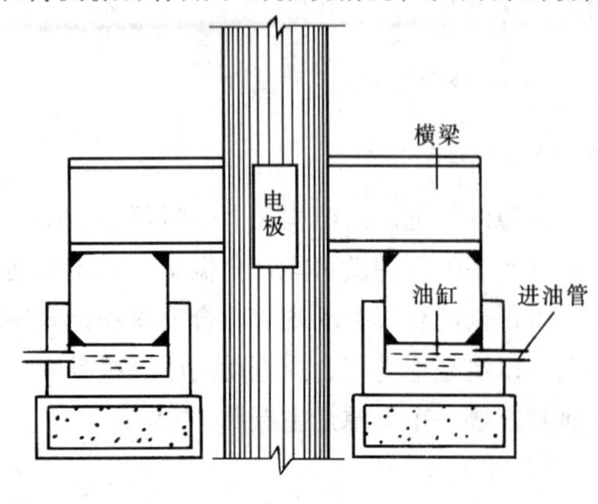

图 5-30 电炉的电极

测定时在振源旁边放一台激振器，先开动激振器测定承载结构的动力特性，确定出固有频率、阻尼比以及在已知简谐力作用下随激振器转速改变的强迫振动振幅。再开动待测振源，记录承载结构的振动图形。依据这些记录数据，可求得振源工作时产生的动荷载。也可按如下步骤进行：先开动振源，记录承载结构振动情况，再开动激振器逐渐调节其频率和作用力的大小，使结构产生同样振动，由于激振器的作用力和频率已知，这样也可以求得振源的特性。这种方法对产生简谐振动的振源效果最好。

【例 5－1】 某电石车间电炉的电极是采用液压系统提升的，如图 5－30 所示。电极重量通过油缸放在两个钢筋混凝土梁上，当生产过程中需要提升或降低电极时，由油泵通过油管向油缸输油或泄油。在提升电极时发现承载结构钢筋混凝土梁发生振动。由于电极提升速度很慢，按计算不可能产生很大的惯性力，因此需要弄清产生振动的原因，以及动荷载的大小和作用规律。

为了判明振源和测定动荷载大小，在油缸上安装了电阻应变式压力传感器，并在钢筋混凝土梁上布置了拾振器。将压力传感器通过动态电阻应变仪输出的信号以及拾振器通过放大器输出的信号同时输入光线示波器。这时启动油泵向油缸输油以提升电极，在示波器上记录下油压变化曲线和承载梁的振动记录曲线如图 5－31 所示。从记录图上可以看出，当油缸进油，电极提升的一瞬间，油缸内的油压发生一个压力脉冲，因而在承载结构上产生一个撞击荷载使梁产生振动。油缸在进油时产生的压力脉冲类似水管内的水击现象，称为油击。进一步实测试验说明，油击大小和进油速度、阀门型式等因素有关。在特定条件下，可以通过这种方法具体测出油击脉冲的大小，从而为设计提供依据。

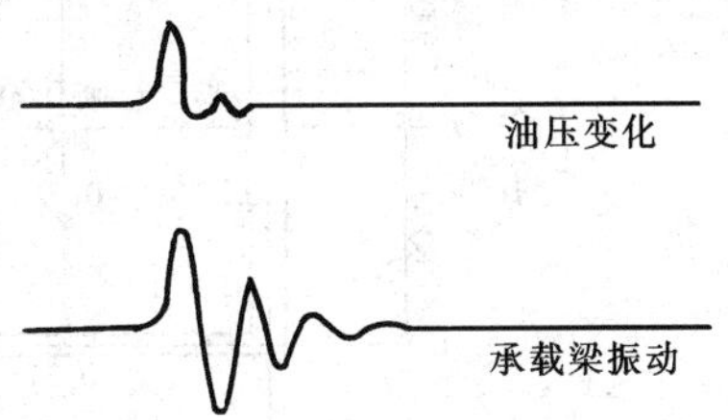

图 5－31 实测电极油缸油压和承载梁振动记录图

为了了解作用于建筑物上风荷载的特性，也需要进行现场实测。风荷载可以看作是静荷载和动荷载的叠加。对于一般刚性结构，风的动力作用很小，可以视为静荷载。但对于高耸结构如烟囱、水塔、电视塔以及各种高柔塔架和高层建筑物，则必须视为动荷载。建筑物在风力作用下的受力和振动情况非常复杂，研究这个问题，需要应用各种类型的仪器并加以综合配套后，同时测出建筑物顶部的瞬时风速、风向；建筑物表面的风压以及建筑物在风荷载作用下的位移、振动和应力等物理量，然后将实测所得的大量数据进行综合分析，才可得到较为理想的结果。

5.6 结构动力反应试验

在生产和科研中提出的一些问题，往往要求对动荷载作用下的结构动力反应进行试验测定。例如，工业厂房在动力机械设备作用下的振动情况；桥梁在列车通过时引起的振动；高层建筑物和高耸构筑物在风荷载作用下的振动；有防震要求的设备及厂房在外界干扰力（如火车、汽车及附近的动力设备）作用下引起的振动；结构在地震作用或爆炸作用下的动力反应等。在这类试验中，有些是实际生产过程中的动荷载，有些则是用专门设备产生的模拟荷载。

5.6.1 结构特定部位动参数的测定

实践中经常遇到需要测定结构物在动荷载作用下特定部位的动参数如振幅、频率（或频率谱）、速度、加速度、动变形等等。这种情况下，只要在结构振动时布置适当的仪器（如位移传感器、速度传感器、加速度传感器或电阻应变计等）记录下振动图即可。测点布置根据结构情况和试验目的而定。例如，为了校核结构承载力就应将测点布置在最危险的部位即控制断面上；如果是测定振动对精密仪器的影响，一般应在精密仪器基座处测定振动参数。多层厂房常需要测定某个振源（如机床干扰力）引起的振动在结构内传布和衰减的情况，例如振动在同一楼层内的传布情况。在图 5-32 所示的实例中，振源为动力机床，以振源处测得的振幅定为 1，其余各点测得的振幅与振源处的振幅之比称为该点的传布系数，将各点传布系数标在图上就可明显地看出此振源产生的振动情况在楼层内的影响范围和衰减情况。

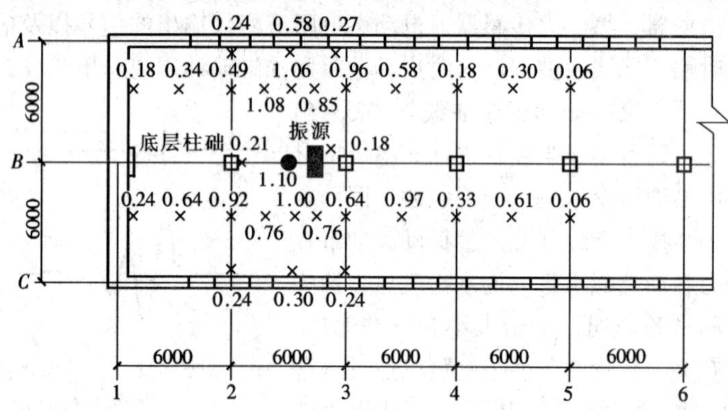

图 5-32 楼层振动传布图

5.6.2 测定结构的振动变位图

为了确定结构在动荷载作用下的振动状态及动应力大小，往往需要测定结构在一定动荷载作用下的振动变位图。图 5-33 表示振动变位图的测量方法，将各测点的振动图用记录仪器同时记录下来，根据相位关系确定变位的正负号，再按振幅（即变位）大小以一定比例画在变位图上，最后连成结构在实际动荷载作用下的振动变位图。这种测量和分析方法与前面讲过的确定振型的方法类似。但结构的振动变位图是结构在特定荷载作用下的变形曲线，一般说来并不和结构的某一振型相一致。

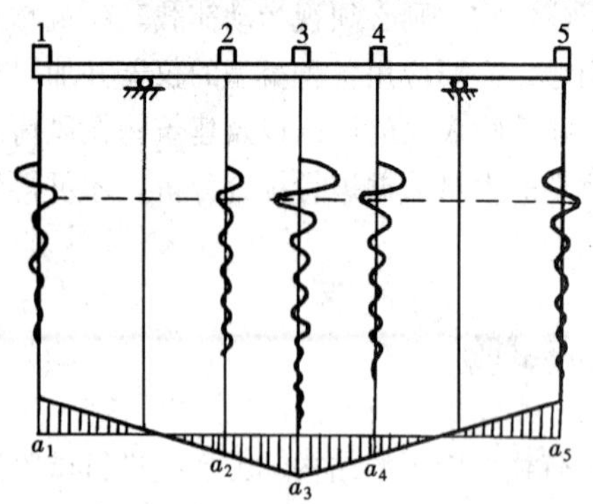

图 5-33 结构振动变位图

1—时间信号；2—结构（梁）；3—拾振器；4—记录曲线；5—$t = t_1$ 时结构变位图

确定了振动变位图后，即有可能按结构力学的理论近似地确定结构由于动荷载所产生的内力。

设振动弹性曲线方程为

$$y = f(x) \tag{5-27}$$

这一方程可根据实测结果按数学分析的方法作出，则有

$$M = EIy'' \tag{5-28}$$

$$Q = EIy''' \tag{5-29}$$

实际上，弹性曲线方程可以给定为某一函数，只要这一函数的形态与振动变位图相似，而且最大变位与实测相等，那么用它来确定内力就不致有过大误差。这样确定的结构内力可以与直接测定应变得出的内力相比较。

5.6.3 结构动力系数的试验测定

承受移动荷载的结构如吊车梁、桥梁等，常常要确定其动力系数，以判定结构的工作情况。

移动荷载作用于结构上所产生的动挠度，往往比静荷载时产生的挠度大。动挠度和静挠度的比值称为动力系数。结构动力系数一般用试验方法实测确定。为了求得动力系数，先使移动荷载以最慢的速度驶过结构，测得挠度图如图 5-34（a），然后使移动荷载按某种速度驶过，这时结构产生最大挠度（实际测试中采取以各种不同速度驶过，找出产生最大挠度的某一速度）如图 5-34（b）。从图上量得最大静挠度 y_j 和最大动挠度 y_d，即可求得动力系数。

$$\mu = \frac{y_d}{y_j} \tag{5-30}$$

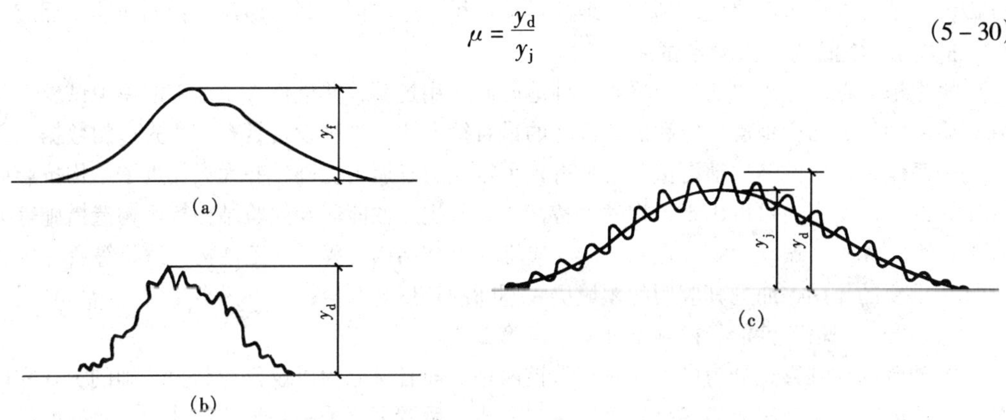

图 5-34 动力系数测定

(a)、(b) 有轨移动荷载的变形记录图；(c) 无轨移动荷载的变形记录图

上述方法只适用于一些有轨的动荷载，对无轨的动荷载（如汽车）不可能使两次行驶的路线完全相同。有的移动荷载由于生产工艺上的原因，用慢速行驶测最大静挠度也有困难，这时可以采取只试验一次用高速通过的方法，记录图形如图 5-34（c）。取曲线最大值为 y_d，同时在曲线上绘出中线，相应于 y_d 处中线的纵坐标即 y_j。按式（5-30）即可求得动力系数。

5.6.4 强震观测

地震发生时，特别是强地震发生时，以仪器为手段观测地面运动过程中结构的动力反应的工作称为强震观测。

强震观测能够为地震工程科学研究和抗震设计提供确切数据，并用来验证抗震理论和抗震措施是否符合实际。强震观测的基本任务是：①取得地震时地面运动过程的记录，为研究地震影响场和烈度分布规律提供科学资料；②取得结构物在强震作用下振动过程的记录，为抗震结构的理论分析与试验研究以及设计方法提供客观的工程数据。

近二三十年来，强震观测工作发展迅速，很多国家已逐步形成强震观测台网，其中尤以美国和日本领先。例如美国洛杉矶城明确规定，凡新建六层以上、面积超过6000平方英尺（合5581.5m^2）的建筑物必须设置强震仪3台。各国在仪器研制、记录处理和数据分析等方面已有很大进展。强震观测工作已成为地震工程研究中最活跃的领域之一。

我国强震观测工作是近十多年来开始发展的。在一些地震区和重要建筑物上设置了强震观测站，而且自行研制了强震加速度计。

由于工程上习惯用加速度来计算地震反应，因此大部分强震仪都测量线加速度值（国外有少数强震观测站是测应变、应力、层间位移、土压力等物理量的）。强震不是经常发生，而且很难预测其发生时刻，所以强震仪设计了专门的触发装置，平时仪器不运转，无需专人看管，地震发生时，强震仪的触发装置便自动触发启动，仪器开始工作并将振动过程记录下来。考虑到地震时可能供电中断，仪器一般采用蓄电池供电。在建筑物底层和上层同时布置强震仪，地震发生时底层记录到的是地面运动过程，上层记录到的即建筑物的加速度反应。

5.6.5 模拟地震振动台试验

模拟地震振动台可以适时地再现各种地震波作用过程，并进行人工地震波模拟试验，是在试验室中研究结构地震反应和破坏机理的最直接方法。这种设备具有一套先进的数据采集与处理系统，从而使结构动力试验水平得到了很大的发展与提高，并大大促进了结构抗震研究工作的开展。它还可以用于结构动力特性、设备抗震性能以及检验结构抗震构造措施等方面的研究。此外，振动台试验在原子能反应堆、海洋结构工程、水工结构、桥梁等研究中也发挥了重要的作用，而且其应用的领域仍在不断的扩展。

振动台的规格、性能、控制系统见本章第2节。

振动台的控制方式分为模拟控制与数控两种。前者又分为以位移控制为基础的PID和以位移、速度、加速度组成的三参量反馈控制方式；后者主要采用开环迭代进行台面的地震波再现。目前新的自适应控制方法已经在模拟地震振动台的电液伺服控制中有所应用。电液伺服的自适应控制主要有三种方式：一种是在PID基础上进行的连续校正PID；另两种是在三参量反馈控制基础上建立的自适应逆控制方法和联机迭代方法。

振动台可以模拟若干次地震现象的初震、主震以及余震的全过程，从而可以了解试验结构在相应各个阶段的力学性能和破坏特征。它可以借助地震波的输入，模拟在任何场地上的地面运动特性，便于进行结构的随机振动分析。

地震时的地面运动是一个宽带的随机震动过程，一般持续时间在15～30s，强度可达0.1～0.6g，频率在1～25Hz左右。为了真实模拟地震时的地面运动，对输入振动台的波形应根据试验目的选定。

进行抗震性能研究时，应选用强震记录波形，如埃尔—逊特罗（El－centro）波、塔飞特（Taft）波、海西纳斯（Hachinche）波，国内有天津波、唐山波等。在试验时通常选用与场地周围周期相近的波作为输入波，也可根据需要或参照相近的地震记录作出人工地震波输入。有时为了检验设计是否正确，也可按规范的谱值反造人工地震波。

模拟地震振动台试验的加载过程有一次性加载和多次性加载，选择时应根据试验目的确定。

一次性加载过程，一般是先进行自由振动试验，测量结构的动力特性。然后输入一个适当的地震记录，连续地记录位移、速度、加速度、应变等信号的动力反应，并观察裂缝形成和发展情况以及研究结构在弹性、非弹性及破坏阶段的各种性能，如强度承载力、刚度变化、能量吸收能力等。这种试验可以模拟结构在一次强烈地震中的整体表现，然而对试验过程中的量测和观测技术要求较高，破坏阶段观测又比较危险。

多次性加载，主要是将荷载按结构初裂、中等开裂和破坏分成等级，然后按荷载从小到大逐级加载和观察。多次性加载对结构将产生变形累积的影响。

由于模拟地震振动台可以适时地再现各种地震波作用过程，因此可以很好地反应变速率对结构材料强度的影响。但其设备昂贵，不能做大比例模型试验，不便于进行试验全过程观测。

5.7 结构疲劳试验

工程结构中存在着许多疲劳现象，如承受吊车荷载作用的吊车梁，直接承受悬挂吊车作用的屋架。这些结构物或构件在重复荷载作用下达到破坏时的强度比其静力强度要低得多，这种现象称为疲劳。结构疲劳试验的目的就是要了解在重复荷载作用下结构的性能及其变化规律。

疲劳问题涉及的范围比较广，对某种结构而言，它包含材料的疲劳和结构构件的疲劳。如钢筋混凝土结构中有钢筋的疲劳、混凝土的疲劳和组成构件的疲劳等。目前疲劳理论研究工作尚在不断发展，疲劳试验也因目的要求不同而采用不同的方法。这方面国内外试验研究资料很多，但目前尚无标准化的统一试验方法。

近年来，国内外对结构构件特别是钢筋混凝土构件的疲劳性能的研究比较重视。原因在于：

(1) 普遍采用极限状态设计和高强材料，以致许多结构构件处于高应力状态工作。

(2) 正在扩大钢筋混凝土构件在各种重复荷载作用下的应用范围，如从吊车梁、桥梁、轨枕等扩大到海洋结构、压力机架、压力容器等。

(3) 使用荷载作用下采用允许截面受拉开裂设计。

(4) 为使重复荷载作用下构件具有良好的使用性能，改进设计方法，防止重复荷载导致过大的垂直裂缝和提前出现斜裂缝。

结构构件疲劳试验一般均在专门的疲劳试验机上进行，大部分采用脉冲千斤顶施加重复荷载，也有采用偏心轮式振动设备。国内对结构构件的疲劳试验大多采用等幅匀速脉动荷载，借以模拟结构构件在使用阶段不断反复加载和卸载的受力状态。

下面以钢筋混凝土结构为例介绍疲劳试验的主要内容和方法。

5.7.1 疲劳试验项目

对于鉴定性疲劳试验，在控制疲劳次数内应取得下述有关数据，同时应满足现行设计规范的要求。

(1) 抗裂性及开裂荷载。

(2) 裂缝宽度及其发展。

(3) 最大挠度及其变化幅度。

(4) 疲劳强度。

对于科研性的疲劳试验，按研究目的要求而定。如果是正截面的疲劳性能试验，一般应包括：

(1) 各阶段截面应力分布状况，中和轴变化规律。

(2) 抗裂性及开裂荷载。

(3) 裂缝宽度、长度、间距及其发展。

(4) 最大挠度及其变化幅度。

(5) 疲劳强度的确定。

(6) 破坏特征分析。

5.7.2 疲劳试验荷载

1. 疲劳试验荷载取值

疲劳试验的荷载上限 Q_{max} 是根据构件在最大标准荷载最不利组合下产生的弯矩计算而得，荷载下限 Q_{min} 是根据疲劳试验设备性能而确定。考虑到大多数脉动千斤顶设备性能的限制，规定最小荷载不应小于千斤顶最大动负荷的3%。为了能同时满足最大荷载要求和对最小荷载值的限制，试验时必须正确选择适当的脉动千斤顶。

2. 疲劳试验荷载的频率选择

疲劳试验荷载在单位时间内重复作用的次数，称为荷载频率。荷载频率会影响材料的塑性变形和徐变，另外频率过高时对疲劳试验附属设施带来的问题也较多。为此，应选择适当的荷载频率。

选择荷载频率时应注意使构件及荷载架不发生共振；同时应使构件在试验时与实际工作时的受力状态一致，为此荷载频率 θ 与构件固有频率 ω 之比应满足下列条件

$$\frac{\theta}{\omega} < 0.5 \text{或} > 1.3 \tag{5-31}$$

3. 疲劳试验的控制次数

构件经受下列控制次数的疲劳荷载作用后，抗裂性（即缝宽度）、刚度、承载力必须满足现行规范中有关规定。

中级工作制吊车梁：$n = 2 \times 10^6$ 次；

重级工作制吊车梁：$n = 4 \times 10^6$ 次。

5.7.3 疲劳试验的步骤

构件疲劳试验的过程，可归纳为以下几个步骤：

1. 疲劳试验前预加静载试验

对构件施加不大于上限荷载20%的预加静载1～2次，消除松动及接触不良，压牢构件并使仪表运动正常。

2. 正式疲劳试验

第一步先做疲劳前的静载试验，其目的主要是为了对比构件经受反复荷载后受力性能有何变化。荷载分级加到疲劳上限荷载。每级荷载可取上限荷载的20%，临近开裂荷载应适当加密，第一条裂缝出现后仍以20%的荷载施加，每级荷载加完后停歇10~15分钟记取读数，加满后分两次或一次卸载。也可采取等变形加载方法。

第二步进行疲劳试验，首先调节疲劳机上下限荷载，待示值稳定后读取第一次动载读数，以后每隔一定次数（30~50次）读取数据。根据要求也可以在疲劳过程中进行静载试验（方法同上），完毕后重新启动疲劳试验机继续疲劳试验。

第三步做破坏试验。达到要求的疲劳次数后进行破坏试验时有两种情况：一种是继续施加疲劳荷载直至破坏，得到承受疲劳荷载的次数；另一种是作静载破坏试验，这时方法同前，荷载分级可以加大。疲劳试验步骤如图5-35所示。

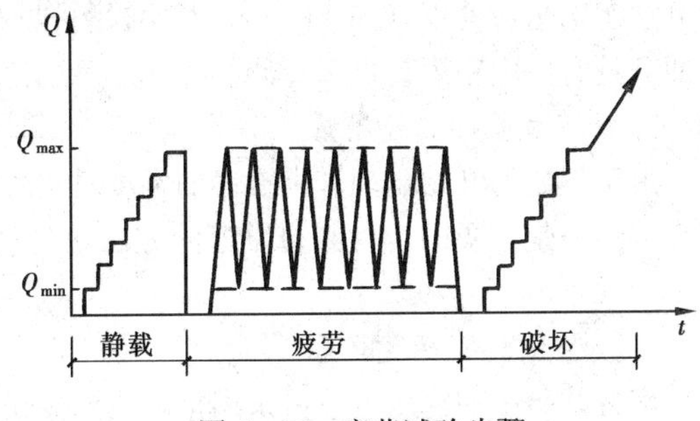

图5-35 疲劳试验步骤

应该注意，不是所有疲劳试验都采取相同的试验步骤，随试验目的和要求的不同，可有多种多样的步骤，如带裂缝构件的疲劳试验，静载可不分级缓慢地加到第一条可见裂缝出现为止，然后开始疲劳试验，如图5-36所示。还有在疲劳试验过程中变更荷载上限，如图5-37所示。提高疲劳荷载的上限，可以在达到要求疲劳次数之前，也可在达到要求疲劳次数之后。

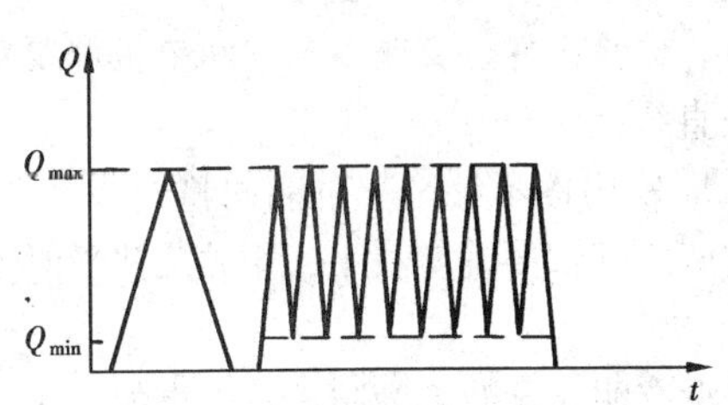

图5-36 带裂缝构件的疲劳试验步骤

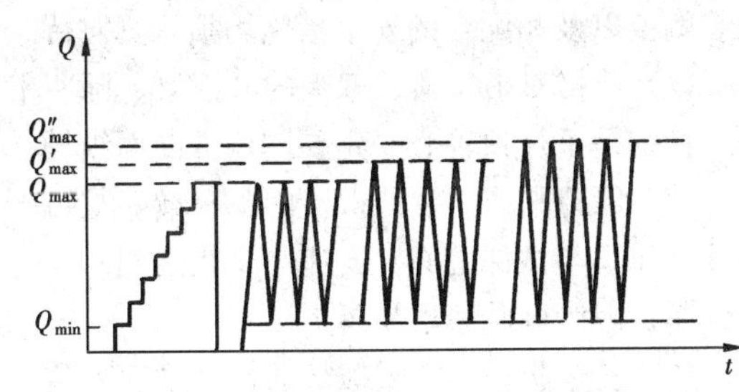

图5-37 变更荷载上限的疲劳试验步骤

5.7.4 疲劳试验的观测

1. 疲劳强度

构件所能承受疲劳荷载作用次数（n），取决于最大应力值 σ_{max}（或最大荷载 Q_{max}）及应力变化幅度 ρ（或荷载变化幅度）。试验应按设计要求取最大应力值 σ_{max}及疲劳应力比值 $\rho=\sigma_{min}/\sigma_{max}$。依据此条件进行疲劳试验，在控制疲劳次数内，构件的强度、刚度、抗裂性应满足现行规范要求。

当进行科研性疲劳试验时，构件是以疲劳极限强度和疲劳极限荷载作为最大的疲劳承载能力。构件达到疲劳破坏时的荷载上限值为疲劳极限荷载。构件达到疲劳破坏时的应力最大值为疲劳极限强度。为了得到给定 ρ 值条件下的疲劳极限强度和疲劳极限荷载，一般采取的办法是：根据构件实际承载能力，确定最大应力值 σ_{max}。作疲劳试验，求得疲劳破坏时荷载

作用次数 n，从 σ_{max} 与 n 双对数直线关系中求得控制疲劳极限强度，作为标准疲劳强度。其统计值作为设计验算时疲劳强度取值的基本依据。

疲劳破坏的标志应根据相应规范的要求而定，对科研性的疲劳试验有时为了分析和研究破坏的全过程及其特征，往往将破坏阶段延长至构件完全丧失承载能力。

2. 疲劳试验的应变测量

一般采用电阻应变片测量动应变，测点布置依试验具体要求而定。测试方法有：①以动态电阻应变仪和记录器（如光线示波器）组成测量系统，这种方法的缺点是测点数量少。②用静动态电阻应变仪（如 YJD 型）和阴极射线示波器或光线示波器组成测量系统，这种方法简便且具有一定精度，可多点测量。

3. 疲劳试验的裂缝测量

由于裂缝的开始出现和微裂缝的宽度对构件安全使用具有重要意义。因此，裂缝测量在疲劳试验中是重要的，目前测裂缝的方法还是利用光学仪器目测或利用应变传感器电测裂缝。

4. 疲劳试验的挠度测量

疲劳试验中动挠度测量可采用接触式测振仪、差动变压器式位移计和电阻应变式位移传感器等。如国产 CW－20 型差动变压器式位移计（量程 20mm），配合 YJD－1 型应变仪和光线示波器组成测量系统，可进行多点测量，并能直接读出最大荷载和最小荷载下的动挠度。

5. 疲劳试验试件安装

构件的疲劳试验不同于静载试验，它连续进行的时间长，试验过程振动大，因此试件的安装就位以及相配合的安全措施均须认真对待，否则将会产生严重后果。

（1）严格对中。荷载架上的分配梁、脉冲千斤顶、试验构件、支座以及中间垫板都要对中，特别是千斤顶轴心一定要同构件断面纵轴在一条直线上。

（2）保持平稳。疲劳试验的支座最好是可调的，即使构件不够平直也能调整安装水平。另外千斤顶与试件之间、支座与支墩之间、构件与支座之间都要确实找平，用砂浆找平时不宜铺厚，因为厚砂浆层易酥。

（3）安全防护。疲劳破坏通常是脆性断裂，事先没有明显预兆。为防止发生事故，对人身安全、仪器安全均应很好注意。

现行的疲劳试验都是采取试验室常幅疲劳试验方法，即疲劳强度是以一定的最小值和最大值重复荷载试验结果而确定。实际上结构构件是承受变化的重复荷载作用，随着测试技术的不断进步，常幅度疲劳试验将被符合实际情况的变幅疲劳试验所代替。

另外，疲劳试验结果的离散性是众所周知的。即使在同一应力水平下的许多相同试件，其疲劳强度也有显著的变异。而材料的不均匀性（如混凝土）和材料静力强度的提高（如高强钢材）更加大了变异。因此，对于试验结果的处理，大都采用数理统计的方法进行分析。

各国结构设计规范对构件在多次重复荷载作用下的疲劳设计都是提出原则要求，而无详细的计算方法。有些国家则在其他文件中加以补充规定。目前，我国正在积极开展结构疲劳的研究工作，结构疲劳试验的试验技术、试验方法也在相应地迅速发展。

第6章　结构现场检测试验

6.1　概　　述

生产性结构试验大多属于结构检验性质试验，它具有直接的生产目的，经常用来验证和鉴定结构的设计和施工的质量；判断和确定已建结构现有的实际承载能力；为工程质量事故和受灾结构的处理提供技术依据；为预制构件产品作质量鉴定。

目前世界各国对于建筑物使用寿命，特别是建筑物的剩余寿命极为关注。这主要是因为现存的已建结构逐渐增多，有的已到了老龄期，临近退役，需要更换，有的则已进入了危险期。由于以上原因，近十几年来，建筑物使用寿命可靠性的评价和剩余寿命的预测技术有了很大的发展。这对于保证建筑物的安全使用，延长使用寿命和防止建筑物重大破坏或倒塌事故的发生，以及减少经济上和社会影响上的损失，产生了重大的效果。

已建结构的鉴定也可称为已建结构可靠性鉴定或可靠性诊断。它是指对已建结构的作用、结构抗力及相互关系进行测定、检测、试验、判断和分析研究并取得结论的全部过程。在此作为鉴定主要手段的结构现场检测技术的研究和发展，起到了重要的作用。

生产性的结构检验由于试验对象明确，除了预制构件的质量检验在预制厂或结构试验室内进行以外，大部分都是在结构所在的现场进行试验，更由于这些结构在试验后一般都要求能继续使用，所以试验一般都要求是非破坏性的。因此，结构现场检测可以采用传统的荷载试验方法，在控制试验荷载量的情况下，来检测结构的刚度和承载能力。试验时必须注意结构抵抗能力分布的随机性和荷载实际值可能产生的误差，以避免引起结构的破坏。

由于结构现场检测必须以不损伤和不破坏结构本身的使用性能为前提，非破损或半破损检测方法是检测结构构件材料的力学性能、弹塑性质、断裂性能、缺陷损伤以及耐久性等参数，其中主要的是材料强度检测和内部缺陷损伤探测两个方面。

非破损检测混凝土强度的方法，是测量混凝土的某些物理特性，如混凝土表面的回弹值、声速在混凝土内部的传播速度等，并按相关关系推出混凝土的强度来作为检测结果。目前以回弹法、超声法和回弹—超声综合法在实际工程中使用得较多，其中回弹法和综合法已制订出相应的技术规程。

半破损检测混凝土强度的方法，是在不影响结构构件承载能力的前提下，在结构构件上直接进行局部的微破损试验，或利用直接取样试验所得的数据，推算出的混凝土强度。目前使用较多的是钻芯法和拔出法，其中钻芯法也已颁布了技术规程。

为了提高检测效率和检测精度，采用非破损和半破损方法进行合理的综合，也受到广泛的重视。

非破损检测混凝土内部缺陷的方法，是用以测定结构的施工过程中因浇注、成型、养护等造成的蜂窝、孔洞、温度裂缝或干缩裂缝、保护层厚度不当等缺陷，以及结构在使用过程中因火灾、腐蚀、受冻等非受力因素造成的混凝土损伤。目前我国应用最为广泛的是超声脉冲法探测结构混凝土的内部缺陷，并已制订出超声法检测混凝土缺陷的技术规程。

随着非破损试验技术的发展，超声法还被应用于混凝土结构中检测钢筋位置和钢筋锈蚀。

在钢结构的现场检测中，超声波检测技术也被广泛应用于检测钢材及焊缝的质量。

在砌体结构的现场检测中，较多地是采用砌体原位半破损测定砌体强度的方法。

6.2 混凝土结构现场检测

混凝土是以水泥为主要胶结材料，拌合一定比例的砂、石和水，有时还加入少量的各种添加剂，经搅拌、注模、振捣、养护等工序后，逐渐凝固硬化而成的人工混合材料。组成材料的成分、性质和相互比例，以及制备和硬化过程中的各种条件和环境因素，都对混凝土的力学性能有不同程度的影响，因而其强度、变形等性能较其他材料离散性更大。

配制混凝土使用的砂、石为地方性材料，某些地方的石子硬度不够、砂的粒度过细或某些杂质含量较高等，用其配制的混凝土，性能也呈现某些差异。

6.2.1 混凝土强度检测

1. 回弹法检测混凝土强度

回弹法运用回弹仪通过测定混凝土表面的硬度以确定混凝土的强度，是混凝土结构现场检测中最常用的一种非破损检测方法。

回弹仪 1948 年由瑞士人 E. schmidt（史密特）发明，其构造如图 6-1 所示，主要由弹击杆、重锤、拉簧、压簧及读数标尺等组成。

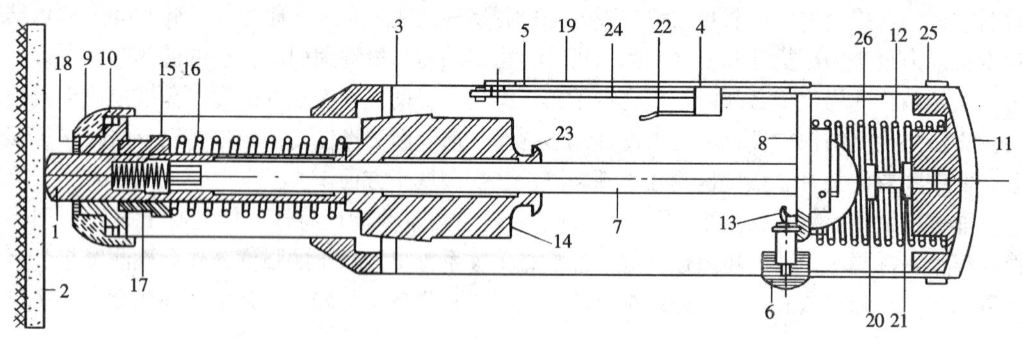

图 6-1 回弹仪构造图

1—冲杆；2—试验构件表面；3—套筒；4—指针；5—刻度尺；6—按钮；7—导杆；8—导向板；9—螺丝盖帽；10—卡环；11—盖；12—压力弹簧；13—钩子；14—锤；15—弹簧；16—拉力弹簧；17—轴套；18—毡圈；19—护尺透明片；20—调整螺丝；21—固定螺丝；22—弹簧片；23—铜套；24—指针导杆；25—固定块；26—弹簧

（1）回弹法的基本原理

回弹法是使用回弹仪的弹击拉簧驱动仪器内的弹击重锤，通过中心导杆，弹击混凝土的表面，并测得重锤反弹的距离，以反弹距离与弹簧初始长度之比为回弹值 R，如图 6-2 所示。再由回弹值与混凝土强度的相关关系来推算混凝土强度。

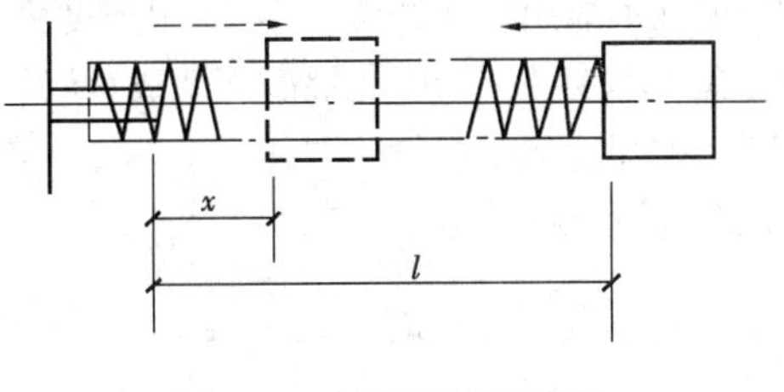

图 6-2 回弹原理示意图

回弹值 R 可用下式表示

$$R=\frac{x}{l}\times 100\% \tag{6-1}$$

式中 l——拉力弹簧的初始拉伸长度；

x——重锤反弹位置或重锤回弹时弹簧的拉伸长度。

(2) 回弹值与强度值的关系

目前回弹法测定混凝土强度均采用试验归纳法，建立混凝土强度 f_{cu}^{c}与回弹值 R 之间的一元回归公式，或建立混凝土强度 f_{cu}^{c}与回弹值 R 及主要影响因素（如混凝土表面的碳化深度 d）之间的二元回归公式。目前常用的有以下几种：

直线方程 $$f_{cu}^{c}=A+BR_{m} \tag{6-2}$$

幂函数方程 $$f_{cu}^{c}=AR_{m}^{B} \tag{6-3}$$

抛物线方程 $$f_{cu}^{c}=A+BR_{m}+CR_{m}^{2} \tag{6-4}$$

二元方程 $$f_{cu}^{c}=AR_{m}^{B}\cdot 10^{C\cdot d_{m}} \tag{6-5}$$

式中 f_{cu}^{c}——某测区混凝土强度换算值；

R_{m}——测区平均回弹值；

d_{m}——测区平均碳化深度；

A，B，C——常数项，按原材料条件等因素不同而变化。

我国已经颁布了《回弹法检测混凝土抗压强度技术规程》（JGJ/T23—2001）规定。近年来国外新型的回弹仪不断出现，尤以日本和瑞士发展较快，除了在基本构造上仍以锤击回弹为主外，主要是回弹值的自动记录、数字显示，并能按程序进行数据修正和处理。

(3) 测试方法

回弹法检测混凝土抗压强度有下面三个步骤：

第一步测回弹值。用回弹法测定混凝土强度对于每个试件的测区数目应不少于 10 个。每个测区面积为 200mm × 200mm，每一测区设 16 个回弹点，两个相邻测区的间距不宜大于 2m，而测区宜选在混凝土浇筑的侧面。测区内的 16 个测点宜均匀分布，同一测点只允许弹击一次，测点不应在气孔或外露石子上、相邻两测点的净距一般不小于 20mm。测点距离结构或构件边缘或外露钢筋、预埋件的距离一般不小于 30mm。

测试时，打开按钮，弹击杆伸出筒身外，然后把弹击杆垂直顶住混凝土测试面使之徐徐压入筒身，这时筒内弹簧和重锤逐渐趋向紧张状态，当重锤碰到挂钩后即自动发射，推动弹击杆冲击混凝土表面后回弹一个高度，回弹高度在标尺上示出，按下按钮取下仪器，在标尺上读出回弹值。

第二步测碳化深度。在回弹的每个测区选择 2～3 处，测其碳化深度。具体方法：用电锤或其他合适的工具，在测区表面形成直径为 15mm 的孔洞，深度略大于碳化深度。吹去洞中粉末（不能用液体冲洗），立即用浓度为1%的酚酞酒精液滴在孔洞内壁边缘处，已碳化的混凝土不变色，未碳化混凝土变成紫红色。然后测量混凝土表面至变色与不变色交界处的垂直距离即为测试部位的碳化深度。每一点均应测试两次，精确到0.5mm。每一测区的平均碳化深度 d_m 为

$$d_m = \frac{\sum_{i=1}^{n} d_i}{n} \tag{6-6}$$

式中 n——碳化深度测量次数；

d_i——第 i 次量测所测碳化深度，mm。

第三步记录回弹角度和回弹表面状态。

（4）数据处理

回弹法检测混凝土抗压强度的数据处理有下面四个步骤：

第一步求回弹平均值。当回弹仪按水平方向测得试件混凝土浇筑侧面的16个回弹值后，分别剔除3个最大值和3个最小值，按余下的10个回弹值取平均值：

$$R_{m\alpha} = \sum_{i=1}^{10} \frac{R_i}{10} \tag{6-7}$$

式中 $R_{m\alpha}$——测试角度为 α 时的测区平均回弹值，计算至0.1；

R_i——第 i 个测点的回弹值。

第二步回弹角度影响修正。将回弹平均值按不同测试角度和不同浇注面分别做修正。当回弹仪测试位置非水平方向时，考虑到不同测试角度的差异，回弹值应按下列公式进行修正：

$$R_m = R_{m\alpha} + \Delta R_\alpha \tag{6-8}$$

式中 ΔR_α——测试角度为 α 的回弹修正值，按表6-1采用。

表6-1　不同测试角度 α 的回弹修正值 ΔR_α

$R_{m\alpha}$	α 向上				α 向下			
	+90°	+60°	+45°	+30°	-30°	-45°	-60°	-90°
20	-6.0	-5.0	-4.0	-3.0	+2.5	+3.0	+3.5	+4.0
30	-5.0	-4.0	-3.5	-2.5	+2.0	+2.5	+3.0	+3.5
40	-4.0	-3.5	-3.0	-2.0	+1.5	+2.0	+2.5	+3.0
50	-3.5	-3.0	-2.5	-1.5	+1.0	+1.5	+2.0	+2.5

当测试面为浇注方向的顶面或底面时，测得的回弹值按下式修正

$$R_m = R_{ms} + \Delta R_s \tag{6-9}$$

式中 ΔR_s——混凝土浇注顶面或底面测试时的回弹修正值，按表6-2采用；

R_{ms}——在混凝土浇注顶面或底面测试时的平均回弹值，计算至0.1。

表 6-2 不同浇筑面的回弹修正值 ΔR_s

R_{ms}	ΔR_s		R_{ms}	ΔR_s	
	顶面	底面		顶面	底面
20	+2.5	-3.0	40	+0.5	-1.0
25	+2.0	-2.5	45	0	-0.5
30	+1.5	-2.0	50	0	0
35	+1.0	-1.5			

进行测试时，如果回弹仪既处于非水平状态，同时又在浇注顶面或底面，则应先进行角度修正，再进行顶面或底面修正。

第三步碳化深度修正。旧混凝土，由于受到大气中 CO_2 的作用，使混凝土中的$Ca(OH)_2$逐渐形成碳酸钙 $CaCO_3$ 而变硬，因而回弹值偏高，应给以修正。修正方法与碳化深度有关。当 $d_m \leqslant 0.4$mm 时，取 $d_m = 0$mm；当 $d_m > 6$mm 时，取 $d_m = 6$mm。

第四步结果评定。最后由实测的 R_m 和 d_m 值，按《规程》测区混凝土强度值的换算表求得测区混凝土强度值 f_{cu}^c，并由此评定检测结构构件的混凝土强度。

2. *超声脉冲法检测混凝土强度*

超声脉冲法是利用混凝土的抗压强度 f_{cu}与超声波在混凝土中的传播参数（声速、衰减等）之间的相关关系检测混凝土的强度。

混凝土是各项异性的多相复合材料，在受力状态下，呈现出不断演变的弹性—粘性—塑性性质。由于混凝土内部存在着广泛分布的砂浆与骨料的界面和各种缺陷（微裂、蜂窝、孔洞等）形成的界面，使超声波在混凝土中的传播要比在均匀介质中复杂得多，使声波产生反射、折射和散射现象，并出现较大的衰减。在普通混凝土检测中，通常采用 20～500kHz 的超声频率。

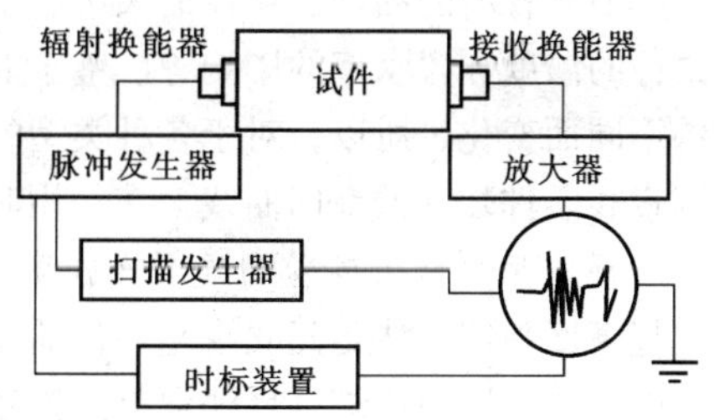

图 6-3 混凝土超声波检测系统

超声波脉冲实质是由超声检测仪的高频电振荡激励压电晶体发出的超声波在介质中的传播，如图 6-3 所示。混凝土强度愈高，相应超声声速也愈大，经试验归纳，这种相关性可以用反映统计相关规律的非线性数学模型来拟合，即通过试验建立混凝土强度与声速的关系曲线（$f-v$ 曲线）或经验公式。目前常用的相关关系表达式有：

指数函数方程：$f_{cu}^c = Ae^{Bv}$ (6-10)

幂函数方程：$f_{cu}^c = Av^B$ (6-11)

抛物线方程：$f_{cu}^c = A + Bv + Cv^2$ (6-12)

式中 f_{cu}^c——混凝土强度换算值；

v——超声波在混凝土中传播速度；

A，B，C——常数项。

在现场进行结构混凝土强度检测时，应选择试件浇筑混凝土的模板侧面为测试面，通常以 200mm×200mm 的面积为一测区。每一试件上相邻测区间距不大于 2m。测试面应清洁平整、无燥无缺陷和无饰面层。每个测区内应在相对测试面上对应布置三个测点，相对面上对应的辐射和接收换能器应在同一轴线上。测试时必须保持换能器与被测混凝土表面具有良好的耦合，并利用黄油或凡士林等耦合剂，以减少声能的反射损失。

测区声波传播速度为：

$$v = l/t_{m} \tag{6-13}$$

$$t_{m} = \frac{t_1 + t_2 + t_3}{3} \tag{6-14}$$

式中 v——测区声速值，km/s；

l——超声测距，mm；

t_{m}——测区平均声时值，μs；

t_1，t_2，t_3——分别为测区中3个测点的声时值。

当在试件混凝土的浇筑顶面或底面测试时，声速值应作修正。

$$v_{u} = \beta \cdot v \tag{6-15}$$

式中 v_{u}——修正后的测区声速值，km/s；

β——超声测试面修正系数。在混凝土浇灌顶面及底面测试时，$\beta = 1.034$；在混凝土侧面测试时，$\beta = 1$。

由试验量测的声速，按 $f_{cu}^{c} - v$ 曲线求得混凝土的强度换算值。

混凝土的强度和超声波传播声速间的定量关系受到混凝土的原材料性质及配合比的影响，其中有骨料的品种、粒径的大小、水泥的品种、用水量和水灰比、混凝土的龄期、测试时试件的温度和含水率的影响等。鉴于混凝土强度与声速传播速度的相应关系随各种技术条件的不同而变化，所以，对于各种类型的混凝土不可能有统一的 $f_{cu}^{c} - v$ 曲线，只有在考虑各种因素和条件建立的专门曲线，在使用时才能得到比较满意的精度。

3. 超声回弹综合法检测混凝土强度

超声回弹综合法是建立在超声传播速度和回弹值与混凝土抗压强度之间相互关系的基础上，以声速和回弹值综合反映混凝土抗压强度的一种非破损检测方法。

超声波在混凝土材料中的传播速度反映了材料的弹性性质；由于超声波穿透被检测的材料，因此也反映了混凝土内部构造的有关信息。

回弹法的回弹值反映了混凝土的弹性性质，同时在一定程度上也反映了混凝土的塑性性质，但它只能确切反映混凝土表层约3cm左右厚度的状态。

当采用超声和回弹综合法时，既能反映混凝土的弹性，又能反映混凝土的塑性；既能反映混凝土的表层状态，又能反映混凝土的内部构造。这样通过不同物理参量的测定，可以由表及里较为确切地反映混凝土的强度。

采用超声回弹综合法检测混凝土强度，能对混凝土的某些物理参量在采用超声法或回弹法测量时产生的影响进行补偿。如对回弹值影响最为显著的碳化深度，在综合法中碳化因素可不予修正，原因是碳化深度较大的混凝土，由于它的龄期较长而其含水量相应降低，以致声速稍有下降，因此在综合关系中可以抵消回弹值上升所造成的影响。所以，用综合法的 $f_{cu}^{c} - v - R_{m}$ 关系推算混凝土的强度时，不需测量碳化深度。试验证明，超声回弹综合法的测量精度优于超声或回弹方法，减少了量测误差。

采用超声回弹综合法检测混凝土强度时，应严格遵照《超声回弹综合法检测混凝土强度技术规程》的要求。超声的测点应布置在回弹值的测区内，但测量声速的探头位置不宜与回弹仪的弹击点相重叠。每一测区内，宜先回弹测试，后超声测试。只有同一测区内所测得的回弹值和声速值，才能作为推算混凝土强度的综合参数，不同测区的测量值不得混用。

在超声回弹综合检测时，每一测区的混凝土强度是根据该区实测的超声波声速 v 及回弹平均值 R_m，按事先建立的 $f_{cu}^c-v-R_m$ 关系曲线推定的，必须建立可靠的 $f_{cu}^c-v-R_m$ 关系曲线。目前常用的曲线形式有：

平面型方程 $f_{cu}^c=A+Bv+CR_m$ (6-16)

曲面型方程 $f_{cu}^c=Av^BR_m^C$ (6-17)

其中，曲面型方程比较符合 f_{cu}^c，v，R_m 之间的相关性，误差较小。专用的 $f_{cu}^c-v-R_m$ 曲线，由于针对性强，与实际情况比较吻合。如果选用地区曲线或通用曲线时，必须进行验证和修正；然后按《超声回弹综合法检测混凝土强度技术规程》的规定评定结构或构件的混凝土强度。

4. 取芯法检测混凝土强度

钻芯法是使用专用的取芯钻机，从被检测的结构或构件上直接钻取圆柱形的混凝土芯样，并根据芯样的抗压强度推定混凝土的立方体抗压强度。它不需要建立混凝土的某种物理量与强度之间的换算关系，被认为是一种较为直观可靠的检测混凝土强度的方法。由于需要从结构构件上取样，对原结构有局部损伤，所以是一种能反映混凝土实际状态的现场检测的半破损试验方法。

钻取芯样的钻孔取芯机是带有人造金刚石的薄壁空心圆筒形钻头的专用机具，由电动机驱动，从被测试件上直接钻取圆柱形混凝土芯样，如图 6-4 所示。由于空心钻头内径要求不宜小于混凝土骨料最大粒径的三倍，并在任何情况下不得小于两倍，所以我国《钻芯法检测混凝土强度技术规程》规定，以 ϕ100mm 及 ϕ150mm，高径比为 1~2 的芯样作为标准试件。对于 $(h/d)>1$ 的芯样，应考虑尺寸效应对强度的影响，要采用修正系数 α 进行修正。为防止芯样端面不平整导致应力集中和实测强度偏低，芯样端面必须进行加工，通常用磨平法把端面用硫磺胶泥或水泥净浆补平。

钻芯法检测不宜用于混凝土强度等级低于 C10 的结构。钻取芯样应在结构或构件受力较小的部位和混凝土强度质量具有代表性的部位，应避开主筋、预埋件和管线的位置。每个芯样内最多只允许含有两根直径小于 10mm 的钢筋，且钢筋应与芯样轴线基本垂直并不得露出端面。

对于单个构件检测时，钻芯数量不应少于 3 个。对于较小的构件，可取 2 个。当对结构构件的局部区域进行检测时，取芯位置和数量可由已知质量薄弱部位的大小决定，检测结果仅代表取芯位置的混凝土质量，不能据此对整个构件及结构强度作出总体评价。

当用其他非破损方法综合检测时，钻芯位置应与该方法的测点布置在同一测区。

钻取的芯样试件宜在与被检测结构或构件的混凝土干湿度基本一致的条件下，进行抗压试验。

芯样试件的混凝土强度换算值按下式计算

$$f_{cu}^{c} = \alpha \frac{4F}{\pi d^2} \tag{6-18}$$

式中 f_{cu}^{c}——芯样试件混凝土强度换算值，MPa，精确至0.1MPa；

F——芯样试件抗压试验测得的最大压力，N；

d——芯样试件平均直径，mm；

α——不同高径比的芯样试件混凝土强度的换算系数，按表6-3选用。

表6-3 芯样试件混凝土强度的换算系数

高径比 h/b	1.0	1.1	1.2	1.3	1.4	1.5	1.6	1.7	1.8	1.9	2.0
系数 α	1.00	1.04	1.07	1.10	1.13	1.15	1.17	1.19	1.20	1.22	1.24

单个构件或单个构件的局部区域可取芯样强度换算值中的最小值作为其代表值。

钻孔取芯后结构上留下的孔洞必须及时进行修补，一般情况下，修补后构件的承载能力仍可能低于未钻孔前的承载能力，所以，钻芯法不宜普遍使用，更不宜在一个受力区域内集中钻孔取芯。

5. 拔出法检测混凝土强度

拔出法试验是用一金属锚固件预埋入未硬化的混凝土浇筑构件内，或在已硬化的混凝土构件上钻孔埋入一膨胀螺栓，然后测试锚固件或膨胀螺栓被拔出时的拉力，由被拔出的锥台形混凝土块的投影面积，确定混凝土的拔出强度，并由此推算混凝土的立方抗压强度，这种方法也是一种半破损试验的检测方法。

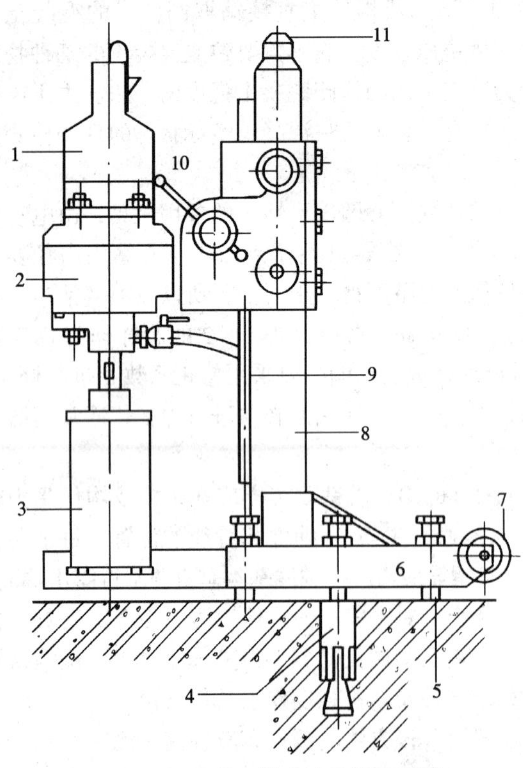

图6-4 混凝土钻孔取芯机示意图
1—电动机；2—变速箱；3—钻头；4—膨胀螺栓；5—支承螺丝；6—底座；7—行走轮；8—立柱；9—升降齿条；10—进钻手柄；11—堵盖

在浇筑混凝土时预埋锚固件的方法，称为预埋法，或称为LOK试验。在混凝土硬化后再钻孔埋入膨胀螺栓作为锚固件的方法，称为后装法，或称CAPO试验。预埋法常用于确定混凝土停止养护、拆膜时间及施加后张法预应力的时间，按事先计划要求布置测点。后装法则较多用于已建结构混凝土强度的现场检测，检测混凝土的质量和判断硬化混凝土的现有实际强度。

拔出法试验用的锚固件膨胀螺栓如图6-5所示。其中预埋的锚固件拉杆可以是拆卸式的，也可以是整体式的。

拔出法试验的加荷装置是一个专用的手动油压拉拔仪，加荷装置支承在承

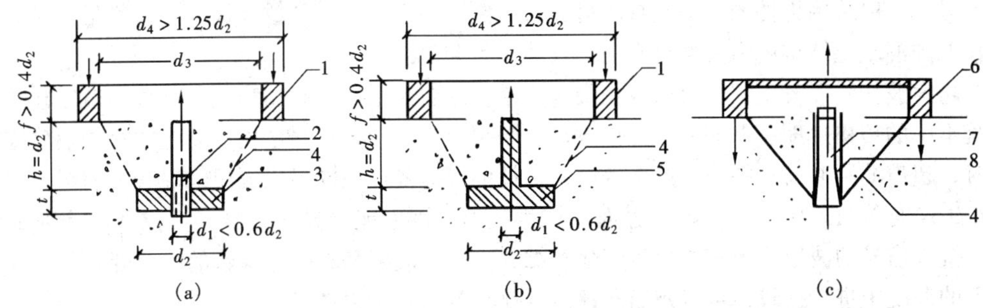

图6-5 拔出法试验锚固件形式

(a) 拉杆可拆卸的预埋锚固件；(b) 整体式的预埋锚固件；(c) 后装锚固件

1—承力环；2—可卸式拉杆；3—锚头；4—断裂线；5—整体锚固件

6—承力架；7—后装式锚固件；8—后装钻孔

力环或三点支承的承力架上，油缸进油时对拔出杆均匀施加拉力，加荷速度控制在0.5～1kN/s，在油压表或荷载传感器上指示拔力。

单个构件检测时，至少进行三点拔出试验。当最大拔出力或最小拔出力与中间值之差大于5%时，在拔出力测试值的最低点处附近再加测两点。对同批构件按批抽样检测时，构件抽样数应不少于同批构件的30%，且不少于10件，每个构件不应少于三个测点。

在结构或构件上的测点，宜布置在混凝土浇筑方向的侧面，应分布在外荷载或预应力钢筋压力引起应力最小的部位。测点分布均匀并应避开钢筋和预埋件。测点间距应大于$10h$，测点距离试件端部应大于$4h$（h为锚固件的锚固深度）。

采用拔出法作为混凝土强度的推定依据时，必须按已经建立的拔出力与立方体抗压强度之间的相关关系曲线，由拔出力确定混凝土的抗压强度。目前国内拔出法的测强曲线通常采用一元回归直线方程

$$f_{cu}^{c} = aF + b \tag{6-19}$$

式中 f_{cu}^{c}——测点混凝土强度换算值，MPa，精确至0.1MPa；

F——测点拔出力，kN，精确到0.1kN；

a、b——回归系数。

当混凝土强度对结构的可靠性起控制作用时（如轴压、小偏心受压构件和构件的受剪及局部承压部位等），或者一种检测方法的检测结果离散性很大时，需用两种或两种以上方法进行检测，以综合确定混凝土强度。

6.2.2 混凝土破损及内部缺陷检测

混凝土的破损包括由于环境温湿度影响及结构构件的受力产生的裂缝，以及由于化学侵蚀、冻融和火灾等引起的损伤。混凝土的内部缺陷则主要指由于技术管理不善，在结构施工过程中因浇捣不密实造成的内部疏松、蜂窝及孔洞等；混凝土的破损及缺陷对构件的承载能力与耐久性均有显著的影响，因而在工程验收、事故处理及已有结构的可靠性鉴定中属重要检测项目。

对于一般结构构件的破损及缺陷可通过目测、敲击、卡尺及放大镜等进行测量；对于体积较大的混凝土结构则需要通过专门的仪器进行测量。

超声波检测混凝土缺陷目前应用最为广泛。主要是采用低频超声仪，测量超声波在结构混凝土中的传播速度、首波幅度和接收信号频率等声学参数。当结构混凝土中存在缺陷或损伤时，超声波脉冲通过缺陷时产生绕射，传播的声速要比相同材质无缺陷混凝土的传播声速要小，声时偏长。更由于在缺陷界面上产生反射，因而能量显著衰减，波幅和频率明显降低，接收信号的波形平缓甚至发生畸变。综合声速、波幅和频率等参数的相对变化，对同条件下的混凝土进行比较，可以判断和评定混凝土的缺陷和损伤情况。

1. 混凝土裂缝检测

混凝土裂缝的深度不同，其检测方法不同。

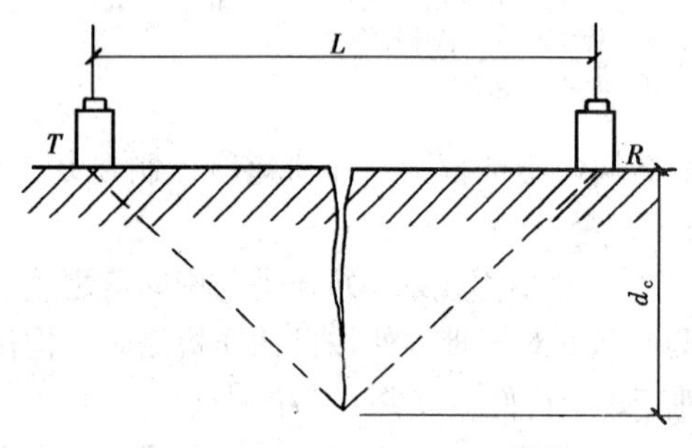

图 6-6　平测法检测裂缝深度

（1）垂直裂缝检测

对于结构混凝土开裂深度小于或等于500mm的垂直裂缝，可用平测法或斜测法进行检测。平测法适用于结构的裂缝部位只有一个可测表面的情况。如图 6-6 所示，将仪器的发射换能器和接收换能器对称布置在裂缝两侧，其距离为 L，超声波传播所需时间为 t_c。再将换能器以相同距离平置在完好的混凝土表面，测得传播时间为 t，则裂缝的深度 d_c 可由图 6-6 所示几何关系得到

$$d_c = \frac{L}{2}\sqrt{\left(\frac{t_c}{t}\right)^2 - 1} \tag{6-20}$$

式中　d_c——裂缝深度，mm；

t、t_c——分别代表测距为 L 时不跨缝、跨缝平测的声时值，μs；

L——平测时的超声传播距离，mm。

实际检测时，可进行不同测距的多次测量，取 d_c 的平均值作为该裂缝的深度值。当结构的裂缝部位有两个相互平行的测试表面时，可采用斜测法检测。如图 6-7 所示，将两个换能器分别置于对应测 1，2，3……的位置，读取相应声时值 t_i、波幅值 A_i 和频率值 f_i。

当两换能器连线通过裂缝时，则接收信号的波幅和频率明显降低。对比各测点信号，根据波幅和频率的突变，可以判定裂缝的深度以及是否在平面方向贯通。

按上述方法检测时，在裂缝中不应有积水或泥浆。另外，当结构或构件中有主钢筋穿过裂缝且与两换能器连线大致平行时，测点布置应使两换能器连线与钢筋轴线至少相距 1.5 倍的裂缝预计深度，以减少量测误差。

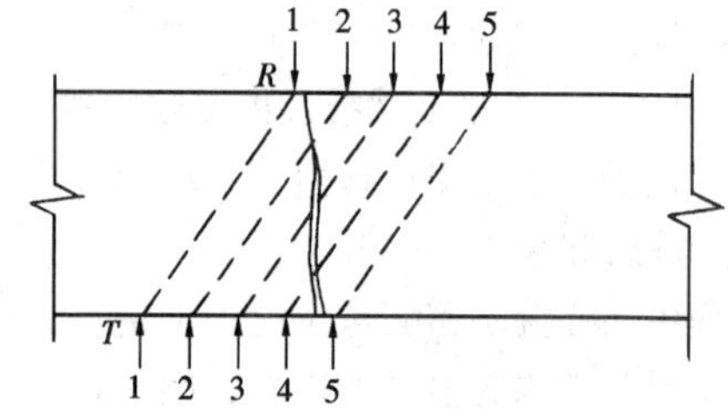

图 6-7　斜测法检测裂缝

(2) 深裂缝检测

对于在大体积混凝土中预计深度500mm以上的深裂缝，采用平测法和斜测法有困难时，可采用钻孔探测，如图6-8所示。

在裂缝两侧钻两孔，孔距宜为2000mm。测试前向测孔中灌注清水，作为耦合介质，将发射和接收换能器分别置入裂缝两侧的对应孔中，以相同高程等距自上向下同步移动，在不同的深度上进行对测，逐点读取声时和波幅数据。绘制换能器的深度和对应波幅值的 $d-A$ 坐标图，如图6-9所示。波幅值随换能器下降的深度逐渐增大，当波幅达到最大时，基本稳定的对应深度便是裂缝深度 d_c。

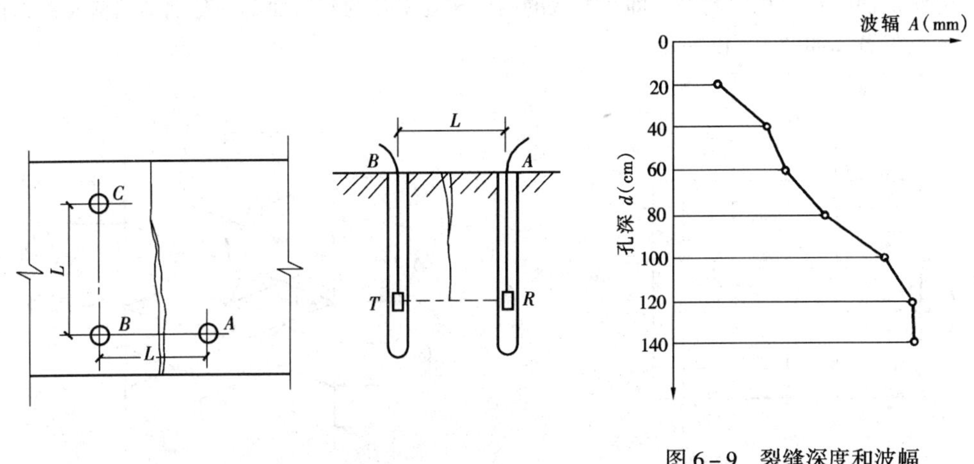

图6-8 钻孔检测裂缝深度

图6-9 裂缝深度和波幅值的 $d-A$ 坐标图

测试时，可在混凝土裂缝测孔的一侧另钻一个深度较浅的比较孔（图6-8孔 C），测试同样测距下无缝混凝土的声学参数，与裂缝部位的混凝土对比，进行判别。

钻孔探测方法还可以用于混凝土钻孔灌注桩的质量检测。利用换能器沿预埋于桩内的管道作对穿式检测，由于超声传播介质的不连续使声学参数（声时、波幅）产生突变，可判断桩的混凝土的孔洞蜂窝、疏松不密实和桩内泥沙或砾石夹层，以及可能出现的断桩部位。

(3) 斜裂缝检测

对于斜裂缝，应先确定其走向。方法是在测试面上画一条与裂缝交叉并相垂直的线，然后按图6-10所示，将一探头固定放置在某一测点 A，另一探头置于裂缝的另一边靠近裂缝的 B_1 点，测得声时 t_1 后再稍许外移，此时声时若减小，则裂缝走向向右边，反之则向左

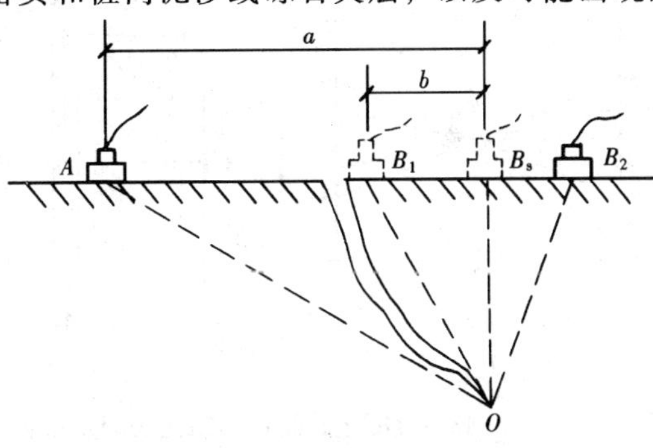

图6-10 斜裂缝的检测

边。

裂缝末端的确定，如图3－10，在B探头由B_1到B_2的移动过程中，计下声时值最小的测点B_3，从B_3引测试面的垂线，该垂线必与裂缝末端O相交，根据几何关系即可确定O点的位置。

2. 混凝土内部空洞缺陷的检测

超声检测混凝土内部的不密实区域或空洞是根据各测点的声时（或声速）、波幅或频率值的相对变化，确定异常测点的坐标位置，从而判定缺陷的范围。

当结构具有两对互相平行的测面时可采用对测法。在测区的两对相互平行的测试面上，分别画间距为200～300mm的网格，确定测点的位置，如图6－11所示。对于只有一对相互平行的测试面时可采用斜测法。即在测区的两个相互平行的测试面上，分别画出交叉测试的两组测点位置，如图6－12所示。

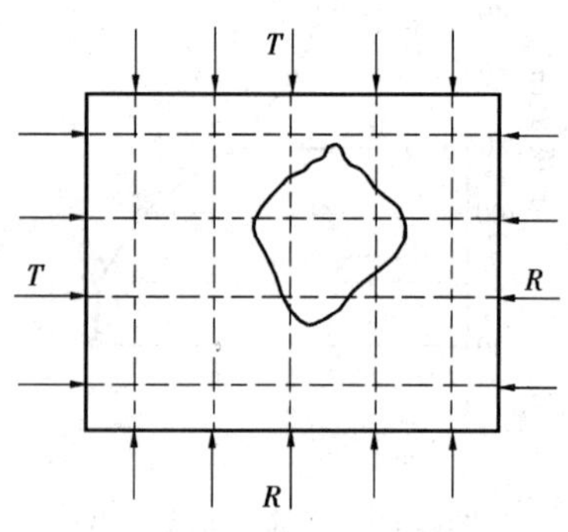

图6－11　混凝土缺陷检测对测法测点位置

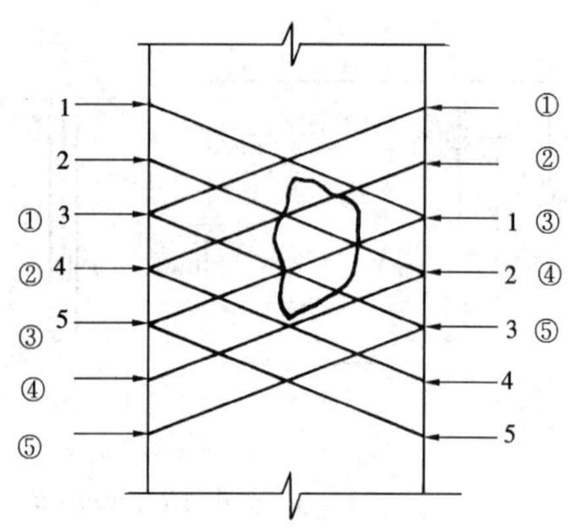

图6－12　混凝土缺陷检测斜测法测点位置

当结构测试距离较大时，可在测区的适当部位钻出平行于结构侧面的测试孔，直径为45～50mm，其深度视测试需要决定。换能器测点布置如图6－13所示。

测试时，记录每一测点的声时、波幅、频率和测距，当某些测点出现声时延长，声能被吸收和散射，波幅降低，高频部分明显衰减的异常情况时，通过对比同条件混凝土的声学参数，可确定混凝土内部存在的不密实区域和空洞范围。

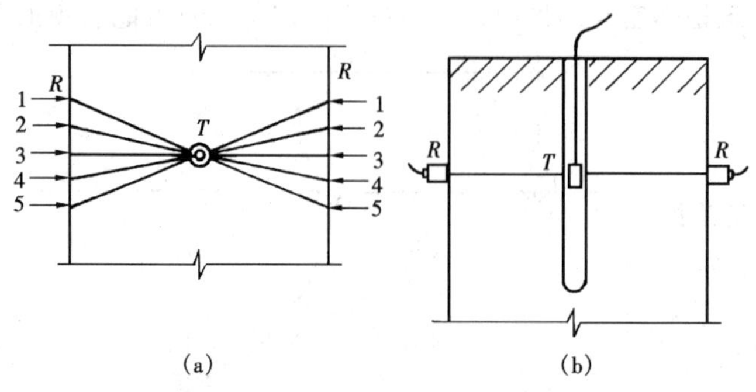

图6－13　混凝土缺陷检测钻孔法测点布置

(a) 平面图；(b) 立面图

当被测部位混凝土只有一对可供测试的表面时，如图6－14所示，混凝土内部空洞尺寸可按下式估算

$$r = \frac{l}{2}\sqrt{\left(\frac{t_h}{t_{ma}}\right)^2 - 1} \tag{6-21}$$

式中　r——空洞半径，mm；

l——检测距离，mm；

t_h——缺陷处的最大声时值，μs；

t_{ma}——无缺陷区域的平均声时值，μs。

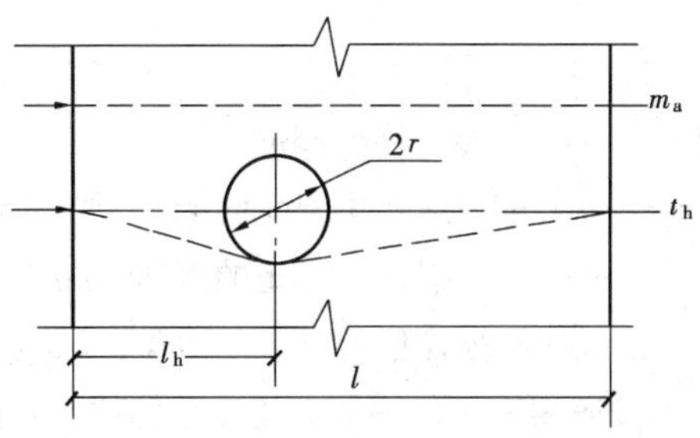

图6-14　混凝土内部空洞尺寸估算

3. 混凝土表层损伤的检测

混凝土结构受火灾、冻害和化学侵蚀等引起混凝土表面损伤，其损伤的厚度也可以采用表面平测法进行检测。检测时，换能器测点按如图6-15所示布置。将发射换能器在测试表面A点耦合后保持不动，接收换能器依次配合安置在B_1，B_2，B_3，每次移动距离不宜大于100mm，并测读相应的声时值t_1，t_2，t_3……及两换能器之间的距离l_1，l_2，l_3……每一测区内不得少于5个测点。按各点声时值及测距绘制损伤层检测“时-距”坐标图，如图6-16所示。由于混凝土损伤后使声速传播速度变化，因此在“时-距”坐标图上出现转折点，并由此可分别求得声波在损伤混凝土与密实混凝土中的传播速度。

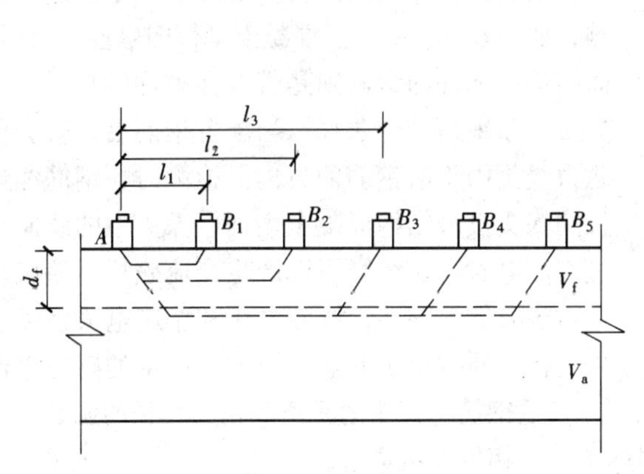

图6-15　平测法检测混凝土表层损伤厚度

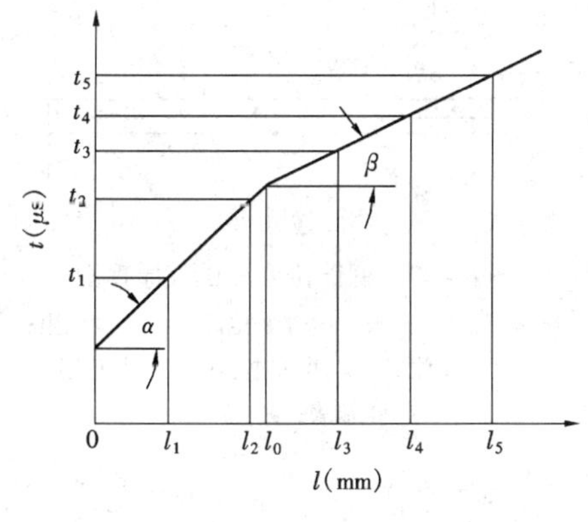

图6-16　混凝土表层损伤检测“时-距”坐标图

损伤表层混凝土的声速：

$$v_f = \text{ctg}a = \frac{l_2 - l_1}{t_2 - t_1} \tag{6-22}$$

未损伤混凝土的声速：

$$v_a = \text{ctg}\beta = \frac{l_5 - l_3}{t_5 - t_3} \tag{6-23}$$

式中　l_1，l_2，l_3，l_5——分别为转折点前后各测点的测距，mm；

t_1，t_2，t_3，t_5——相对于测距l_1，l_2，l_3，l_5的声时值，μs。

混凝土表面损伤层的厚度为

$$d_f = \frac{l_0}{2}\sqrt{\frac{v_a - v_f}{v_a + v_f}} \tag{6-24}$$

式中 d_f——表层损伤厚度，mm；

l_0——声速产生突变时的测距，mm；

v_a——未损伤混凝土的声速，km/s；

v_f——损伤层混凝土的声速，km/s。

按照超声法检测混凝土缺陷的原理，尚可以应用于检测混凝土二次浇筑所形成的施工缝和加固修补结合面的质量以及混凝土各部位相对均匀性的检测。检测时应遵照《超声法检测混凝土缺陷技术规程》的有关规定进行。

6.2.3 混凝土结构钢筋检测

1. 钢筋位置的检测

对已建混凝土结构作施工质量诊断及可靠性鉴定时，要求确定钢筋位置、布筋情况、测量混凝土保护层厚度以及估测钢筋的直径。当采用钻芯法检测混凝土强度时，为在取芯部位避开钢筋，也须作钢筋位置的检测。

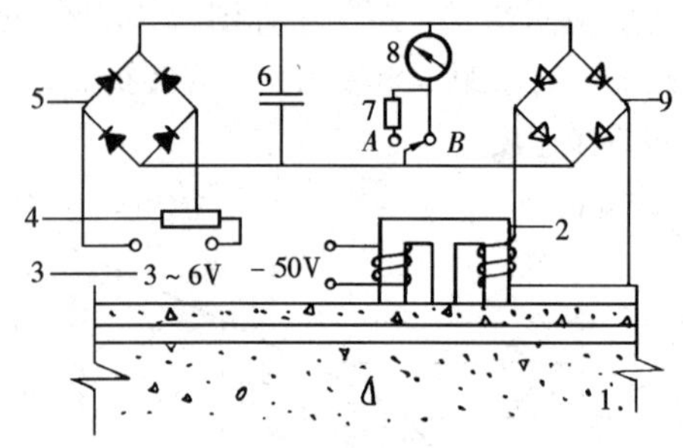

图 6－17 钢筋位置测试仪原理图

1—试件；2—探头；3—平衡电源；4—可变电阻；5—平衡整流器；6—电介电容；7—分档电阻；8—电流表；9—整流器

钢筋位置测试仪是利用电磁感应原理进行检测，如图 6－17 所示。混凝土是带弱磁性的材料，而结构内配置的钢筋则是带有强磁性的材料。混凝土中原来是均匀磁场，当配置钢筋后，就会使磁力线集中于沿钢筋的方向。检测时，钢筋测试仪的探头接触结构混凝土表面，探头中的线圈通过交流电时，在线圈周围产生交流磁场。该磁场中由于有钢筋存在，线圈电压和感应电流强度发生变化，同时由于钢筋的影响，产生的感应电流的相位与原来交流电的相位发生偏移。该变化值是钢筋与探头的距离和钢筋直径的函数。探头离钢筋愈近，钢筋直径愈大时，感应强度愈大，相位差也愈大。

电磁感应法检测，比较适用于配筋稀疏且与混凝土表面距离较近（即保护层不太大）的钢筋检测，同时当钢筋又布置在同一平面或不同平面内距离较大时，可取得较满意效果。

2. 钢筋锈蚀的检测

水泥在水化过程中生成大量 $Ca(OH)_2$、KOH 和 NaOH 等产物，使硬化水泥的 pH 值达到 12～13 的强碱性状态，其中 $Ca(OH)_2$ 为主要成分。此时，混凝土中的水泥石对钢筋有一定的保护作用，使钢筋处于碱性钝化状态。由于混凝土长期暴露于空气中，混凝土表面受到空气中 CO_2 的作用会逐渐形成 $CaCO_3$，使水泥石的碱性降低。这个过程称为混凝土的碳化，或叫中性化或老化。混凝土碳化深度达到钢筋表面时，水泥石失去对钢筋的保护作用。当然并非所有失去混凝土保护作用的钢筋都会发生锈蚀，只有受有害气体和液体介质以及处在潮湿环境中的钢筋才会锈蚀。锈蚀发展到一定程度，由于锈皮体积膨胀，混凝土表面出现沿钢筋（主要是主筋）方向的纵向裂缝。纵向裂缝出现后，钢筋即与外界接触引起锈蚀迅速发展，致使混凝土保护层脱落、掉角及露筋。老化严重处混凝土表面呈现酥松剥落，从外观即可判别。

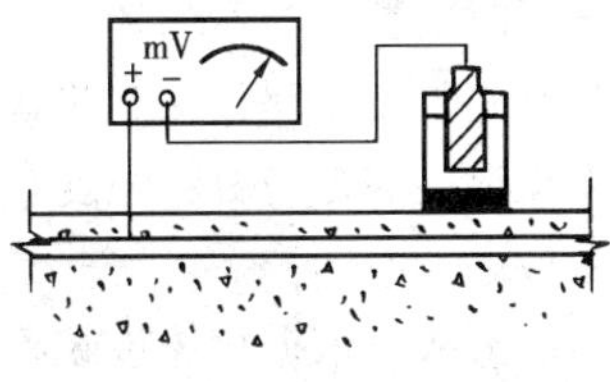

图 6-18 钢筋锈蚀测试仪原理

混凝土中钢筋的锈蚀是一个电化学的过程。钢筋因锈蚀而在表面有腐蚀电流存在，使电位发生变化。可以采用有 Cu-$CuSO_4$ 作为参考电极的半电池探头的钢筋锈蚀测量仪进行检测，如图 6-18 所示，用半电池电位法测量钢筋表面与探头之间的电位差，利用钢筋锈蚀程度与测量电位间建立的一定关系，由电位高低变化的规律，可以判断钢筋锈蚀的可能性及其锈蚀程度。钢筋锈蚀状况判别标准见表 6-4。

表 6-4 钢筋锈蚀状况的差别标准

电位水平（mV）	钢筋状态
0～-100	未锈蚀
-100～-200	发生锈蚀的概率<10%，可能有锈斑
-200～-300	锈蚀不确定，可能有坑蚀
-300～-400	发生锈蚀的概率>90%，可能大面积锈蚀
-400 以上（绝对值）	肯定锈蚀，严重锈蚀
如果某处相临两测点值差大于 150mV，则电位更负的测值处判断为锈蚀	

3. 钢筋材质检测

对已设置在混凝土中的钢筋，目前还不能用非破损检测方法来测定材料性能，也不能从构件的外观形态来推断。在已有结构上取样试验是比较困难的，应注意收集分析原始资料（包括原产品合格证及修建时现场抽样试验记录等）。当原始资料能充分证明所使用的钢筋力学性能及化学成分合格时，方可据此作出处理意见。当无原始资料或原始资料不足时，则需在构件内截取试样试验。取样应特别注意尽量在受力较小的部位或具有代表性的次要构件上截取试样，必要时采取临时支护措施，取样完毕立即按原样修复。对钢筋取样所作的力学性能试验、化学分析结果或搜集到的修建时所作的检验记录，均以现行建筑用钢筋国家标准所列指标作为评定是否合格的依据。

6.3 砌体结构现场检测试验

砖砌结构的砌体强度是由组成砌体的砖块和砂浆的材料强度或施工制作时的砌体试块强度来决定。传统的方法是直接从砌体结构上截取试样进行抗压强度试验。但由于砖砌结构的特点，直接取样会对试样产生较大的损伤，影响试验的结果。因此与混凝土结构一样，砖砌结构的现场原位非破损或半破损试验方法也日益受到重视。

6.3.1 砖砌体强度的间接测定法

砖砌体强度直接与砂浆和砖块的强度有关。按照《砌体结构设计规范》规定，由砂浆强度等级和砖块强度等级可以确定砖砌体的抗压强度；由砂浆强度等级可以确定砌体沿灰缝截面破坏时的抗拉、弯曲和抗剪强度；由砖块强度等级可确定砌体沿块体截面破坏时的轴心抗拉和弯曲强度。间接测定法就是使用专门的仪器和专门的测试方法量测砂浆或砖块的某一项强度指标，或是与材料强度有关的某一物理参数，并由此间接判定砌体强度。

1. 冲击法

冲击法是依据物体被破碎时所消耗的功与破碎过程中新生成的表面积成正比的基本原理，将从砌体上取得的砂浆或砖块制成试样，由专用的落锤设备进行粉碎，并用筛分法测出砂浆或砖块粉碎后表面积的增量，由事先建立的单位功表面积增量和抗压强度之间关系的经验公式，求得砂浆或砖块试样的强度。

单位功表面积增量与砂浆或砖块抗压强度之间的关系为

$$f = A\left(\frac{\Delta S}{\Delta W}\right)^{B} \tag{6-25}$$

式中 f——砂浆或砖块试样的强度；

$\frac{\Delta S}{\Delta W}$——单位功表面积增量；

A、B——系数。

冲击法适用于强度为5～15MPa的砂浆和强度为50～350MPa砖的强度间接测定。

2. 回弹法

回弹法检测砖块和砂浆强度的基本原理与混凝土强度检测的回弹法相同。采用专门的HT－75型砖块回弹仪和HT－20型砂浆回弹仪分别量测砖砌体内砖块和砂浆的回弹值，由砖块和砂浆材料试块强度和回弹值建立相关关系。测试时在砌体试样选择测区、确定测点部位和测点数量，由各测点回弹的统计值评定砖块和砂浆的强度并由此间接判定砌体强度。

与回弹法测定混凝土强度一样，砖块含水率、使用龄期、原材料品种和制砖工艺以及被测砖块所受竖向压力、砂浆的干湿度、表面平整度和碳化深度等均是影响砖块和砂浆回弹值的主要因素，测试时必须加以考虑并作修正。

3. 推出法

推出法利用特制的加载装置对砖砌体中被选定的某一顶砖施加水平推力，如图6－19所示。该顶砖的顶面及两侧面砂浆已被事先清除，当达到极限推力时，被试砖块沿砖底面水平砂浆层或砖和砂浆结合面推出，这里极限推力实质上反映了水平砂浆的抗剪强度。利用水平灰缝砂浆抗剪强度与砂浆试块立方强度之间的相关关系，可由极限推力值按下式推算砂浆的抗压强度：

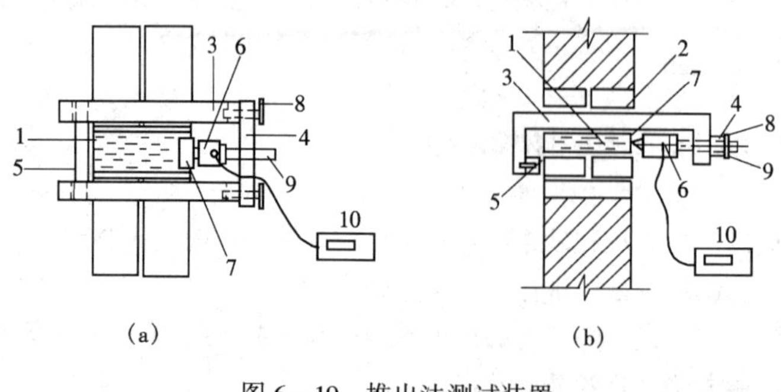

图6－19 推出法测试装置

（a）平面图；（b）立面图

1—被推出顶砖；2—被清除砖块后的空隙；3—支架；4—前梁；5—后梁；6—传感器；7—垫片；8—调平螺丝；9—传力丝扣；10—推出力峰值测定仪

$$f = AF^{B} \tag{6-26}$$

式中 f——砂浆的抗压强度；

F——极限推力；

A、B——系数。

推出法试验中要考虑不同材料品种、砂浆饱满度、砌体含水率等因素对测定结果的影响。

此外超声法、回弹超声综合法等各种非破损方法也已在砖砌结构的强度检测中得到应用，但由于影响因素很多，往往使测试结果不很理想，因此在使用上受到限制。

6.3.2 砖砌体强度原位测定法

砖砌结构强度除了受砌块与砂浆等材料强度的影响外，施工制作过程中砌筑工艺对砌体强度均有影响，是一项不可忽视的重要因素，砌体强度原位检测方法近几年在我国发展很快，国家有关方面正在加紧制定相关的标准。本书仅介绍现场检测中较多采用的砌体轴压强度原位检测方法。

1. 扁顶法

扁顶法的试验装置是由扁式液压加载器及液压加载系统组成，如图6-20所示。试验时在待测砌体部位按所取试样的高度在上下两端垂直于主应力方向沿水平灰缝将砂浆掏空，形成两个水平空槽，并将扁式加载器的液囊放入灰缝的空槽内。当扁式加载器进油时、液囊膨胀，对砌体产生应力，随着压力的增加，试件受载增大，直到开裂破坏。

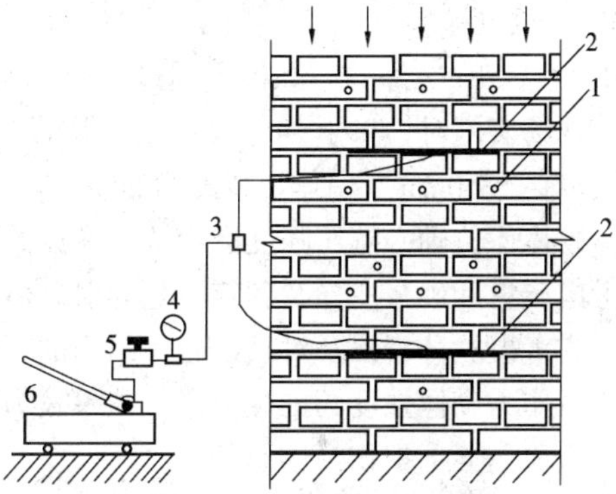

图6-20 扁顶法的试验装置

1—变形测点脚标；2—扁式液压加载器；3—三通接头；4—液压表；5—溢流阀；6—手动油泵

用扁式加载器产生的压应力值经修正后，即为砌体的抗压强度。扁顶法除了可直接测量砌体强度外，当在被测试砌体部位布置应变测点进行应变量测时，尚可测量开槽释放应力、砌体的应力-应变曲线和砌体原始主应力值。

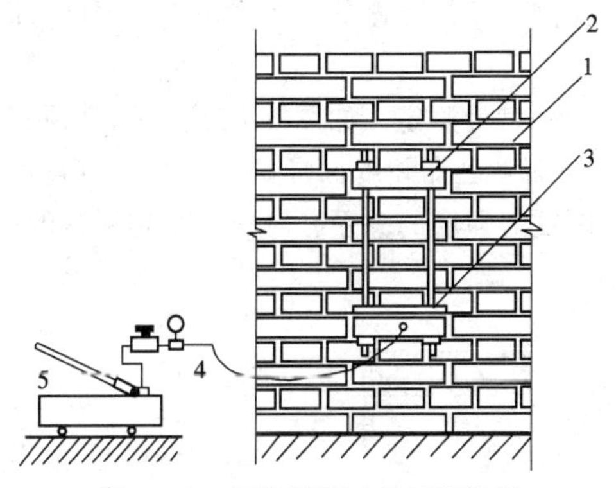

图6-21 原位轴压法的试验装置

1—墙体；2—自平衡反力架；3—扁式液压加载器；4—油管；5—加载油泵

2. 原位轴压法

原位轴压法的试验装置由扁式加载器、自平衡反力架和液压加载系统组成，如图6-21所示。测试时先在砌体测试部位垂直方向按试样高度上下两端各开凿一个相当于扁式加载器尺寸的水平槽，在槽内各嵌入一扁式加载器，并用自平衡拉杆固定。也可用一个加载器，另一个用特制的钢板代替。通过加载系统对试体分级加载，直到试件受压开裂破坏，求得砌体的极限抗压强度。目前较多采用的还有在被测试体上下端各开凿 240mm×240mm 方孔，内嵌以自平衡加载架及扁千斤顶，直接对砌体加载。

扁顶法与原位轴压法在原理上是完全相同的，都是在砌体内直接抽样，测得破坏荷载，并按下式计算砌体轴心抗压强度。

$$f = F/A \cdot K \tag{6-27}$$

式中 f——砌体轴心抗压强度；

F——试样的破坏荷载；

A——试样的截面尺寸；

K——对应于标准试件的强度换算系数。

在上述两种试验方法中，影响轴压强度测试结果的主要因素是试样上部压应力 σ_0 和两侧砌体对被测试样的约束。上述公式中的系数 K 是上部压应力 σ_0 的函数

$$K = a + b\sigma_0 \tag{6-28}$$

式中 a，b——系数，数值可通过试验得到。

现场实测时，对于 240mm 厚墙体试样，其宽度可与墙厚相等，高度为 420mm（约 7 皮砖）；对于 370mm 厚墙体，宽度为 240mm，高度为 480mm（约 8 皮砖）。

砌体原位轴心抗压强度测定法是在原始状态下进行检测，砌体不受扰动，所以它可以全面考虑砖材和砂浆变异及砌筑质量等对砌体抗压强度的影响，这对于结构改建、抗震修复加固、灾害事故分析以及对已建砌体结构的可靠性评定等尤为适用。此外，这种方法以局部破损应力作为砌体强度的推算依据，结果较为可靠。更由于它是一种半破损的试验方法，对砌体所造成的局部损伤易于修复。

6.4 钢结构现场检测

6.4.1 钢材强度测定

对已建钢结构鉴定时，为了解结构钢材的力学性能，特别是钢材的强度，最理想的方法是在结构上截取试样，由拉伸试验确定相应的强度指标。但这样会损伤结构，影响其正常工作，并需要进行补强。一般采用表面硬度法间接推断钢材强度。

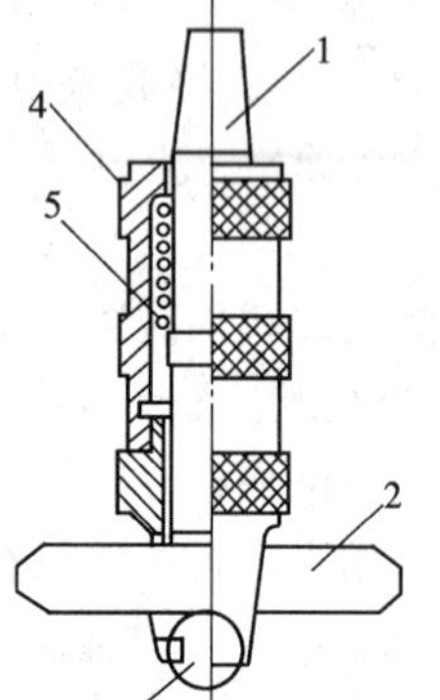

图 6-22 测量钢材硬度的布氏硬度计
1—纵轴；2—标准棒；3—钢珠；4—外壳；5—弹簧

表面硬度法主要利用布氏硬度计测定，如图 6-22 所示。由硬度计端部的钢珠受压时在钢材表面和已知硬度标准试样上的凹痕直径，测得钢材的硬度，并由钢材硬度与强度的关系，经换算得到钢材的强度

$$H_B = H_s \frac{\sqrt{D^2 - d_s^2}}{\sqrt{D^2 - d_B^2}} \tag{6-29}$$

$$f = 3.6H_B (\mathrm{N/mm^2}) \tag{6-30}$$

式中 H_B、H_s——钢材与标准试件的布氏硬度；

d_B、d_s——硬度计钢珠在钢材和标准试件上的凹痕直径；

D——硬度计钢珠直径；

f——钢材的极限强度。

测定钢材的极限强度 f 后，可依据同种材料的屈强比计算得到钢材的屈服强度。

6.4.2 连接构造和腐蚀的检查

连接构造的检查应根据不同的构件有所侧重，例如屋盖系统应注意支撑设置是否完整，支撑杆长细比是否符合规定，特别是单肢杆件是否有弯曲、断裂及节点撕裂，连接铆钉或螺钉是否松动，焊缝是否开裂等；吊车梁系统中应注意检查构件间相互连接，包括吊车梁制动结构的连接、制动结构与厂房柱之间以及轨道与吊车梁的连接等。腐蚀检查应注意检查构件及连接点处容易积灰和积水的部位；经常受漏水和干湿交替作用的部位，有腐蚀介质作用的构件以及不易油漆的组合截面和节点的腐蚀状况等。当油漆脱落严重，残留的漆层已没有光泽时，生锈钢材应查明钢材实际厚度及锈坑深度和锈烂的状况。

6.4.3 超声法检测钢材和焊缝缺陷

超声法检测钢材和焊缝缺陷的工作原理与检测混凝土内部缺陷相同，试验时较多采用脉冲反射法。超声波脉冲经换能器发射进入被测材料传播，当通过材料不同介面（构件材料表面、内部缺陷和构件底面）时，会产生部分反射。在超声波探伤仪的示波屏幕上分别显示出各界面的反射波及其相对的位置，如图 6-23 所示。由缺陷反射波测得起始脉冲和底脉冲的相对距离可确定缺陷在构件内的相对位置。如材料完好内部无缺陷时，则显示屏上只有起始脉冲和底脉冲，不出现缺陷反射波。

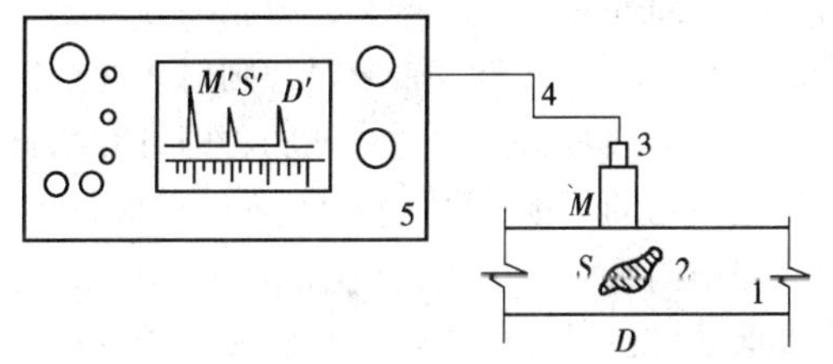

图 6-23 脉冲反射法探伤示意图

1—试件；2—缺陷；3—探头；4—电缆；5—探伤仪

进行焊缝内部缺陷检测时，换能器常采用斜向探头。如图 6-24 用三角形标准试块用比较法确定内部缺陷的位置。当在构件焊缝内探测到缺陷时，记录换能器在构件上的位置 l 和缺陷反射波在显示屏上的相对位置。然后将换能器移到三角形标准试块的斜边上作相对移动，使反射脉冲与构件焊缝内的缺陷脉冲重合，当三角形标准试块的 α 角度与斜向换能器超声波的折射角度相同时，量取换能器在三角形标准试块上的位置 L，则可按下式确定缺陷

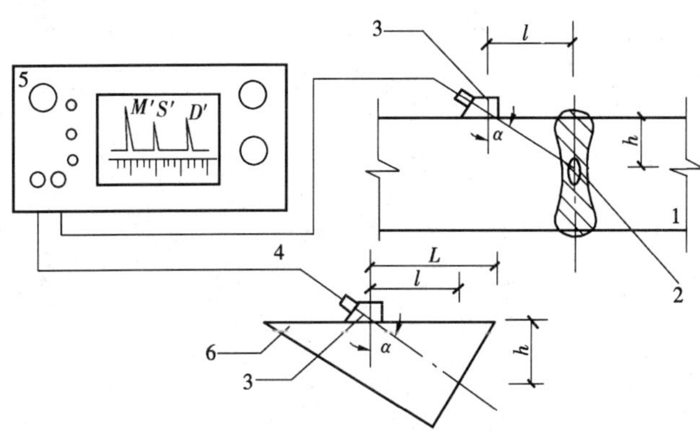

图 6-24 斜向探头探测缺陷位置

1—试件；2—缺陷；3—探头；4—电缆；5—探伤仪；6—标准试块

的深度 h

$$l = L\sin^2\alpha \tag{6-31}$$

$$h = L\sin\alpha \cdot \cos\alpha \tag{6-32}$$

由于钢材密度比混凝土大得多，为了能够检测钢材或焊缝内较小的缺陷，要求选用比混凝土检测时的工作频率高的超声频率，常用工作频率为0.5～2MHz。

超声法检测比其他方法（如磁粉探伤、射线探伤等）更有利于现场检测。

6.4.4 磁粉与射线探伤

磁粉探伤的原理：铁磁材料（铁、钴、镍及其合金）置于磁场中，即被磁化。如果材料内部均匀一致而截面不变时，则其磁力线方向也是一致的、不变的；当材料内部出现缺陷，如裂纹、空洞和非磁性夹杂物等，则由于这些部位的导磁率很低，磁力线便产生偏转，即绕道通过这些缺陷部位。当缺陷距离表面很近时，此处偏转的磁力线就会有部分越出试件表面，形成一个局部磁场。这时将磁粉撒向试件表面，落到此处的磁粉即被局部磁场吸住，于是显现出缺陷的所在。

射线探伤有x射线探伤和γ射线探伤两种。x射线和γ射线都是波长很短的电磁波，具有很强的穿透非透明物质的能力，并能被物质所吸收。物质吸收射线的程度，随物质本身的密实程度而异。材料愈密实，吸收能力愈强，射线愈易衰减，通过材料后的射线愈弱。当材料内部有松孔、夹渣、裂缝时，则射线通过这些部位的衰减程度较小，因而透过试件的射线较强。根据透过试件的射线强弱，即可判断材料内部的缺陷。

钢结构的无损检测，除了超声波、磁粉和射线探伤外，还有渗透法和涡流探伤等。

当结构经受过150℃以上的温度作用或受过骤冷骤热作用时，应检查烧伤状况，必要时应采取试样试验以确定钢材的物理力学性能。

第7章　结构模型试验

7.1　概　　述

严格地讲，除了在原型（真型）结构上进行的试验以外，一般的结构试验都是模型试验。通常，结构模型都是缩尺的，即模型结构的尺寸比原型结构小，但也有少数是足尺的或将原结构按比例放大。

结构模型试验所采用的模型，是仿照实际结构按一定相似关系复制而成的代表物，具有实际结构的全部或部分特征。只要设计的模型满足相似条件，则通过模型试验所获得的结果，可以直接推算到相应的原型结构上。

与原型结构试验相比，模型试验具有以下特点：

(1) 经济性好。由于结构模型的几何尺寸一般比原型小许多，因此模型制作容易，装拆方便，节省材料、劳力和时间，并且同一个模型可以进行多个不同目的的试验。

(2) 针对性强。结构模型试验可以根据试验的目的，突出主要因素，忽略次要因素。这对于结构性能的研究，新型结构的设计，结构理论的验证和推动新的计算理论的发展都具有一定意义。

(3) 数据准确。由于试验模型小，一般可在试验环境条件较好的室内进行试验，因此可以严格控制其主要参数，避免许多外界因素的干扰，保证了试验结果的准确和精确。

一般来说，模型试验适用于整体结构以及复杂结构的试验研究。虽然用计算机对复杂结构甚至整体结构进行计算分析已是可行而方便的手段，用计算机作数学模型分析在经费和时间方面有时比模型试验更节省，但模型试验能更正确地反映结构的实际工作情况，因为它不受简化假定的影响。经简化的数学模型用计算机分析得到的结果，常常需要用模型试验加以验证。模型试验还可以清晰而直观地展示整个结构从受载直至破坏坍塌的全部过程，而要用计算机对一个较复杂的钢筋混凝土结构的受载全过程直至破坏形态进行预计，则并非易事，即使可能，所耗费的时间和费用将不会比模型试验少。应该说，模型试验和计算机的数学模型分析两者是互为补充的，对于已有适当计算程序的情况，计算机的计算分析方法总比模型试验分析更快更省；而当边界条件难于确定，用计算机分析不易进行时，常常要依靠模型试验。

小尺寸的动态模型试验在研究复杂情况（结构本身复杂或荷载复杂）下的结构动力特性时用得很多，几乎和计算机分析占有同等重要的地位。

特别要提出的是小比例模型试验还为研究结构与地基基础的相互作用创造了条件。

因此，在一些国家的结构设计规范中，明确规定了要以模型试验作为论证设计方案或提供设计参数的手段。

对于那些结构局部细节起关键作用的问题如结构的连接接头、焊缝特性、残余应力、结构疲劳问题等，因局部的、细节性的因素很难模拟，模型试验就不适用。

模型试验方法虽然很早就有人使用，但其迅速发展则还是近几十年内的事，特别是量纲分析法引入模型设计（1914年）后，才使模型试验方法得到系统的发展。量测技术的不断改进以及各种新颖模型材料的发现和应用也为模型试验方法创造了条件。目前模型试验方法在飞机和宇宙航行器等研制过程中的应用已远远领先于土木工程领域里模型研究的现状。

7.2 模型试验理论基础

模型试验理论是以相似原理和量纲分析为基础，确定模型设计中必须遵循的相似准则。

7.2.1 模型的相似要求和相似常数

这里所讲的相似是指模型和原型相对应的物理量的相似，比通常所讲的几何相似概念更广泛。所谓物理现象相似，是指除了几何相似之外，在任一时刻原型和模型的相应物理量之间的比例应保持为常数。下面简要介绍和结构性能有关的几个主要物理量的相似。

1. 几何相似

结构模型和原型满足几何相似，即要求模型和原型结构之间所有对应部分尺寸成比例，模型与原型的比例即为几何相似常数。为了表述方便，在此约定，凡是下标为p的物理量均表示为原型结构的物理量，凡是下标为m的物理量均表示为模型结构的物理量。则几何相似可用数学形式表达为

$$\frac{l_{1m}}{l_{1p}}=\frac{l_{2m}}{l_{2p}}=\cdots=\frac{l_{nm}}{l_{np}}=C_l \tag{7-1}$$

式中 C_l——几何相似常数；

l——结构线性尺寸。

例如对于矩形截面梁，其几何相似常数为

$$\frac{h_m}{h_p}=\frac{b_m}{b_p}=\frac{l_m}{l_p}=C_l \tag{7-2}$$

式中 l、b、h——分别为梁的长、宽、高。

则模型和真型结构的面积比、截面模量比和惯性矩比分别为

$$C_A=\frac{A_m}{A_p}=\frac{h_m b_m}{h_p b_p}=C_l^2 \tag{7-3}$$

$$C_W=\frac{W_m}{W_p}=\frac{\frac{1}{6}b_m h_m^2}{\frac{1}{6}b_p h_p^2}=C_l^3 \tag{7-4}$$

$$C_I=\frac{I_m}{I_p}=\frac{\frac{1}{12}b_m h_m^3}{\frac{1}{12}b_p h_p^3}=C_l^4 \tag{7-5}$$

2. 质量相似

在结构的动力问题分析中，要求结构的质量 m 分布相似，即模型与原型结构对应部分的质量成比例。质量相似常数为

$$C_m = \frac{m_{1m}}{m_{1p}} = \frac{m_{2m}}{m_{2p}} = \cdots = \frac{m_{nm}}{m_{np}} \tag{7-6}$$

对于具有分布质量的部分，用质量密度 ρ 表示更为合适，质量密度相似常数为：

$$C_\rho = \frac{\rho_m}{\rho_p} \tag{7-7}$$

由于模型与原型对应部分质量之比为 C_m，体积之比为 $C_v = C_l^3$，质量密度相似常数为：

$$C_\rho = \frac{C_m}{C_v} = \frac{C_m}{C_l^3} \tag{7-8}$$

3. 荷载相似

荷载相似要求模型和原型在各对应位置上所受的荷载方向一致，荷载大小成比例，称为荷载相似。

集中荷载相似常数
$$C_p = \frac{P_m}{P_p} = \frac{A_m\sigma_m}{A_p\sigma_p} = C_\sigma C_l^2 \tag{7-9}$$

式中 $C_\sigma = \frac{\sigma_m}{\sigma_p}$为应力相似常数。

线性荷载相似常数
$$C_\omega = C_\sigma C_l \tag{7-10}$$

面荷载相似常数
$$C_q = C_\sigma \tag{7-11}$$

弯矩或扭矩相似常数
$$C_M = C_\sigma C_l^3 \tag{7-12}$$

当需要考虑结构自重的影响时，还需要考虑重量分布的相似

$$C_{mg} = \frac{m_m g_m}{m_p g_p} = C_m C_g \tag{7-13}$$

式中 C_m、C_g——分别为质量和重力加速度的相似常数。

按式（7-8）有 $C_m = C_\rho C_l^3$，而 $C_g = 1$，则

$$C_{mg} = C_m C_g = C_\rho C_l^3 \tag{7-14}$$

4. 刚度相似

研究和结构变形有关的问题时，需要用到刚度。表示材料刚度的参数是弹性模量 E 和 G，若模型和原型各对应点处材料的拉压弹性模量和剪切弹性模量成比例，则材料的弹性模量相似。

材料拉、压弹性模量相似常数
$$C_E = \frac{E_{1m}}{E_{1p}} = \frac{E_{2m}}{E_{2p}} = \cdots = \frac{E_{nm}}{E_{np}} \tag{7-15}$$

材料剪切弹性模量相似常数
$$C_G = \frac{G_{1m}}{G_{1p}} = \frac{G_{2m}}{G_{2p}} = \cdots = \frac{G_{nm}}{G_{np}} \tag{7-16}$$

由刚度和变形关系可知刚度相似常数为

$$C_K = \frac{C_p}{C_x} = \frac{C_\sigma C_l^2}{C_l} = C_\sigma \cdot C_l \tag{7-17}$$

5. 时间相似

在动力问题中，如果模型的速度、加速度与原型的速度和加速度在对应位置和对应时刻保持一定的比例，并且运动方向一致，则称为速度和加速度相似。所谓时间相似指的不一定

是相同的时刻，而是只要对应的时间间隔保持同一比例即可，以公式表达，即

$$C_t = \frac{t_{m1}}{t_{p1}} = \frac{t_{m2}}{t_{p2}} = \frac{t_{m3}}{t_{p3}} = \cdots = \frac{t_{mn}}{t_{pn}} \tag{7-18}$$

式中 C_t——时间相似常数；

t——时间间隔物理量。

6. 边界条件相似

模型和原型在与外界接触的区域内的各种条件保持相似。也即要求支承条件相似、约束情况相似以及边界上受力情况相似。模型的支承和约束条件可以由与原型结构构造相同的条件来满足与保证。

7. 初始条件相似

对于结构的动力问题，为了保证模型与原型的动力反应相似，还要求初始时刻运动参数相似。运动的初始条件包括初始状态下的初始几何位置、质点的位移、速度和加速度等。

7.2.2 相似原理和量纲分析

相似原理是研究自然界相似现象的性质和鉴别相似现象的基本原理，它由三个相似定理组成。这三个相似定理从理论上阐明了相似现象具有什么性质、满足什么条件才能实现现象的相似。

1. 相似定理

(1) 第一相似定理：彼此相似的现象，单值条件相同，其相似准数的数值也相同。

单值条件是指决定于一个现象的特性并将它从一群现象中区分出来的那些条件，包括几何条件、物理条件、边界条件、初始条件。第一相似定理揭示相似现象的性质，说明两个相似现象的相互关系，是牛顿于1786年首先发现的。现以牛顿第二定律为例说明这些性质。

对于实际的质量运动物理系统，有

$$F_p = m_p a_p \tag{7-19}$$

而对于模拟的质量运动系统，则有

$$F_m = m_m a_m \tag{7-20}$$

因为这两个系统运动现象相似，故其各对应物理量成比例

$$F_m = C_F F_p \qquad m_m = C_m m_p \qquad a_m = C_a a_p \tag{7-21}$$

式中 C_F、C_m、C_a——分别为两个运动系统中对应的物理量（即力、质量、加速度）的相似常数。

将式（7-21）的关系式代入式（7-20）得

$$\frac{C_F}{C_m C_a} \cdot F_p = m_p a_p$$

在此方程中，显然只有当

$$\frac{C_F}{C_m C_a} = 1 \tag{7-22}$$

时，才能与式（7-19）一致。式中$\frac{C_F}{C_m C_a}$称为“相似指数”。式（7-22）是相似现象的判别

条件。它表明若两个物理系统现象相似，则它们的相似指数为1，各物理量的相似常数不是都能任意选择，它们的相互关系受式（7-22）条件的约束。

将公式（7-21）诸关系代入式（7-20），又可写成另一种形式

$$\frac{F_p}{m_p a_p}=\frac{F_m}{m_m a_m}=\frac{F}{ma} \tag{7-23}$$

上式比值是无量纲的，对于所有相似的力学现象，这个比值相等，故称它为相似准数。通常用 π 表示，即

$$\pi=\frac{F}{ma}=\text{常量} \tag{7-24}$$

相似准数把相似系统中各物理量联系起来，说明它们之间的关系，故又称“模型律”。利用这个模型律可以将模型试验中得到的结果推广应用到相似的原型结构中去。

注意相似常数和相似准数的概念是不同的。相似常数是指在两个相似现象中，两个相对应的物理量始终保持的常数，但对于在与此两个现象互相相似的第三个相似现象中，它可具有不同的常数值。相似准数则在所有相互相似的现象中是一个不变量，它表示相似现象中各物理量应满足的条件。

（2）第二相似定理：某一现象各物理量之间的关系方程式，都可表示为相似准数之间的函数关系。写成相似准数方程式的形式：

$$f(x_1,x_2,x_3,\cdots)=g(\pi_1,\pi_2,\pi_3,\cdots)=0 \tag{7-25}$$

相似准数的记号通常用 π 表示，因此第二相似定理也称 π 定理，它是由美国学者J. Buckingham在1914年提出的。π 定理在量纲分析中起着重要作用。它为模型设计提供了可靠的理论基础。

通俗地讲，第二相似定理是指在彼此相似的现象中，其相似准数不管用什么方法得到，描述物理现象的方程均可转化为相似准数方程的形式。即在处理模型试验的结果时，应以相似准数间关系所给定的形式处理试验数据，并将试验结果推广到其他相似现象上去。

对于牛顿第二定律 $f(F,m,a)=0$ 与 $g\left(\frac{F}{ma}\right)=0$ 或 $g(\pi)=0$ 是等价的。

下面以简支梁在均布荷载 q 作用下的情况为例来说明，如图7-1所示。由材料力学可知梁跨中处的应力和挠度分别为

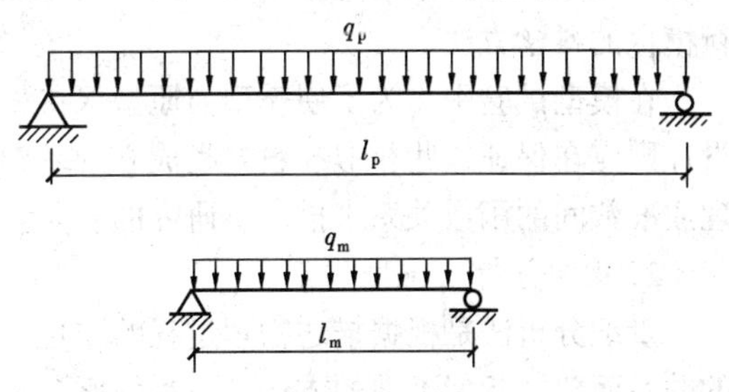

图7-1 简支梁受均布荷载的相似

$$\sigma=\frac{ql^2}{8W} \tag{7-26(a)}$$

$$f=\frac{5ql^4}{384EI} \tag{7-26(b)}$$

式中 W——抗弯截面模量；

E——弹性模量；

I——截面抗弯惯性矩；

l——梁的跨度。

式（7－26）的一般表达式为

$$f(\sigma, q, l, W, f, E, I) = 0 \tag{7-27}$$

将式［7－26（a）］两边同除以 σ，式［7－26（b）］两边同除以 f，即得到

$$\frac{ql^2}{8W\sigma} = 1 \qquad \frac{5ql^4}{384EIf} = 1$$

由此可写出原型与模型相似的两个准数方程式

$$\pi_1 = \frac{ql^2}{\sigma W} = \frac{q_m l_m^2}{\sigma_m W_m} = \frac{q_p l_p^2}{\sigma_p W_p} = 8 \qquad [7-28(a)]$$

$$\pi_2 = \frac{ql^4}{EIf} = \frac{q_m l_m^4}{E_m I_m f_m} = \frac{q_p l_p^4}{E_p I_p f_p} = \frac{384}{5} \qquad [7-28(b)]$$

上式也可以写成为 $g(\pi_1, \pi_2) = 0$。

(3) 第三相似定理：现象的单值条件相似，并且由单值条件导出来的相似准数的数值相等，是现象彼此相似的充分和必要条件。

第一、第二相似定理是在以现象相似为前提的情况下，确定了相似现象的性质。第三相似定理补充了前面两个定理，明确了只要满足现象单值相似和由此导出的相似准数相等这两个条件，则现象必然相似。

根据第三相似定理，当考虑一个新现象时，只要它的单值条件与曾经研究过的现象单值条件相同，并且存在相等的相似准数，就可以肯定它们的现象相似，从而可以将已研究的现象结果应用到新现象上。三个相似定理使相似原理构成一套完善的理论，成为组织试验和进行模拟的科学方法。

在模型试验中，为了使模型与原型保持相似，必须按相似原理推导出相似的准数。模型设计则应在保证这些相似准数方程成立的基础上确定出适当的相似常数，最后将所得数据整理成准数间的函数关系来描述所研究的现象。

2. 量纲分析

量纲分析法是根据描述物理过程的物理量的量纲和谐原理，寻求物理过程中各物理量间的关系而建立相似准数的方法。量纲的概念是在研究物理量的数量关系时产生的，它是区别量的种类而不区别量的不同度量单位。被测量的种类称为这个量的量纲，通常每一种物理量都应有一种量纲，如测量距离用米、厘米、英尺等不同的单位，但它们都属于长度这一种类，因此把长度称为一种量纲，以［L］表示。时间种类用时、分、秒、微秒等单位表示，它是有别于其他种类的另一种量纲，以［T］表示。力的量纲以［F］表示。有些物理量是无量纲的，用［1］表示。

在一切自然现象中，各物理量之间存在着一定的联系。在分析一个现象时，可用参与该现象的各物理量之间的关系方程来描述，因此各物理量的量纲之间也存在着一定的联系。如果选定一组彼此独立的量纲作为基本量纲，而其他物理量的量纲可由基本量纲组成，则这些

量纲称为导出量纲。在一般的结构工程问题中，各物理量的量纲都可由长度、时间、力这三个量纲导出，故可将长度、时间、力三者取为基本量纲，称为绝对系统。另一组常用的基本量纲为长度、时间和质量，称为质量系统。常用的物理量的量纲表示法见表7-1。

表7-1　常用物理量及物理常数的量纲

物理量	质量系统	绝对系统	物理量	质量系统	绝对系统
长度	$[L]$	$[L]$	比重	$[ML^{-2}T^{-2}]$	$[FL^{-3}]$
时间	$[T]$	$[T]$	密度	$[ML^{-3}]$	$[FL^{-4}T^{2}]$
质量	$[M]$	$[FL^{-1}T^{2}]$	弹性模量	$[ML^{-2}T^{-2}]$	$[FL^{-2}]$
力	$[MLT^{-2}]$	$[F]$	泊桑比	$[1]$	$[1]$
温度	$[\theta]$	$[\theta]$	动力粘度	$[ML^{-1}T^{-1}]$	$[FL^{-2}T]$
速度	$[LT^{-1}]$	$[LT^{-1}]$	运动粘度	$[L^{2}T^{-1}]$	$[L^{2}T^{-1}]$
加速度	$[LT^{-2}]$	$[LT^{-2}]$	线热胀系数	$[\theta^{-1}]$	$[\theta^{-1}]$
角度	$[1]$	$[1]$	力矩	$[ML^{2}T^{-2}]$	$[FL]$
角速度	$[T^{-1}]$	$[T^{-1}]$	能量、热	$[ML^{2}T^{-2}]$	$[FL]$
角加速度	$[T^{-2}]$	$[T^{-2}]$	冲力	$[MLT^{-1}]$	$[FT]$
压强、应力	$[ML^{-1}T^{-2}]$	$[FL^{-2}]$	功率	$[ML^{2}T^{-3}]$	$[FLT^{-1}]$
面积二次矩	$[L^{4}]$	$[L^{4}]$	导热率	$[MLT^{-3}\theta^{-1}]$	$[FT^{-1}\theta^{-1}]$
质量惯性矩	$[ML^{2}]$	$[FLT^{2}]$	比热	$[L^{2}T^{-2}\theta^{-1}]$	$[L^{2}T^{-2}\theta^{-1}]$
表面张力	$[MT^{-2}]$	$[FL^{-1}]$	热容量	$[ML^{-1}T^{-2}\theta^{-1}]$	$[FL^{-2}\theta^{-1}]$
应变	$[1]$	$[1]$	导热系数	$[MT^{-3}\theta^{-1}]$	$[FL^{-1}T^{-1}\theta^{-1}]$

量纲间的相互关系可简要归结如下：

(1) 两个物理量相等，不仅要求其数值相同，而且量纲也要相同。

(2) 两个同量纲参数的比值是无量纲参数，其值不随所取单位的大小而变。

(3) 在一个完整的物理方程式中，各项的量纲必须相同，这样方程才能用加、减号和等号联系起来。这一性质称为量纲和谐。

(4) 导出量纲可和基本量纲组成无量纲组合，但基本量纲之间不能组成无量纲组合。

(5) 若在一个物理方程中共有 n 个物理参数 x_1，x_2，…，x_n 和 k 个基本量纲，则可组成（$n-k$）个独立的无量纲组合。无量纲参数组合简称"π 数"。用公式的形式可表示为

$$f(x_1, x_2, x_3 \cdots) = 0 \tag{7-29}$$

改写成

$$\varphi[\pi_1, \pi_2, \cdots \pi_{(n-k)}] = 0 \tag{7-30}$$

这一性质称为 π 定理或第二相似定理。

根据量纲的关系，可以证明两个相似物理过程相对应的 π 数必然相等，仅仅是各相应物理量间数值大小不同，这就是用量纲分析法求相似条件的依据。

下面以有阻尼质量弹簧系统的动力学问题为例说明如何运用量纲分析法求相似条件。

设质量为 m，弹簧刚度为 k，阻尼为 C，质量变位为 x，时间为 t，受外加动力 P 作用，该物理现象用微分方程表示为

$$m\frac{d^2x}{dt^2} + C\frac{dx}{dt} + kx - P = 0 \tag{7-31}$$

改写成函数的形式为

$$f(m, C, k, x, t, P) = 0 \tag{7-32}$$

方程中物理量个数，$n=6$，采用绝对系统，基本量纲为3个，则 π 函数为

$$\varphi(\pi_1, \pi_2, \pi_3) = 0 \tag{7-33}$$

所有物理量参数组成无量纲形式 π 数的一般形式为

$$\pi = m^{a_1} C^{a_2} k^{a_3} x^{a_4} t^{a_5} P^{a_6} \tag{7-34}$$

其中 a_1、a_2、$\cdots a_6$ 为待定的参数。查表7-1得各物理量的量纲为

$$[m] = [FL^{-1}T^2] \quad [C] = [FL^{-1}T]$$

$$[k] = [FL^{-1}] \quad [x] = [L]$$

$$[t] = [T] \quad [P] = [F]$$

代入上式得

$$1 = [FL^{-1}T^2]^{a_1}[FL^{-1}T]^{a_2}[FL^{-1}]^{a_3}[L]^{a_4}[T]^{a_5}[F]^{a_6}$$

根据量纲和谐要求

对量纲 $[F]$: $a_1 + a_2 + a_3 + a_6 = 0$

对量纲 $[L]$: $-a_1 - a_2 - a_3 + a_4 = 0$

对量纲 $[T]$: $2a_1 + a_2 + a_5 = 0$

上面三个方程式中包含6个未知量，是不定方程式组。求解时需先确定其中三个未知量，才能用这三个方程式求出另外三个未知量。假若先确定了 a_1，a_4 和 a_5，则

$$a_2 = -2a_1 - a_5$$

$$a_3 = a_1 + a_4 + a_5$$

$$a_6 = -a_4$$

所以无量纲 π 数又可改写为

$$\pi = m^{a_1} C^{-2a_1 - a_5} k^{a_1 + a_4 + a_5} x^{a_4} t^{a_5} P^{-a_4} = \left(\frac{mk}{C^2}\right)^{a_1}\left(\frac{kx}{P}\right)^{a_4}\left(\frac{tk}{C}\right)^{a_5}$$

分别取

$$a_1 = 1, a_4 = 0, a_5 = 0$$

$$a_1 = 0, a_4 = 1, a_5 = 0$$

$$a_1 = 0, a_4 = 0, a_5 = 1$$

可得到三个独立的 π 数：

$$\left.\begin{aligned}\pi_1&=\frac{mk}{C^2}\\ \pi_2&=\frac{kx}{P}\\ \pi_3&=\frac{tk}{C}\end{aligned}\right\}\tag{7-35}$$

显然 a_1、a_4、a_5 取其他值，可得到另外的 π 数，但互相独立的 π 数只有3个。

由于 π 数对于相似的物理现象具有不变的形式，故设计模型时只需模型的物理量和原型的物理量，有下述关系成立：

$$\left.\begin{aligned}\frac{m_\mathrm{m}k_\mathrm{m}}{C_\mathrm{m}^2}&=\frac{m_\mathrm{p}k_\mathrm{p}}{C_\mathrm{p}^2}\\ \frac{k_\mathrm{m}x_\mathrm{m}}{P_\mathrm{m}}&=\frac{k_\mathrm{p}x_\mathrm{p}}{P_\mathrm{p}}\\ \frac{t_\mathrm{m}k_\mathrm{m}}{C_\mathrm{m}}&=\frac{t_\mathrm{p}k_\mathrm{p}}{C_\mathrm{p}}\end{aligned}\right\}\tag{7-36}$$

则测得的模型试验的结果可按上式换算到原型结构上。

用量纲分析法确定无量纲 π 函数时（即相似准数），只要弄清物理现象所包含的物理量具有的量纲，而无需知道描述该物理现象的具体方程和公式。因此，寻求较复杂现象的相似准数，用量纲分析法是很方便的。量纲分析法虽能确定出一组独立的 π 数，但 π 数的取法有着一定的任意性，而且当参与物理现象的物理量越多时，其任意性越大。所以量纲分析法中选择物理参数是具有决定性意义的。物理参数的选择确定取决于模型设计者的专业知识以及对所研究的问题初步分析的正确程度。甚至可以说，如果不能正确选择有关的参数，量纲分析法就无助于模型设计。

7.3 模 型 设 计

模型设计是关系模型试验是否成功的关键。因此，在模型设计中不仅仅要确定模型的相似准数，还要综合考虑各种因素，如模型的类型、模型材料、试验条件以及模型的制作等，以确定物理量的相似常数。

模型设计一般按照下列程序进行：

(1) 根据任务明确试验的具体目的，选择模型类型。

(2) 在对研究对象进行理论分析和初步估算的基础上用方程分析法或量纲分析法确定相似条件。

(3) 确定模型的几何尺寸，即定出长度相似常数 C_l。

(4) 根据由相似准数导出的相似条件，定出其他相似常数。

(5) 绘制模型施工图。

下面介绍结构模型设计中的几个主要问题。

7.3.1 模型设计的相似条件

结构模型试验的过程客观地反映出参与工作的各有关物理量之间的相互关系。由于模型和原型的相似关系，它也必然反映出模型与原型结构相似常数之间的关系。这样相似常数之间所应满足的一定关系就是模型与原型结构之间的相似条件，也就是模型设计需要遵循的原则。

一般情况下，相似常数的个数多于相似条件的个数，除长度相似常数 C_l 为首先确定的条件外，还可先确定几个量的相似常数，再根据相似条件推出对其余量的相似常数要求。由于目前模型材料的力学性能还不能任意控制，所以在确定各相似常数时，通常根据可能条件先选定模型材料，即先确定 C_E 及 C_σ 再确定其他量的相似常数。

在工程实践中，经常遇到的是结构静力相似的问题，静力相似是指模型与原型不但几何相似，而且所有的作用力（如集中力、弯矩等）也相似。一般的静力弹性模型当以长度及弹性模量的相似常数 C_l、C_E 为模型设计首先确定的条件时，所有其他量的相似常数都是 C_l 和 C_E 的函数或等于 1。表 7－2 列出了一般静载弹性模型的相似常数要求。

表 7－2　　结构静力试验模型的相似常数和相似关系

类型	物理量	量纲	相似关系
材料特性	应力 σ	FL^{-2}	$C_\sigma = C_E$
	应变 ε	—	1
	弹性模量 E	FL^{-2}	C_E
	泊松比 ν	—	1
	质量密度 ρ	FT^2L^{-4}	$C_\rho = C_E/C_l$
几何特性	长度 l	L	C_l
	线位移 x	L	$C_x = C_l$
	角位移 θ	—	1
	面积 A	L^2	$C_A = C_l^2$
荷载	集中荷载 P	F	$C_P = C_E C_l^2$
	线荷载 ω	FL^{-1}	$C_\omega = C_E C_l$
	面荷载 q	FL^{-2}	$C_q = C_E$
	力矩 M	FL	$C_M = C_E C_l^3$

在进行动力模型设计时，除了将长度［L］和力［F］作为基本物理量以外，还要考虑时间［T］这一基本物理量。而且，结构的惯性力常常是作用在结构上的主要荷载，必须考虑模型和原型结构的结构材料质量、密度的相似。表 7－3 为结构动力模型的相似常数和相似关系。

表 7－3　　结构动力模型试验的相似常数和相似关系

类型	物理量	量纲	相似关系
材料特性	应力 σ	FL^{-2}	$C_\sigma = C_E$
	应变 ε	—	1
	弹性模量 E	FL^{-2}	C_E
	泊松比 ν	—	1
	质量密度 ρ	FT^2L^{-4}	$C_\rho = C_E/C_l$

续表

类型	物理量	量纲	相似关系
几何特性	长度 l	L	C_l
	线位移 x	L	$C_x = C_l$
	角位移 θ	—	1
	面积 A	L^2	$C_A = C_l^2$
荷载	集中荷载 P	F	$C_P = C_E C_l^2$
	线荷载 ω	FL^{-1}	$C_\omega = C_E C_l$
	面荷载 q	FL^{-2}	$C_q = C_E$
	力矩 M	FL	$C_M = C_E C_l^3$
动力性能	质量 m	$FL^{-1}T^2$	$C_m = C_\rho C_l^3$
	刚度 k	FL^{-1}	$C_k = C_E C_l$
	阻尼 c	$FL^{-1}T$	$C_c = C_m / C_t$
	时间、固有周期 T	T	$C_t = (C_m / C_k)^{1/2}$
	速度 $\dot{x}$	LT^{-1}	$C_{\dot{x}} = C_x / C_t$
	加速度 $\ddot{x}$	LT^{-2}	$C_{\ddot{x}} = C_x / C_t^2$

钢筋混凝土结构的强度模型要求正确反映原型结构的弹塑性性质，包括给出和原型结构相似的破坏形态、极限变形能力以及极限承载能力，因此对模型材料的相似要求就更为严格。理想的模型混凝土和模型钢筋应和原结构的混凝土和钢筋具有相似的 $\sigma-\varepsilon$ 曲线，并且在极限强度下的变形 ε_c 和 ε_y 相等，如图7-2所示。当模型材料满足这些要求时，由量纲分析得出的钢筋混凝土强度模型的相似条件见表7-4中一般模型一栏。注意这时 $C_{Er}=C_{Ec}=C_{\sigma c}$（角标 r 和 c 分别表示钢筋和混凝土），亦即要求模型钢筋的弹性模量相似常数等于模型混凝土的弹性模量相似常数和应力相似常数。由于钢材是目前找到的唯一适用于模型的加筋材料，因此 $C_{Er}=C_{Ec}=C_{\sigma c}$ 这一条件很难满足，除非 $C_{Er}=C_{Ec}-C_{\sigma c}=1$，也就是模型结构采用和原结构相同的混凝土和钢筋。此条件下对其余各量的相似常数要求列于表7-4中实际模型一栏，其中模型混凝土密度相似常数为 $1/C_l$，要求模型混凝土的密度为原结构混凝土密度的 C_l 倍。当需考虑结构本身的质量和重量对结构性能的影响时，为满足密度相似的要求，需在模型结构上加附加质量。

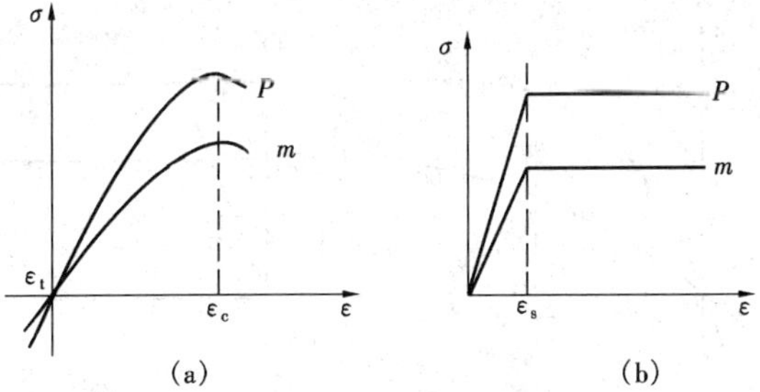

图7-2 模型和原型 $\sigma-\varepsilon$ 关系曲线相似图

(a) 混凝土；(b) 钢筋

表 7-4　钢筋混凝土结构静力模型试验的相似常数

类型	物理量	量纲	一般模型	实用模型
材料性能	混凝土应力 σ	FL^{-2}	C_σ	1
	混凝土应变 ε	—	1	1
	混凝土弹性模量 E	FL^{-2}	C_σ	1
	泊松比 ν	—		1
	质量密度 ρ	FL^{-3}	C_σ/C_l	$1/C_l$
	钢筋应力 σ	FL^{-2}	C_σ	1
	钢筋应变 ε	—	1	1
	钢筋弹性模量 E	FL^{-2}	C_σ	1
	粘结应力 σ	FL^{-2}	C_σ	1
几何特性	长度 l	L	C_l	C_l
	线位移 x	L	C_l	C_l
	角位移 θ	—	1	1
	面积 A	L^2	C_l^2	C_l^2
荷载	集中荷载 P	F	$C_\sigma C_l^2$	C_l^2
	线荷载 ω	FL^{-1}	$C_\sigma C_l$	C_l
	面荷载 q	FL^{-2}	C_σ	1
	力矩 M	FL	$C_\sigma C_l^3$	C_l^3

混凝土的弹性模量和 $\sigma-\varepsilon$ 曲线直接受骨料及其级配情况的影响，模型混凝土的骨料多为中砂、粗砂，其级配情况亦和原结构的不同，因此实际情况下 $C_{Ec}\neq1$，$C_{\sigma c}$和 $C_{\varepsilon c}$亦不等于 1，如图 7-3 所示。在 $C_{Er}=1$ 的情况下，为满足 $C_{\sigma r}=C_{\sigma c}$，$C_{\varepsilon r}=C_{\varepsilon c}$，需调整模型钢筋的面积。严格地讲，这是不完全相似，对于非线性阶段的试验结果会有一定的影响。

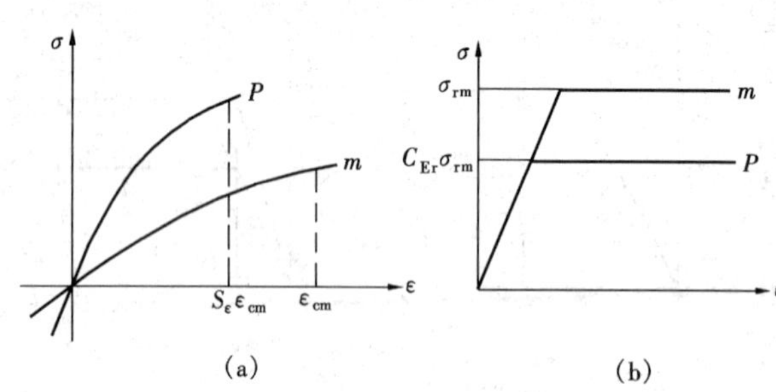

图 7-3　不完全相似材料的 $\sigma-\varepsilon$ 曲线

(a) 混凝土；(b) 钢筋

当研究钢筋混凝土的剪力、裂缝等问题时，要求模型混凝土的抗拉性能以及混凝土和钢筋间的粘结情况和原型相似，无疑这是十分困难的，因为目前对原型结构中粘结力机理的了解还很有限。

对于砌体结构，由于它也是由块材（砖、砌块）和砂浆两种材料复合组成，除了在几何比例上缩小，要对块材作专门加工有一定困难，并给砌筑带来不便。同样，要求模型和真型有相似的应力—应变曲线，实际就采用与真型结构相同的材料。砌体结构模型的相似常数见表 7-5。

表7-5 砌体结构模型试验的相似常数

类型	物理量	量纲	一般模型	实用模型
材料性能	砌体应力 σ	FL^{-2}	C_σ	1
	砌体应变 ε	—	1	1
	砌体弹性模量 E	FL^{-2}	C_σ	1
	砌体泊松比 ν	—	1	1
	砌体质量密度 ρ	FL^{-3}	C_σ/C_l	$1/C_l$
几何特性	长度 l	L	C_l	C_l
	线位移 x	L	C_l	C_l
	角位移 θ	—	1	1
	面积 A	L^2	C_l^2	C_l^2
荷载	集中荷载 P	F	$C_\sigma C_l^2$	C_l^2
	线荷载 ω	FL^{-1}	$C_\sigma C_l$	C_l
	面荷载 q	FL^{-2}	C_σ	1
	力矩 M	FL	$C_\sigma C_l^3$	C_l^3

7.3.2 模型试件的形状

在模型设计中设计试件形状时，虽然和试件的比例无关，但要造成和设计目的相一致的应力状态。这个问题对于静定系统中的单一构件（如梁、柱、桁架等），一般构件的实际形状都能满足要求，问题比较简单。但对于从整体结构中取出部分构件单独进行试验时，特别是在比较复杂的超静定体系中必须要注意其边界条件的模拟，使其能如实反映该部分结构构件实际工作的边界条件。

当作如图7-4（a）所示受水平荷载作用的框架结构应力分析时，若试验A-A部位的柱脚、柱头部分，试件要设计成如图7-4（b）所示；若作B-B部位的试验，试件设计成如图7-4（c）所示；对于梁如作成图7-4（d）、（e）所示那样的设计，则应力状态可与设计目的相一致。

作钢筋混凝土柱的试验研究时，若要研究其挠曲破坏性能，如图7-4（h）所示的试件是足够的，但若作剪切性能的研究，则图7-4（h）反弯点附近的应力状态与实际应力情况有所不同，为此有必要采用如图7-4（i）中的适用于反对称加载的试件。

在作梁柱连接的节点试验时，试件受力有轴力、弯矩和剪力的作用，这样的复合应力使节点部分发生复杂的变形，但其中主要是剪切变形，以致节点部分由于大剪力作用会发生剪切破坏。为了探求节点的强度和刚度，使其应力状态能充分反映，避免在试验过程中梁柱部分先于节点破坏，在试件设计时必须事先对梁柱部分进行足够加固，以使整个试验能达到预期的效果。这时十字形试件如图7-4（f）中节点二侧梁柱的长度一般均取1/2梁跨和1/2柱高，即按框架承受水平荷载时产生弯矩的反弯点（$M=0$）的位置来决定。边柱节点可采用T字形试件。当试验目的是为了解初始设计应力状态下的性能，并同理论作对比时，可以采用如图7-4（g）所示的X形试件。为了使在X形试件中再现实际的应力状态，必须按设计条件给定的轴力和剪力来确定试件的尺寸。

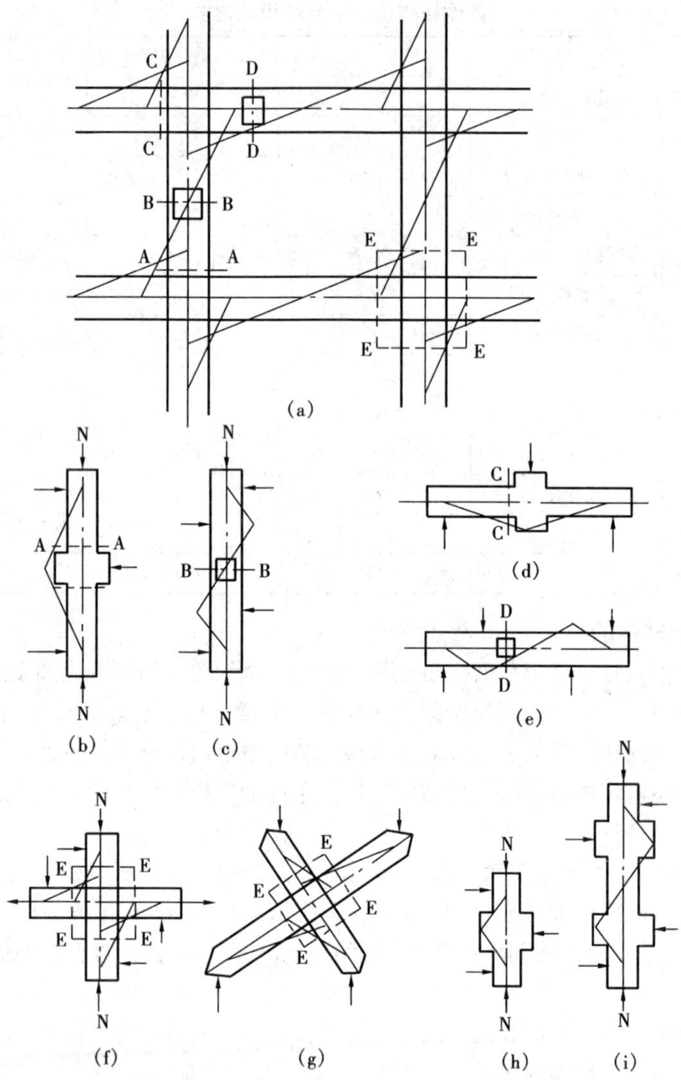

图 7-4 框架结构中的梁柱和节点试件

剪力墙是抗震结构的重要构件，国内外对剪力墙的试验研究很重视，试件形式多样，有无框剪力墙，双肢剪力墙等，设计时要根据研究目的来考虑其主要因素，忽略次要因素。

砖石与砌块试件主要用于墙体试验，可以采用带翼缘或不带翼缘的单层单片墙，如试验需要也可采用双层单片墙或开洞墙体的砌体试件。对于纵墙由于外墙有大量窗口，试验可采用有两个或一个窗间墙的双肢或单肢窗间墙试件。

总之，以上所示的任一种试件的设计，其边界条件的实现尚与试件安装、加载装置与约束条件等有密切关系，必须在试验总体设计时进行周密考虑，才能付诸实施。

7.3.3 模型试件尺寸确定

结构模型几何尺寸的变动范围很大，缩尺比例可以从几分之一到几百分之一。这需要综合考虑各种因素，如模型的类型、模型材料、模型制作条件及试验条件等才能确定出一个最优的几何尺寸。小模型所需荷载小，但制作困难，加工精度要求高，对量测仪表要求亦高；大模型所需荷载大，但制作方便，对量测仪表可无特殊要求。一般来说，弹性模型的缩尺比例较小；而强度模型，尤其是钢筋混凝上结构的强度模型的缩尺比例较大，因模型的截面最小厚度、钢筋间距、保护层厚度等方面都受到制作可能性的限制，不可能取得太小。目前最小的钢丝水泥砂浆板壳模型厚度可做到3mm，最小的梁、柱截面边长可做到6mm。

几种模型结构常用的缩尺比例列于表7－6中。

表7－6　模型的缩尺比例表

结构类型	弹性模型	强度模型
壳体	1/200～1/50	1/30～1/10
铁路桥	1/25	1/20～1/4
反应堆容器	1/100～1/50	1/20～1/4
板结构	1/25	1/10～1/4
坝	1/400	1/75
为研究风载用的结构	1/300～1/50	一般不用强度模型

国内试验研究中采用的框架截面尺寸大约为原型的1/4～1/2。在框架节点方面，一般都做得比较大，为原型比例的1/3～1，这和节点中要求反映结构构造特点有关。

作为基本构件性能研究，压弯构件的截面为16cm×16cm～35cm×35cm，短柱（偏压剪）为15cm×15cm～50cm×50cm，双向受力构件为10cm×10cm～30cm×30cm。

单层剪力墙墙体的外形尺寸一般为80cm×100cm～178cm×274cm，多层剪力墙为原型的1/10～1/3。砌体试件尺寸一般取为原型的1/4～1/2。

一般来说，静力试验试件应有合理的尺寸范围，太小的试件要考虑尺寸效应。对于微型混凝土截面在4cm×6cm或5cm×5cm以内或微型砌体（砖块尺寸为1.5cm×3cm×6cm），普通混凝土的截面小于10cm×10cm，砖砌体小于74cm×36cm，砌块砌体小于60cm×120cm的试件都有尺寸效应，必须加以考虑。因此普通混凝土试件截面边长应在12cm以上，砌体最好是原型的1/4以上，对于小于1/4的比例，不但灰缝和砌筑等方面条件难以相似，而且容易出现失稳破坏。但是在满足构造模拟要求的条件下太大的试件尺寸也没必要。国内外多层足尺房屋或框架试验的实践证明：足尺原型的试验并不合算。一般局部性的试件尺寸可取为原型的1/4～1，整体性的结构试验试件尺寸可取1/10～1/2。

对于测试结构的动力特性，一般可在现场的原型结构上进行试验；对于在试验室内进行的动力试验，可以对足尺构件进行疲劳试验，至于在地震模拟振动台上试验时，由于受振动台台面尺寸和激振力大小等参数限制，一般只能作缩尺的模型试验。国内在地震模拟振动台上进行的试验大多为1/50～1/4的缩尺模型试验。

7.3.4 模型试件数目确定

在进行试件设计时，除了对试件的形状尺寸应进行仔细研究外，对于试件数目即试验量的设计也是一个不可忽视的重要问题，因为试验量的大小直接关系到能否满足试验的目的、任务以及整个试验的工作量问题，同时也受试验研究经费预算和时间期限的限制。

对于鉴定性试验，一般按照试验任务的要求有明确的试验对象。对于预制厂生产的一般钢筋混凝土和预应力混凝土预制构件的质量检验和评定，可以按照《预制混凝土构件质量检验评定标准》中结构性能检验规定，确定试件数量。

对于科研性试验，其试验对象是按照研究要求而专门设计制造的，这类结构的试验往往是属于某一研究专题工作的一部分，特别是对于结构构件基本性能的研究，由于影响构件基本性能的参数较多，所以要根据各参数构成的因子数和水平数来决定试件数目，参数多则试件的数目也自然会增加。表 7－7 分析了主要因子与试件数的关系。

表 7－7　　分析主要因子与试件数

主要因子 \ 水平数	2	3	4	5
1	2	3	4	5
2	4	9	16	25
3	8	27	64	125
4	16	81	256	625
5	32	243	1024	3215

由表 7－7 可见：主要因子和水平数稍有增加，试件的个数就极大地增多。例如，在进行钢筋混凝土柱抗剪承载力的基本性能试验研究中，取不同混凝土强度、不同配筋率、不同配箍率在不同轴向应力和剪跨比情况下进行试验，要求考虑的主要因子有受拉钢筋配筋率 ρ、配箍率 ρ_s、轴向应力 σ_c、剪跨比 λ 和混凝土强度等级 C 等，如果每个因子各自有 3 个水平数时（每个选定的因子安排若干不同状态的试验点，叫做这个因子的水平数），就需要试件 243 个。如果每个因子有 5 个水平数时，则试件的数量将猛增为 3125 个。显然，实际上是很难做到的。

为此试验工作者在试验设计中经常采用一种解决多因素问题的试验设计方法——正交试验设计法，主要是使用正交表这一工具来进行整体设计、综合比较；可以妥善解决各因子和水平数相互结合可能引起的影响，和所需要的试件数与实际可行的试验试件数之间的矛盾，解决实际采用少量试件试验而要求较全面掌握结构内在规律之间的矛盾。

现以钢筋混凝土柱抗剪承载力基本性能研究问题为例，用正交试验法作试件数目设计。如果按前面所述主要分析因子数为 5，而混凝土只用一种强度等级 C20，这样实际因子数只有 4，每个因子各有三个差别，即水平数为 3。详见表 7－8 所列。

表 7－8　　钢筋混凝土柱抗剪承载力试验分析因子与水平数

主要分析因子 \ 因子差别（水平数）		1	2	3
A	受拉钢筋配筋率 ρ	0.4	0.8	1.2
B	配箍率 ρ_s	0.2	0.33	0.5
C	轴向应力 σ_c（N/mm^2）	20	60	100
D	剪跨比 λ	2	3	4
E	混凝土强度等级 C20	13.5 N/mm^2		

通过正交设计法原来需要243个试件可以综合为9个试件。

试件数量设计是一个多因素问题，在实践中应该使整个试验的试件数目要少而精，以质取胜，切忌盲目追求数量；要使所设计的试件尽可能做到一件多用，即以最少的试件、最小的人力、经费得到最多的数据；要使通过设计所决定的试件数量经试验得到的结果能反映试验研究的规律性，满足研究目的要求。

7.4 模型材料与模型试验应注意的问题

适用于制作模型的材料很多，但没有绝对理想的材料。因此正确地了解材料的性质及其对试验结果的影响，对于顺利完成模型试验往往具有决定性的意义。

7.4.1 模型试验对模型材料的基本要求

(1) 保证相似要求。即要求模型设计满足相似条件，使模型试验结果可按相似准数及相似条件推算到原型结构上去。

(2) 保证量测要求。即要求模型材料在试验时能产生较大的变形，以便量测仪表能精确地读数。因此，应选择弹性模量较低的模型材料，但也不宜过低以致影响试验结果。

(3) 保证材料性能稳定，不受温度、湿度变化的影响。一般模型结构尺寸较小，对环境变化很敏感，以致其产生的影响远大于对原型结构的影响，因此材料性能稳定很重要。应保证材料徐变小，由于徐变是时间、温度和应力的函数，故徐变对试验结果影响很大，而真正的弹性变形不应该包括徐变。

(4) 保证加工制作方便。选用的模型材料应易于加工和制作，这对于降低模型试验费用极重要。一般来讲，对于研究弹性阶段应力状态的模型试验，模型材料应尽可能与一般弹性理论的基本假定一致，即材料是匀质、各向同性、应力与应变呈线性变化的，且泊松系数不变，对于研究结构的全部特性（即弹性和非弹性以及破坏时的特性）的模型试验，通常要求模型材料与原型材料的特性较相似，最好是模型材料与原型材料一致。

7.4.2 常用的几种模型材料简介

模型试验中常用金属、塑料、石膏、水泥砂浆以及细石混凝土作为模型材料。

(1) 金属

金属的力学特性大多符合弹性理论的基本假定，如果试验对量测的准确度有严格的要求，则它是最合适的材料。常用的金属材料是钢材和铝合金。铝合金允许有较大的应变量，并有良好的导热性和较低的弹性模量，因此金属模型中铝合金用得较多。钢和铝合金的泊松比约为0.30，比较接近于混凝土材料。尽管用金属制作模型有许多优点，但它存在一个致命的弱点就是加工困难，这就限制了金属模型的使用范围。此外金属模型的弹性模量比塑料和石膏的都高，模拟荷载较困难。

(2) 塑料

塑料作为模型材料的最大优点是强度高而弹性模量低（约为金属弹性模量的0.1～0.02），加工容易。缺点是徐变较大，弹性模量受温度变化的影响也大，泊松比约为0.35～0.50，比金属及混凝土的都高，而且导热性差。可以用来制作模型的塑料有很多种，热固性塑料如环氧树脂、聚酯树脂；热塑性塑料如聚氯乙烯、聚乙烯、有机玻璃等，而以有机玻璃用得最多。

有机玻璃是一种各向同性的匀质材料，弹性模量为（2.3～2.6）×10^3MPa，泊松比为0.33～0.35，抗拉极限应力大于30MPa。因为有机玻璃的徐变较大，试验时为了避免明显的徐变，应使材料中的应力不超过7MPa，因为此时的应力已能产生2000微应变，对于一般应变测量已能保证足够的精度。

市场上有各种规格板材、管材和棒材提供的有机玻璃材料，给模型加工制作提供了方便。有机玻璃模型一般用木工工具就可以进行加工，而用胶粘剂或热气焊接组合成型。通常采用的粘结剂是氯仿溶剂，将氯仿和有机玻璃粉屑拌合而成粘结剂。由于材料是透明的，所以连接处的任何缺陷都能容易地检查出来。对于具有曲面的模型，可将有机玻璃板材加热到110℃软化，然后在模子上热压成曲面。

由于塑料具有加工容易的特点，故大量地用来制作板壳、框架、剪力墙及形状复杂的结构模型。

(3) 石膏

用石膏制作模型，其优点是加工容易，成本较低，泊松比与混凝土十分接近，且石膏的弹性模量可以改变；其缺点是抗拉强度低，且要获得均匀和准确的弹性特性比较困难。

纯石膏的弹性模量较高，而且很脆，凝结也快，故用作模型材料时，往往需掺入一些掺合料（如硅藻土、塑料或其他有机物）以及控制用水量来改善石膏的性能。一般石膏与硅藻土的配合比为2:1，水与石膏的配合比为0.8～3.0之间，这样形成的材料弹性模量可在400～4000MPa之间任意调整。值得注意的是加入掺合料后的石膏在应力较低时是弹性的，而应力超过破坏强度的50%时出现塑性。

石膏模型的制作，首先按原型结构的缩尺比例制作好模子。在浇注石膏之前应仔细校核模子的尺寸，然后把调好的石膏浆注入模具成型。为了避免形成气泡，在搅拌石膏时应先将硅藻土和水调配好，待混合数小时后再加入石膏。石膏的养护一般存放在温度为35℃及相对湿度为40%的空调室内进行，时间至少一个月。由于浇注模型表面的弹性性能与内部不同，因此制作模型时先将石膏按模子浇注成整体，然后再进行机械加工（割削和铣）形成模型。

石膏广泛地用来制作弹性模型，也可以大致模拟混凝土的塑性工作。配筋的石膏模型常用来模拟钢筋混凝土板壳的破坏（如塑性铰线的位置等）。

(4) 水泥砂浆

相对于上述已提过的几种材料而言，水泥砂浆比较接近混凝土，但基本性能无疑与含有大骨料的混凝土存在差别。所以水泥砂浆主要是用来制作钢筋混凝土板壳等薄壁结构的模型，而采用的钢筋是细直径的各种钢丝及铅丝等。

值得注意未经退火的钢丝没有明显的屈服点，如果需要模拟热轧钢筋，则应进行退火处理。细钢丝的退火处理必须防止金属表面氧化而削弱截面面积。

(5) 细石混凝土

用模型试验来研究钢筋混凝土结构的弹塑性工作或极限承载力，较理想的材料可算是细石混凝土了。小尺寸的混凝土结构与实际尺寸的混凝土结构虽然有差别（如骨料粒径的影响等），但这些差别在很多情况下可以忽略。

非弹性工作时的相似条件一般不容易满足，而小尺寸混凝土结构力学性能的离散性也较大，因此混凝土结构模型的比例不宜太小，最好其缩尺比例在1/2～1/25之间取值。目前模型的最小尺寸（如板厚）可做到3～5mm，而要求的骨料最大粒径不应超过该尺寸的1/3。这些条件在选择模型材料和确定模型比例时应该给予考虑。钢筋和混凝土之间的粘结情况对结构非弹性阶段的荷载和裂缝发展有直接的关系。特别是当结构承受反复荷载（如地震作用）时，结构的内力重分配受裂缝开展和分布的影响，所以对粘结问题应予以充分的重视。由于粘结问题本身的复杂性，细石混凝土结构模型很难完全模拟结构的实际粘结情况。在已有的研究工作中，为了使模型粘结情况与实际的粘结情况接近，通常是使模型所用钢筋产生一定程度的锈蚀或用机械方法在模型钢筋表面压痕，使模型结构粘结力和裂缝分布情况比用光面钢丝更接近实际情况。

另外用于小比例强度模型的还有微粒混凝土，又称模型混凝土，它由细骨料、水泥和水组成。按主要相似条件要求作配比设计，因为强度模型的成功与否在很大程度上取决于模型材料和原结构材料间的相似程度，而影响微粒混凝土力学性能的主要因素是骨料体积含量、级配和水灰比。在设计时应首先基本满足弹性模量和强度条件，而变形条件则可放在次要地位，骨料粒径根据模型几何尺寸而定，与前述细石混凝土要求相同，一般不大于截面最小尺寸的1/3为宜。

7.4.3 模型试验应注意的问题

模型试验与一般结构试验的方法在原则上相同，但模型试验有自己的特点，下面针对这些特点提出在试验中应注意的问题。

（1）模型尺寸

在模型试验中对模型尺寸的精度要求比一般结构试验对构件尺寸的要求严格得多，所以在模型制作中控制尺寸的误差是极为重要的。由于结构模型均为缩尺比例模型，尺寸的误差直接影响试验的测试结果。为此，在模型制作时，一方面要对模板的尺寸把握住精度要求，另一方面还要注意选择体积稳定、不易随温度、湿度而有明显变化的材料作为模板。对于缩尺比例不大的结构强度模型材料，以选择与原结构同类的材料为好，若选用其他材料，如塑料等因材质本身不稳定或制作时不可避免的加工工艺误差等，这些都将对试验结果产生影响。因此，在模型试验之前，须对所设应变测点和重要部分的断面尺寸进行仔细量测，以此尺寸作为分析试验结果的依据。

（2）模型材料性能的测定

模型材料的各种性能，如应力—应变曲线、泊松比、极限强度等等，都必须在模型试验之前就准确地测定。通常测定塑料的性能可用抗拉及抗弯试件，测定石膏、砂浆、细石混凝土和微粒混凝土的性能可用各种小试件，形状可参照混凝土试件（如立方体、棱柱体、抗拉试件等）。考虑到尺寸效应的影响，模型的材性小试件尺寸应和模型的最小截面或临界截面的大小基本相应。试验时要注意这些材料也有龄期的影响。对于石膏试件还应注意含水量对强度的影响，对于塑料试件应测定徐变的影响范围和程度。

(3) 试验环境

模型试验对周围环境的要求比一般结构试验严格。对于塑料模型试验的环境温度，一般要求温度变化不超过±1℃。对于温度影响比较敏感的石膏模型，最好能够在有空调的室内进行试验。一般的模型试验，为了减小温度变化对模型试验的影响，应选择温度较稳定的时间（如夜间）里进行。

(4) 荷载选择

模型试验的荷载必须在试验进行之前先仔细校正。重物加载如砝码、铁块都应事先经过检验。如用杠杆和千斤顶施加集中荷载，则加载设备都要经过设计并准确制造，使用前还要进行标定。此外若试验要完全模拟实际荷载有困难时，可改用明确的集中荷载。这样比勉强模拟实际荷载好，以致于整理和推算试验结果时不会引入较大的误差。

(5) 变形量测

一般模型的尺寸都很小，所以通常应变量测多采用电阻应变计。对于复杂应力状态下的模型，可先用脆性漆法求得主应力的方向，然后再粘贴电阻应变计。对于塑料模型，因塑料的导热性很差，应采取措施减少电阻应变计受热后升温而带来的误差。若采用箔式应变计，应设立单独的温度补偿计，并降低电阻应变计的桥路电压。

模型试验的位移量测仪表的安装位置应特别准确，否则将模型试验结果换算到原型结构上时会引起较大的误差。如果模型的刚度很小，则应注意量测仪表的重量和约束等的影响。

总之，模型试验比一般结构试验要求更严格，因为模型试验结果较小的误差推算到原型结构则是不可忽略的较大误差。因此，模型试验工作必须考虑周全，绝不能有半点马虎。

第 8 章　结构试验的数据处理

8.1　概　　述

结构试验后（有时是在试验过程中），对直接量测的试验数据进行整理换算、统计分析及归纳演绎，以找出影响结构性能的各主要参数间的相互关系和变化规律，并将之以公式、表格、图形、数值或数学模型等方式表达出来，称为数据处理。它主要解决如下问题：①进行量测数据的误差分析；②间接值的推算；③试验结果的表达。

在处理试验数据时，对原始数据必须珍惜，不可任意抛弃，要以科学的态度认真进行整理分析，点滴资料都要充分利用，以期能用最少的试验工作量达到试验研究的预期效果。

8.2　试验测量的误差

在结构试验中，必须对一些物理量进行测量，这些物理量的数值是客观存在的，称为真值 μ；每次测量所得的值称为实测值（测量值）x。真值 μ 和测量值 x 之间的差值 Δ 称为测量误差，简称为误差。用下面公式计算

$$\Delta = x - \mu \tag{8-1}$$

实际试验中，真值无法测得，但当测量次数很多时，测量结果的算术平均值就接近其真值，故常用平均值代表真值。由于各种主观和客观的原因，任何测量数据都不可避免地包含一定程度的误差。只有了解试验误差的范围，才有可能正确估计试验所得到的结果。同时，对试验误差进行分析将有助于控制和减少误差的产生。

测量过程中，产生误差的原因很多，根据误差产生的原因和性质，可以将误差分为系统误差、偶然误差和过失误差三类。

1. 系统误差

系统误差也称经常误差，它是由某些固定的原因造成的，其特点是在整个量测过程中始终有规律地存在着，其大小和符号保持不变或按某一规律改变。

系统误差有以下几个来源：

(1) 方法误差

这种误差是由于所采用的量测方法或数学处理方法不完善所产生的，例如采用简化的测量方法或近似的计算方法以及忽略了某些经常作用的外界影响因素等，导致量测结果偏高或偏低。

(2) 工具误差

由于量测仪器或工具结构上不完善或零部件制造时的缺陷所造成的误差，如仪表刻度不均匀，百分表的无效行程等。

(3) 环境误差

测量过程中，由于测量环境变化所引起的误差，如测量过程中的某些环境因素如温度、湿度、气压等发生变化所带来的误差。

(4) 操作误差

由于测量过程中试验人员操作不当所造成的误差，如仪器安装调整不当、仪器未校准或使用零点调整不准的仪器等。

(5) 主观误差

又称个人误差，是量测人员自身的某些主观因素造成的。例如，用眼睛在刻度上估读时习惯性地偏向某个方向，致使读数偏高或偏低；凭听觉鉴别时，在时间判断上习惯性地提前或落后等。

系统误差表明量测结果偏离客观真值的程度，关系到测量结果的准确度，因予以重视。系统误差有一定的规律，当对测量数据进行判别，发现有系统误差后，可以根据其规律找出原因，通过改进试验方法，加强仪器仪表的率定等手段消除产生系统误差的因素。对于一些限于试验条件，无法消除的系统误差，需引入修正值，对测量数据进行修正。

2. 偶然误差

偶然误差也称为随机误差，它是由一些随机的偶然因素造成的，它的绝对值和符号变化无常，有时大、有时小、有时正、有时负，但如果进行大量的测量，可以发现偶然误差的数值分布符合一定的统计规律，一般认为其服从正态分布。

产生偶然误差的原因有测量仪器、测量方法和环境条件等方面的，如电源电压的波动，环境温度、湿度和气压的微小波动，磁场干扰，仪器的微小变化，操作人员操作上的微小差别等。偶然误差在测量中是无法避免的，即使是一个很有经验的测量者，使用很精密的仪器，很仔细地操作，对同一对象进行多次测量，其结果也不会完全一致，而是有高有低。但在多次重复测量时表现出稳定统计规律性，因此可以根据误差理论，通过增加测量次数加以控制，减少对测量结果的影响。

3. 过失误差

过失误差也称粗大误差，它是由于试验人员粗心大意，不按操作规程操作等原因造成的误差，如读错仪表刻度（位数、正负号）、记录和计算错误等。严格地说，过失误差不属于误差范畴，而是由于观测者的过失所造成的错误，是应该避免的。因此，如果测量中出现很大的误差，与事实明显不符时，应把过失误差从试验数据中剔除，还应分析出现过失误差的原因，采取措施以防再次出现。

8.3 试验数据的误差分析

8.3.1 误差的分布

从以上分析可知，系统误差可以通过试验或分析的方法查明其产生的原因并测定其数值的大小，因而可以在测量结果中予以修正，或在新的测量中采取一定措施使之减小或消除。过失误差是人为的，提高工作人员的技术水平和责任感，同时学会从测量记录和数据中发现过失误差并剔除，过失误差是完全可以避免的。偶然误差是由一些偶然因素造成的，其大小和正负都难以预测，但它服从统计规律。为弄清偶然误差的统计规律，可作偶然误差分布曲线，曲线作法是对同一量值进行大量的重复测量，获得一系列的实测值，称为测量列。若测量列中不包含系统误差和过失误差，那么我们会发现测量列中数值特别大的是少数，数值特别小的也是少数。在此仅就不包含系统误差和过失误差的测量数据列进行讨论，分析其分布情况。如果将每一数值出现的次数 y 作纵坐标，相应于这一数值的偶然误差 δ 作为横坐标，按直角坐标描点并将各点连成曲线，则得到偶然误差的分布曲线，如图 8 - 1 所示。实践中发现，形状如图 8 - 1 所示的曲线最多，应用也最广，这种曲线称为正态分布曲线。

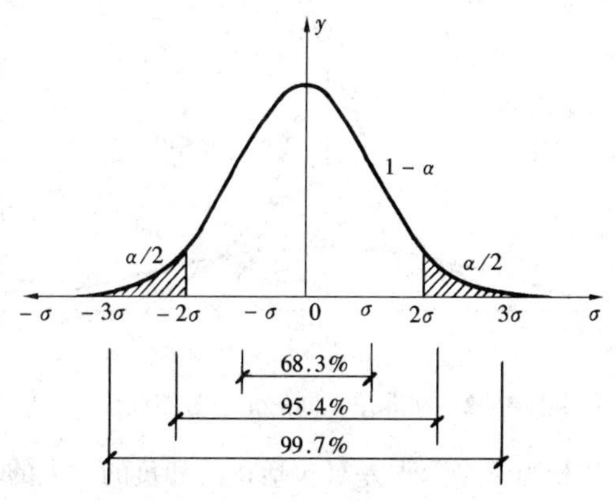

图 8 - 1　偶然误差的分布曲线

在建筑结构试验中，许多数据的偶然误差，如力学上的参数、材料强度、荷载等，大都服从正态分布。此外，还有其他分布规律的曲线，本章主要讨论正态分布曲线。

从图 8 - 1 可以看出，在等精度测量条件下，偶然误差有以下特点：

(1) 单峰性。绝对值小的误差出现的概率比绝对值大的误差出现的概率大；

(2) 对称性。绝对值相等的正误差与负误差出现的概率几乎相等；

(3) 有界性。在一定测量条件下，由于绝对值很大的误差出现的概率接近于零，因此误差的绝对值实际上不超过一定界限；

(4) 抵偿性。同条件下对同一物理量进行测量，其误差的算术平均值随着测量次数的无限增加而趋向于零，即误差算术平均值的极限为零。

在测量列中，如果数值小的偶然误差数目愈多，数值大的偶然误差数目愈少，则该测量列的可靠性愈大。从偶然误差的分布曲线来看，即曲线愈陡，偶然误差的极限值范围愈小，可靠性愈大；反之，则可靠性愈低。由此可见，偶然误差正态分布曲线的陡与平，标志着该测量列可靠性的大和小。

若以 δ 代表偶然误差，以 σ 代表由总体中所有偶然误差算出的标准差（也称均方差或标准离差），x_i 为各测量数据，n 为数据个数，则

$$\sigma = \sqrt{\frac{\Sigma \delta_i^2}{n}} = \sqrt{\frac{\Sigma (x_i - \mu)^2}{n}} \tag{8 - 2}$$

偶然误差概率密度函数的正态分布曲线方程式为

$$y = f(\delta) = \frac{1}{\sigma\sqrt{2\pi}} e^{-\frac{\delta^2}{2\sigma^2}} \tag{8 - 3}$$

式中　e——自然对数的底；

π——圆周率。

由式 (8 - 3) 可知，当 σ 不同时，曲线的陡度也不相同，图 8 - 2 所示为三种不同 σ 值

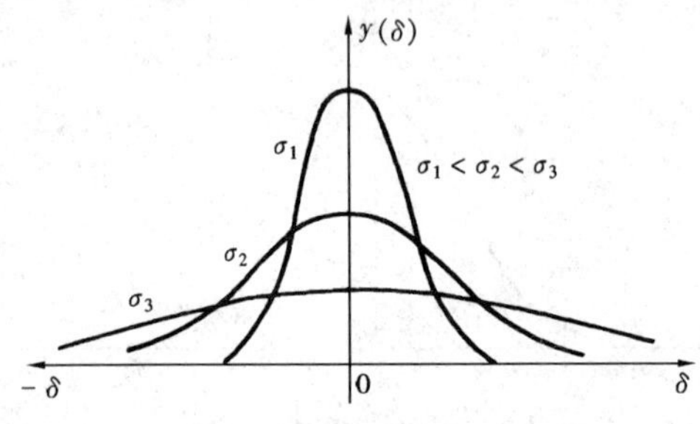

图 8-2 标准差不同的正态分布曲线

的偶然误差正态分布曲线，其标准差为 σ_1 的曲线最陡，偶然误差的极限范围（从 $+\sigma$ 到 $-\sigma$之间）最小，可靠性最大；而标准差 σ_3 的曲线最平，偶然误差的极限范围最大，可靠性最小。可见标准差愈大，测量的误差也愈大。因此，标准差便成为表征测量精确度的主要参数之一，代表偶然误差的分散程度。

偶然误差的正态分布曲线还表示误差出现的概率，根据曲线的绘制条件，曲线下的全部面积相当于全部误差（包括正的和负的，大的和小的）出现的概率，即：

$$\int_{-\infty}^{+\infty} y \mathrm{d}\delta = 1$$

将前述偶然误差正态分布曲线方程的 y 值代入上式，得

$$\frac{1}{\sigma\sqrt{2\pi}}\int_{-\infty}^{+\infty} \mathrm{e}^{-\frac{\delta^2}{2\sigma^2}} \mathrm{d}\delta = 1$$

如果以新的变量 $z=\delta/\sigma$ 代入上式，则

$$\frac{1}{\sqrt{2\pi}}\int_{-\infty}^{+\infty} \mathrm{e}^{-\frac{z^2}{2}} \mathrm{d}Z = 1$$

在图 8-1 中，曲线右端下面阴影部分的面积相当于落在 $Z_\alpha \sim \infty$ 范围内的误差出现的概率，即

$$P(Z > Z_\alpha) = \frac{1}{\sqrt{2\pi}}\int_{-\infty}^{+\infty} \mathrm{e}^{-\frac{z^2}{2}} \mathrm{d}z = \frac{\alpha}{2} \tag{8-4}$$

偶然误差超过 Z_α 及小于 $-Z_\alpha$ 的概率为上述面积的两倍，即 α。反过来说，$Z_\alpha \leqslant \delta \leqslant -Z_\alpha$ 的概率为 $1-\alpha$。

表 8-1 列出各种 Z_α 及其相应的 $\alpha/2$ 值，从表中可以看出，随着 Z_α 的增大，$\alpha/2$ 的概率很快减小。当 $Z_\alpha=2$（即 $\delta=2\sigma$）时，$\alpha/2=0.0228$，即在 44 次测量中只有一次误差大于 2σ；而当 $Z_\alpha=3$ 时（即 $\delta=3\sigma$ 时），在 740 次测量中才有一次误差大于 3σ。由于在一般测量中，测量的次数一般不超过几十次，因此可以认为在任何情况下都不会出现绝对值大于 3σ 的偶然误差，通常把这个可能出现的最大误差称为偶然误差的极限误差 $\Delta_{\lim}$，即

$$\Delta_{\lim} = \pm 3\sigma$$

偶然误差的正态分布理论不仅可以用来确定标准差，估计被测对象的误差范围及其概率，有时还可以作为检验测量列中是否存在过失误差或系统误差的判断准则，因为过失误差和系统误差是不服从于偶然误差所服从的正态分布规律的。

表 8－1　　**正态分布表**

对应于 Z_α 的 $\alpha/2$ 数值表

$$P(Z>Z_\alpha)=\int_{Z_\alpha}^{\infty}\frac{1}{\sqrt{2\pi}}e^{-\frac{Z^2}{2}}dZ=\frac{\alpha}{2}$$

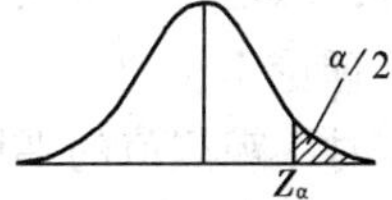

Z_α	0.00	0.01	0.02	0.03	0.04	0.05	0.06	0.07	0.08	0.09
0.0	0.5000	0.4960	0.4920	0.4880	0.4840	0.4801	0.4761	0.4721	0.4681	0.4641
0.1	0.4602	0.4562	0.4522	0.4483	0.4443	0.4404	0.4364	0.4325	0.4286	0.4247
0.2	0.4207	0.4168	0.4129	0.4090	0.4052	0.4013	0.3974	0.3936	0.3897	0.3859
0.3	0.3821	0.3783	0.3745	0.3707	0.3669	0.3632	0.3594	0.3557	0.3520	0.3483
0.4	0.3446	0.3409	0.3372	0.3336	0.3300	0.3264	0.3228	0.3192	0.3156	0.3121
0.5	0.3085	0.3050	0.3015	0.2981	0.2946	0.2912	0.2877	0.2843	0.2810	0.2776
0.6	0.2743	0.2709	0.2676	0.2643	0.2611	0.2578	0.2546	0.2514	0.2483	0.2451
0.7	0.2420	0.2389	0.2358	0.2327	0.2297	0.2266	0.2236	0.2206	0.2177	0.2148
0.8	0.2119	0.2090	0.2061	0.2033	0.2005	0.1977	0.1949	0.1922	0.1894	0.1867
0.9	0.1841	0.1814	0.1788	0.1762	0.1736	0.1711	0.1685	0.1660	0.1635	0.1611
1.0	0.1587	0.1562	0.1539	0.1515	0.1492	0.1469	0.1446	0.1423	0.1401	0.1379
1.1	0.1357	0.1335	0.1314	0.1292	0.1271	0.1251	0.1230	0.1210	0.1190	0.1170
1.2	0.1151	0.1131	0.1112	0.1093	0.1075	0.1056	0.1038	0.1020	0.1003	0.0985
1.3	0.0968	0.0951	0.0934	0.0918	0.0901	0.0885	0.0869	0.0853	0.0838	0.0823
1.4	0.0808	0.0793	0.0778	0.0764	0.0749	0.0735	0.0721	0.0708	0.0694	0.0681
1.5	0.0668	0.0655	0.0643	0.0630	0.0618	0.0606	0.0594	0.0582	0.0571	0.0559
1.6	0.0548	0.0537	0.0526	0.0516	0.0505	0.0495	0.0485	0.0475	0.0465	0.0455
1.7	0.0446	0.0436	0.0427	0.0418	0.0409	0.0401	0.0392	0.0384	0.0375	0.0367
1.8	0.0359	0.0351	0.0344	0.0336	0.0329	0.0322	0.0314	0.0307	0.0301	0.0294
1.9	0.0287	0.0281	0.0274	0.0268	0.0262	0.0256	0.0250	0.0244	0.0239	0.0233
2.0	0.0228	0.0222	0.0217	0.0212	0.0207	0.0202	0.0197	0.0192	0.0188	0.0183
2.1	0.0179	0.0174	0.0170	0.0166	0.0162	0.0158	0.0154	0.0150	0.0146	0.0143
2.2	0.0139	0.0136	0.0132	0.0129	0.0125	0.0122	0.0119	0.0116	0.0113	0.0110
2.3	0.0107	0.0104	0.0102	0.00990	0.00964	0.00939	0.00914	0.00889	0.00866	0.00842
2.4	0.00820	0.00798	0.00776	0.00755	0.00734	0.00714	0.00695	0.00676	0.00657	0.00639
2.5	0.00621	0.00604	0.00587	0.00570	0.00554	0.00539	0.00523	0.00508	0.00494	0.00480
2.6	0.00466	0.00453	0.00440	0.00427	0.00415	0.00402	0.00391	0.00379	0.00368	0.00357
2.7	0.00347	0.00336	0.00326	0.00317	0.00307	0.00298	0.00289	0.00280	0.00272	0.00264
2.8	0.00256	0.00248	0.00240	0.00233	0.00226	0.00219	0.00212	0.00205	0.00199	0.00193
2.9	0.00187	0.00181	0.00175	0.00169	0.00164	0.00159	0.00154	0.00149	0.00144	0.00139
Z_α	0.0	0.1	0.2	0.3	0.4	0.5	0.6	0.7	0.8	0.9
3	0.00135	$0.0^{3}988$	$0.0^{3}687$	$0.0^{3}483$	$0.0^{3}337$	$0.0^{3}233$	$0.0^{3}159$	$0.0^{3}108$	$0.0^{3}723$	$0.0^{3}481$

注　表中如 0.03988，即 0.0009880 以此类推。

8.3.2 误差的计算

在处理试验数据时，总是希望得到被测试物理量的真实值。根据误差分布性质，即正负误差出现的概率相等，理论上，真实值可以理解为：在消除了系统误差及过失误差的情况下，当观测次数无限多时，观测值的平均值即是真实值。一般试验中的观测次数是有限的，因此，从有限次数的观测中得出的平均值只能是真实值的近似，也将其称为最佳值。

对误差进行统计分析时，需要同时计算三个重要的统计特征值，即测量值的算术平均值、标准差和变异系数。

(1) 测量值的平均值

如进行了 n 次测量，得到测量值 x_i（$i=1, 2, 3, \cdots, n$），则测量值的平均值为

$$\bar{x} = \frac{1}{n}\sum_{i=1}^{n} x_i \tag{8-5}$$

当 $n \to \infty$ 时，测量值的平均值即为真值。

第 i 个测量值与算术平均值之差 v_i 为

$$v_i = x_i - \bar{x} \tag{8-6}$$

式中 v_i——称为剩余误差，也称残差、离差；

x_i——第 i 个测量值；

n——量测的次数。

(2) 标准误差

标准误差又称为均方根误差，用它来表示测量数据的离散程度最为理想。通常用样本的无偏估计 S 代替总体的标准误差 σ，即

$$S = \sqrt{\frac{1}{n-1}\sum_{i=1}^{n} v_i^2} = \sqrt{\frac{1}{n-1}\sum_{i=1}^{n}(x_i - \bar{x})^2} = \sigma \tag{8-7}$$

(3) 变异系数

在精确度分析中，为了进行相对精确度的比较，还要用变异系数 C_v（也称为相对标准误差或相对误差）表示

$$C_v = \frac{\sigma}{\bar{x}} \tag{8-8}$$

变异系数表示试验的精确度，它能较全面地鉴定试验结果的质量。C_v 常用百分数表示，其数值越小，则精确度越高。

8.3.3 间接测定值的误差分析

在对试验结果进行数据处理时，常常需要用若干个直接测量值计算某些物理量的值（间接测定值），因此仅仅对试验直接测量的测定值进行误差分析是不够的，还必须对这些间接测定的最终试验结果作出误差估计。如果直接测定值和间接测定值之间的关系为

$$y = f(x_1, x_2, \cdots x_n) \tag{8-9}$$

式中 x_i（$i=1, 2, 3, \cdots, n$）——试验直接测定值；

y——间接测定值。

若直接测量值 x_i 的最大绝对误差为 Δx_i，y 的最大绝对误差为 Δy，y 的最大相对误差为 δy，则

$$\Delta y = \left(\left| \frac{\partial f}{\partial x_1}\Delta x_1 \right| + \left| \frac{\partial f}{\partial x_2}\Delta x_2 \right| + \cdots + \left| \frac{\partial f}{\partial x_n}\Delta x_n \right| \right) \tag{8-10}$$

$$\delta y = \left| \frac{\Delta y}{y} \right| = \left| \frac{\partial f}{\partial x_1} \cdot \frac{\Delta x_1}{y} \right| + \left| \frac{\partial f}{\partial x_2}\frac{\Delta x_2}{y} \right| + \cdots + \left| \frac{\partial f}{\partial x_n}\frac{\Delta x_n}{y} \right| \tag{8-11}$$

对一些常用的函数形式，可以得到以下关于误差估计的实用公式：

(1) 加法

$$y = x_1 + x_2 + \cdots + x_n \tag{8-12}$$

$$\Delta y = | \Delta x_1 | + | \Delta x_2 | + \cdots + | \Delta x_n | \tag{8-13}$$

$$\delta y = \frac{\Delta y}{| y |} = \frac{\Delta y}{| x_1 + x_2 + \cdots x_n |} \tag{8-14}$$

(2) 乘法

$$y = x_1 x_2 \tag{8-15}$$

$$\Delta y = | x_2 \Delta x_1 | + | x_1 \Delta x_2 | \tag{8-16}$$

$$\delta y = \frac{\Delta y}{| y |} = \left| \frac{\Delta x_1}{x_1} \right| + \left| \frac{\Delta x_2}{x_2} \right| \tag{8-17}$$

(3) 除法

$$y = x_1 / x_2 \tag{8-18}$$

$$\Delta y = \left| \frac{1}{x_2}\Delta x_1 \right| + \left| \frac{x_1}{x_2^2}\Delta x_2 \right| \tag{8-19}$$

$$\delta y = \frac{\Delta y}{| y |} = \left| \frac{\Delta x_1}{x_1} \right| + \left| \frac{\Delta x_2}{x_2} \right| \tag{8-20}$$

(4) 幂函数

$$y = x^{\alpha} (\alpha \text{ 为任意实数}) \tag{8-21}$$

$$\Delta y = | \alpha x^{\alpha - 1} \Delta x | \tag{8-22}$$

$$\delta y = \frac{\Delta y}{| y |} = \left| \frac{\alpha}{x}\Delta x \right| \tag{8-23}$$

(5) 对数

$$y = \ln x \tag{8-24}$$

$$\Delta y = | \alpha x^{\alpha - 1} \Delta x | \tag{8-25}$$

$$\delta y = \frac{\Delta y}{| y |} = \left| \frac{\Delta x}{x \ln x} \right| \tag{8-26}$$

(6) 根

$$y = \sqrt[n]{x} \tag{8-27}$$

$$\Delta y = \left|\frac{\sqrt[n]{x}}{n}\Delta x\right| \tag{8-28}$$

$$\delta y = \frac{\Delta y}{|y|} = \left|\frac{\Delta x}{n}\right| \tag{8-29}$$

如果 x_1，x_2，…，x_n 为随机变量，它们各自的标准误差为 σ_1，σ_2，…，σ_n，令 $y = f(x_1, x_2, \cdots, x_n)$ 为随机变量的函数，则 y 的标准误差 σ 为

$$\sigma = \sqrt{\left(\frac{\partial f}{\partial x_1}\right)^2\sigma_1^2 + \left(\frac{\partial f}{\partial x_2}\right)^2\sigma_2^2 + \cdots + \left(\frac{\partial f}{\partial x_n}\right)^2\sigma_n^2} \tag{8-30}$$

8.3.4 误差的检验

实际试验中，系统误差、偶然误差和过失误差是同时存在的，试验误差是这三种误差的组合。通过对误差进行检验，尽可能地消除系统误差，剔除过失误差，使试验数据反映事实。

1. 系统误差的发现和剔除

系统误差由于产生的原因较多、较复杂，所以系统误差不容易被发现，其规律难以掌握，也难以全部消除其影响。从数值上看，常见的系统误差有“恒定系统误差”和“可变系统误差”两类。

恒定系统误差是在整个测量数据中始终存在着的一个数值大小、符号保持不变的偏差。产生恒定系统误差的原因有测量方法或测量工具方面的缺陷等，如仪器仪表的初始零点飘移。恒定系统误差往往不能通过在同一条件下的多次重复测量来发现，只能用几种不同的测量方法或同时用几种测量工具进行测量比较，才能发现其原因和规律，并予以消除。例如，用有误差的砝码称重，不管重复多少次，都发现不了这一误差，只有用另一组准确砝码作同样的测量，才能查出这个恒定系统误差。

可变系统误差可分为积累变化、周期性变化和按复杂规律变化的系统误差三种。可变系统误差大多数可以从剩余误差中通过观察或校对来发现。下面就等精度测量中，判断可变系统误差的几种常用方法作简单介绍。

(1) 将测量数据依测量的先后次序排列，如其剩余误差的大小基本上作有规律地向一个方向变化，且符号为“－ － － － ＋ ＋ ＋ ＋”或反之，则测量列中有累积变化的系统误差。

(2) 将测量数据按测量先后次序依次排列，如其剩余误差的符号基本上作有规律的交替变化，则测量列中存在周期性变化的系统误差。

(3) 如果存在某一条件时，测量数据的剩余误差基本上保持相同的符号，而当不存在这一条件时，剩余误差都变号，则测量列中存在随测量条件改变而改变的恒定系统误差。

(4) 将测量数据依测量的先后次序排列，测量列中前一半数据的剩余误差之和与后一半数据的剩余误差之和应相等或相接近，否则该测量列中存在积累的可变系统误差。若测量列改变条件前剩余误差之和与改变条件后剩余误差之和不相等或不接近，则该测量列中存在随条件改变而改变的恒定系统误差。

(5) 当测量次数 n 很大时，根据偶然误差正态分布理论，有

$$\frac{\Sigma|v_i|}{\sqrt{n(n-1)}} \to \frac{2\sigma}{\sqrt{2\pi}}\int_0^{\infty} e^{-x}dx = \frac{2\sigma}{\sqrt{2\pi}}[e^{-x}]_0^{\infty} = \frac{2\sigma}{\sqrt{2\pi}} = 0.7979\sigma$$

$$\frac{\Sigma|v_i|}{\sqrt{n(n-1)}} = 0.7979\sigma \tag{8-31}$$

因为系统误差不服从正态分布规律，所以当测量列的标准差（通常用 $S=\sigma$）不能满足式（8-31）时，便认为其中包含有可变系统误差。式（8-31）不能用来判断恒定系统误差。

对变化规律复杂的系统误差，可根据其变化的现象，寻找其规律和原因；也可改变或调整测量方法，改用其他测量工具，来减少或消除这类系统误差。

消除系统误差有两种方法，一是事先对仪器进行率定，或研究系统误差的性质和大小，以修正量的方式从测量结果中予以扣除；二是在测量过程中，根据系统误差的性质，选择适当的测量方法，使测量数据中的系统误差可以相互抵消而不影响测量结果。

2. 过失误差的剔除

凡在测量时不能对其作出合理解释的那些误差都视为过失误差，相应的数据就是所谓的异常数据，通常认为其中包含有过失误差，应该从试验数据中剔除。

根据误差的统计规律，绝对值越大的偶然误差，其出现的概率越小；偶然误差的绝对值不会超过某一范围。因此可以选择一个范围来对各个数据进行鉴别，如果某个数据的偏差超出此范围，则认为该数据中包含有过失误差，应予以剔除。常用的判别范围和鉴别方法如下：

(1) 3σ 准则

根据偶然误差正态分布理论，误差绝对值大于 3σ 的概率仅为0.3%，是小概率事件。因此，当某个数据的误差绝对值大于 3σ 时，应剔除该数据。实际试验中，常以样本的标准差 S 代替误差 σ。

(2) 肖维纳（Chauvenet）准则

根据统计理论，较大的误差出现的概率很小，因此可以建立下述准则：在 n 次观测中，某数据的剩余误差可能出现的次数小于半次时，则剔除该数据。

进行 n 次测量，误差服从正态分布，以概率 $\frac{1}{2n}$ 去设定一判别范围 $[-\alpha\cdot\sigma,\ +\alpha\cdot\sigma]$，当某个数据的误差绝对值大于 $\alpha\cdot\sigma(|x_i-\bar{x}|>\alpha\cdot\sigma)$，即误差出现的概率小于 $\frac{1}{2n}$ 时，就剔除该数据。

(3) 格拉贝斯（Grubbs）准则

格拉贝斯是以 t 分布为基础，根据数理统计理论按危险率 α（指剔错的概率，在工程问题中置信度一般取95%，$\alpha=5\%$）和子样容量 n（即测量次数 n）求得临界值 T_0（n，α），见表8-2。如某个测量数据 x_i 的误差绝对值满足下式时

$$|x_i-\bar{x}| > T_0(n,\alpha)\cdot S \tag{8-32}$$

就剔除该数据，上式中，S 为子样的标准差。

表 8-2 T_0 (n, α)

n \ α	0.05	0.01	n \ α	0.05	0.01
3	1.15	1.16	17	2.48	2.78
4	1.46	1.49	18	2.50	2.82
5	1.67	1.75	19	2.53	2.85
6	1.82	1.94	20	2.56	2.88
7	1.94	2.10	21	2.58	2.91
8	2.03	2.22	22	2.60	2.94
9	2.11	2.32	23	2.62	2.96
10	2.18	2.41	24	2.64	2.99
11	2.23	2.48	25	2.66	3.01
12	2.28	2.55	30	2.74	3.10
13	2.33	2.61	35	2.81	3.18
14	2.37	2.66	40	2.87	3.24
15	2.41	2.70	50	2.96	3.34
16	2.44	2.75	100	3.17	3.59

采用上述方法进行鉴别时，每次仅能舍弃一个数据。

对于过失误差，更重要的是加强试验人员的工作责任心和进行严格的技术培训，避免过失误差的产生。

8.4 数据的表达方式

把试验数据按一定的规律、方式表达出来，以对数据进行分析，表示试验结果，具有文字表达所没有的直观、清楚的特点。表达的方式有表格、图像和函数。

8.4.1 表格方式

表格按其内容和格式可分为汇总表格和关系表格两类。汇总表格是把试验结果中的主要内容或试验中的某些重要数据汇集于一表之中，起着类似于摘要和结论的作用，表中的行与行、列与列之间一般没有必然关系；关系表格是把相互有关的数据按一定的格式列于表中，表中列与列、行与行之间都有一定的关系，它的作用是使有一定关系的代表两个或若干个变量的数据更加清楚地表示出变量之间的关系和规律。

表 8-3 为一汇总表格的例子，表中表示 10 个剪跨比为 1.25～1.5，设计轴压比 0.9 以上的纤维包裹钢筋混凝土柱伪静力试验主要的试件参数；表中第一列为试件编号，第二列为混凝土强度（试件的主要参数），第三列为剪跨比，第四列为纤维类型，第五列为缠绕层数，第六列为纤维包裹特征值，第七列为配箍特征值，第八列为设计轴压比，第九列为试验轴压比，第十列为在控制轴压比条件下所加的轴向竖向荷载。汇总表格的格式比较松散，可根据需要布置行列，行列可以不对齐，重要的是能清楚地表示出主要内容。

表 8－3　纤维包裹钢筋混凝土柱伪静力试验主要试件参数

编号	混凝土强度 f_{cu} (MPa)	剪跨比	纤维类型	缠绕层数	纤维包裹特征值 λ_{fv}	配箍特征值 λ_{sv}	设计轴压比	试验轴压比	竖向荷载 (kN)
C25－1	22.3	1.5	C	2	1.71	0.053	2.16	0.99	673
C25－2	22.8	1.25	C	2	1.71	0.053	2.87	1.29	897
C25－3	22.3	1.5	C	2	1.71	0.053	1.35	0.62	420
C25－4	42.0	1.5	G	2	0.17	0.030	1.00	0.42	541
C25－5	33.9	1.25	G	2	0.20	0.035	0.95	0.43	440
C25－6	35.1	1.5	G	3	0.29	0.035	0.95	0.41	440
C25－7	34.0	1.25	G	3	0.29	0.035	1.04	0.47	485
C40－1	57.3	1.5	G	4	0.24	0.022	0.98	0.42	738
C40－2	54.8	1.25	C	1	0.39	0.024	1.26	0.52	868
C40－3	53.6	1.25	G	4	0.26	0.024	0.95	0.40	653

关系表格的组成由若干有关系的变量数据列为主形成，每列都有名称，名称包括本列的变量名和单位，如位移（mm）；每一行都是在某一时刻各个变量的取值，例如某一荷载及相应的位移和应变等。这种按列布置变量数据的表格称为列表格，较为常用；表中除主要的变量数据列外，还可以根据需要加上编号列（常在最左面）和备注列以记录试验过程中的特殊现象。如情况需要，也会按行布置变量数据，组成行表格。表 8－4 为一关系表格的实例，镇海城标结构（塔状结构）模型在 Y 方向（水平方向）加载时的位移，该结构模型高 1.8m，由表中数据可清楚看到不同标高处结构位移与荷载的关系，及在某一级荷载时结构的整体变形情况。

表 8－4　Y 方向加载时的位移（镇海城标结构模型试验）

测点 / 荷载（N）	底座钢板 (±0.000)		PT (0.510)		ZG2 (1.100)	ZG1 (1.520)	备注
	Y_1 (mm)	θ_1 (10^{-4})	Y_2 (mm)	θ_2 (10^{-2})	Y_3 (mm)	Y_4 (mm)	
60	0	0	0	0	0	0	加载设备重
820	0.0184	0.5305	－0.0174	0.549	3.726	8.509	
1200	0.0226	0.7958	0.0255	0.742	5.242	10.46	
1580	0.0368	1.061	0.1634	1.04	7.413	14.49	T_1，T_2 混凝土开裂
1960	0.0552	1.592	0.4482	1.65	12.16	23.08	T_3 混凝土也开裂
2340	0.0693	1.857	0.7031	2.62	18.64	35.63	
2720	0.0435	2.122	0.628	4.63	30.55	57.2	T_1，T_2，T_3 混凝土压碎

注　Y_1，Y_2，Y_3 和 Y_4 为结构模型不同标高处的 Y 方向线位移，θ_1 和 θ_2 为不同标高处的转角位移。

表格的主要组成部分和基本要求如下：

（1）每个表格都应该有一个表格的名称，如果文章中有一个以上的表格时，还应该有表的编号。表名和编号通常放在表的顶上。

（2）表格的形式应该根据表格的内容和要求来决定，在满足基本要求的情况下，可以对细节作相应调整和变动。

(3) 不论何种表格，每列都必须有列名，它表示该列数据的意义和单位；列名都放在每列的头部，应把各列的列名都放在第一行对齐，如果第一行空间不够，可以把列名的部分内容放在表格下面的注解中去。应尽量把主要的数据列或自变量列放在靠左边的位置。

(4) 表格中的内容应尽量全面，能完整地说明问题。

(5) 表格中的符号和缩写应该采用标准格式，表中的数字应该整齐、准确。

(6) 如果需要对表格中的内容加以说明，可以在表格的下面、紧挨着表格加一注解，不要把注解放在其他任何地方，以免混淆。

(7) 应突出重点，把主要内容放在醒目的位置。

8.4.2 图像方式

试验数据还可以用图像来表达，图像表达有曲线图、形态图、直方图和馅饼图等形式，其中最常用的是曲线图和形态图。

1. 曲线图

曲线可以清楚、直观地显示两个或两个以上变量之间关系的变化过程，或显示若干个变量数据沿某一区域的分布；曲线可以显示变化过程或分布范围中的转折点、最高点、最低点及周期变化的规律；对于定性分布和整体规律分析来说，曲线图是最合适的方法。

图 8-3 为上述结构模型试验得到的各个不同高度测点的水平位移 y_1，y_2，y_3 和 y_4 与荷载的关系，y_1 和 y_2 很小，y_3 和 y_4 在荷载 1580N 以前为直线，在 1580N 以后显示出很大的塑性变形，表示结构发生开裂，并逐渐破坏。图 8-4 为结构模型在各级荷载作用下结构的整体变形情况，标高 0.510m 处发生弯折，使以上部分的水平位移大量增加，可以从图中看到变形集中在 0.510m 处，结构可能在此处发生破坏。图中曲线的数据见表 8-4。

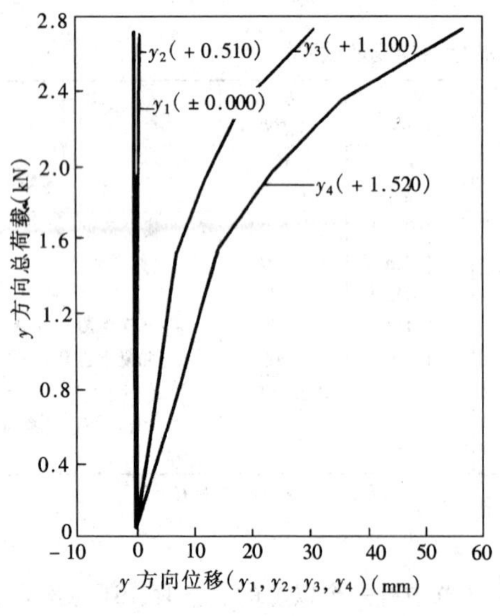

图 8-3 各测点水平位移（y 方向）与荷载的关系

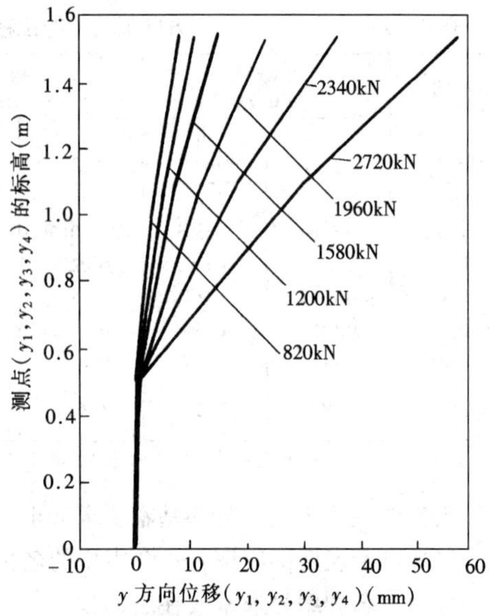

图 8-4 各级荷载作用下结构模型的整体变形

曲线图的主要组成部分和基本要求为：

(1) 每个曲线图都必须有图名，如果文章中有一个以上的曲线图，还应该有图的编号。图名和图号通常放在图的底部。

(2) 每个曲线应该有一个横坐标和一个或一个以上的纵坐标，每个坐标都应有名称；坐标的形式、比例和长度可根据数据的范围决定，但应该使整个曲线图清楚、准确地反映数据的规律。

(3) 通常取横坐标作为自变量，取纵坐标作为因变量，自变量通常只有一个，因变量可以有若干个；一个自变量与一个因变量可以组成一条曲线，一个曲线图中可以有若干条曲线。

(4) 有若干条曲线时，可以用不同线型（实线、虚线、点划线和点线等）或用不同的标记（+、□、△、×等）加以区别，也可以用文字说明来区别。

(5) 曲线必须以试验数据为根据，对试验时记录得到的连续曲线，如 $X-Y$ 函数记录仪记录的曲线，光线示波器记录的振动曲线等，可以直接采用，或加以修整后采用；对试验时非连续记录得到的数据和把连续记录离散化得到的数据，可以用直线或曲线顺序相连，并应尽可能用标记标出试验数据点。

(6) 如果需要对曲线图中的内容加以说明，可以在图中或图名下加上注解。

由于各种原因，在试验直接得到的曲线上会出现毛刺、振荡等，影响对试验结果的分析。对于这种情况，还可以用二次抛物线或三次抛物线的滑动平均法，对试验曲线进行修匀、光滑处理。

2. 形态图

结构在试验时的各种难以用数值表示的形态，可以用图像表示。这类的形态如混凝土结构的裂缝情况、钢结构的屈曲失稳状态、结构的变形状态、结构的破坏状态等等，这种图像就是形态图。

形态图的制作方式有照相和手工画图，照片形式的形态图可以真实地反映实际情况，但有时却把一些不需要的细节也包括在内；手工画的形态图可以对实际情况进行概括和抽象，突出重点，更好地反映本质情况。制图时，可根据需要作整体图或局部图，还可以把各个侧面的形态图连成展开图。制图还应考虑各类结构的特点、结构的材料、结构的形状等。

形态图用来表示结构的损伤情况、破坏形态等是其他表达方法不能代替的。

3. 直方图和馅饼图

直方图的作用之一是统计分析，通过绘制某个变量的频率直方图和累积频率直方图来判断其随机分布规律，如图8-5所示。为了研究某个随机变量的分布规律，首先要对该变量进行大量的观测，然后按照以下步骤绘制直方图：

(1) 从观测数据中找出最大值和最小值；

(2) 确定分组区间和组数，区间宽度为 Δx；

(3) 算出各组的中值；

(4) 根据原始记录，统计各组内测量值出现的频数 m；

(5) 计算各组的频率 f_i（$f_i = m_i/\sum m_i$）和累积频率；

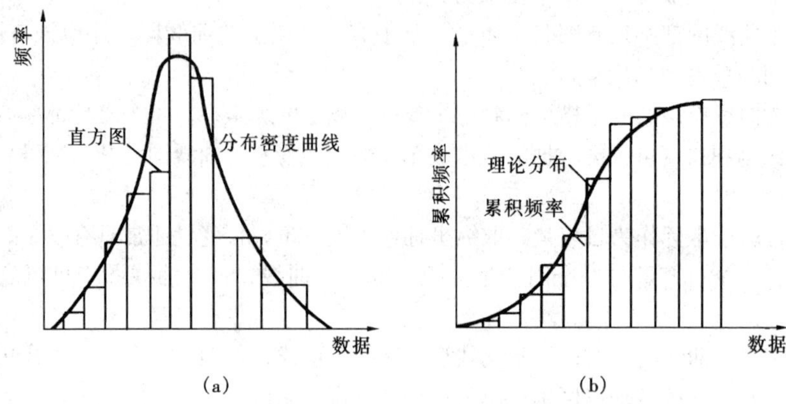

图 8-5 频率直方图和累积频率图

(a) 频率直方图；(b) 累积频率图

(6) 绘制频率直方图和累积频率直方图，以观测值为横坐标，以频率密度（$f_i/\Delta x$）为纵坐标，在每一分组区间，作以区间宽度为底、频率密度为高的矩形，这些矩形所组成的阶梯形称为频率直方图；再以累积频率为纵坐标，可绘出累积频率直方图。从频率直方图和累积频率直方图的基本趋向，可以判断该随机变量的分布规律。

直方图的另一个作用是数值比较，把大小不同的数据用不同长度的矩形来代表，可以得到一个更加直观的比较。馅饼图中，用大小不同的扇形面积来代表不同的数据，得到一个更加直观的比较。

8.4.3 函数方式

试验数据之间存在着一定的关系，把这种关系用函数形式表示，这种表达更精确、完善。为试验数据之间的关系建立一个函数，包括两项工作：一是确定函数形式，二是求函数表达式中的系数。试验数据之间的关系是复杂的，很难找到真正反映这种关系的函数，但可以找到一个最佳的近似函数。常用来建立函数的方法有回归分析、系统识别等方法。

1. 确定函数形式

由试验数据建立函数，首先要确定函数的形式，函数的形式应能反映各个变量之间的关系。有了一定的函数形式，才能进一步利用数学手段来求得函数表达式中的各个系数。

函数形式可以从试验数据的分布规律中得到，通常是把试验数据作为函数坐标点画在纸上，根据这些函数坐标点的分布或由这些点连成的曲线的趋势，确定一种函数形式。在选坐标系和坐标变量时，应尽量使函数点的分布或曲线的趋势简单明了，如呈线性关系；还应设法通过变量代换，将原来关系不明确的转变为明确的，将原来呈曲线关系的转变为呈线性关系的。常用的函数形式以及相应的线性转换见表 8-5。还可以采用多项式如：

$$y = a_0 + a_1x + a_2x^2 + \cdots + a_nx^n \tag{8-33}$$

表 8-5　　常见函数形式以及相应的线性变换

图 形 及 特 征	名 称 及 方 程
$a>0$, $b<0$；$a>0$, $b>0$	双曲线 $\frac{1}{Y}=a+\frac{b}{X}$
	令 $Y'=\frac{1}{Y}$，$X'=\frac{1}{X}$，其中 $Y'=a+bX'$
$b>0$（$b>1$，$b=1$，$0<b<1$）；$b<0$（$-1<b<0$，$b=-1$，$b<-1$）	幂函数曲线 $Y=rX^{b}$
	令 $Y'=\lg Y$，$X'=\lg X$，$a=\lg r$，则 $Y'=a+bX'$
$b>0$；$b<0$	指数函数曲线 $Y=re^{bX}$
	令 $Y'=\ln Y$，$a=\ln r$，则 $Y'=a+bX$
$b<0$；$b>0$	指数函数曲线 $Y=re^{\frac{b}{X}}$
	令 $Y'=\ln Y$，$X'=\frac{1}{X}$，$a=\ln r$，则 $Y'=a+bX'$
$b>0$；$b<0$	对数曲线 $Y=a+b\lg X$
	令 $X'=\lg X$，则 $Y=a+bX'$
	S 型曲线 $Y - \frac{1}{a+be^{-X}}$
	令 $Y'=\frac{1}{Y}$，$X'=e^{-X}$，则 $Y'=a+bX'$

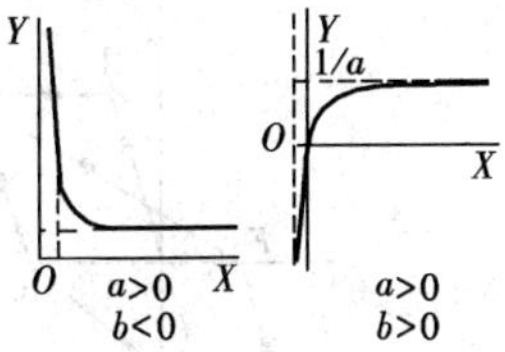

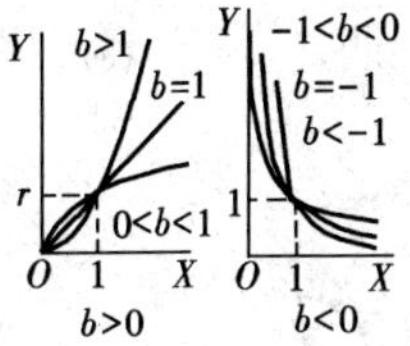

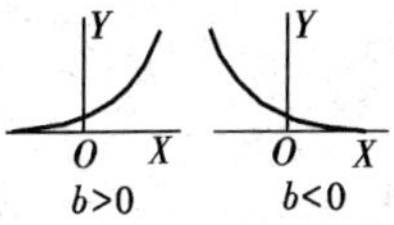

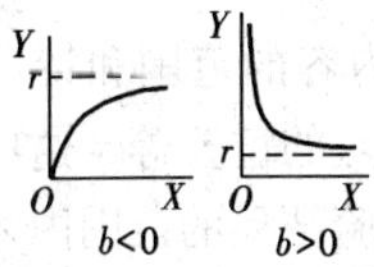

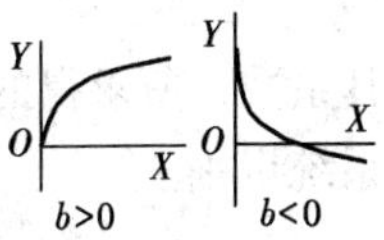

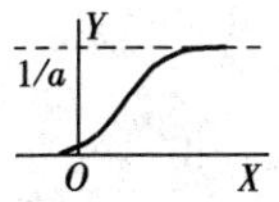

对于研究结构的恢复力特性，可以采用如图 8-6 所示的函数形式。如果所研究的问题有两个或两个以上的自变量，则可以选择二元函数或多元函数。

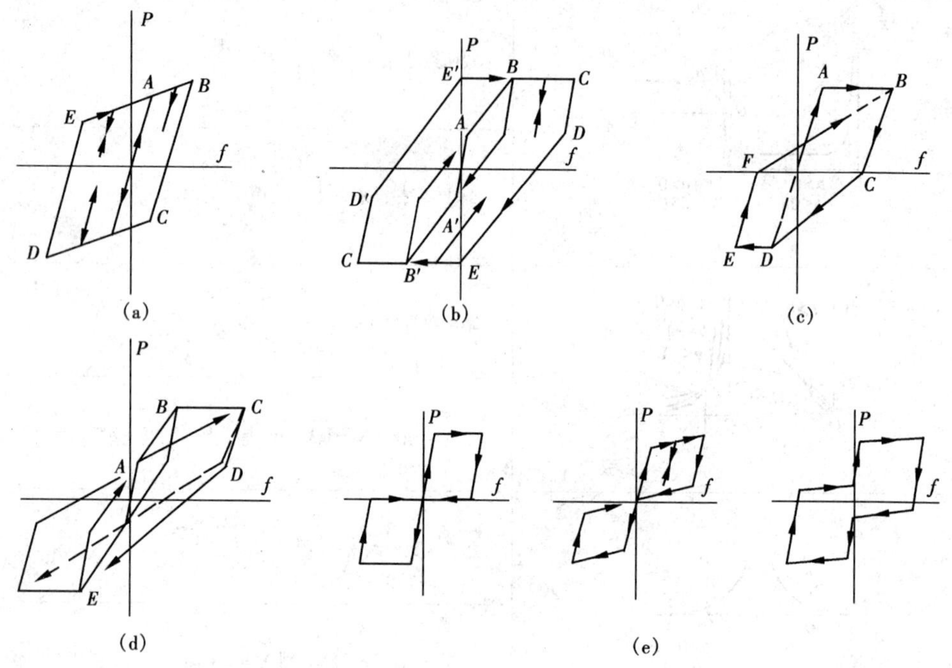

图 8-6 结构的恢复力模型

(a) 双线型模型；(b) 三线型模型；(c) Clough 模型；(d) D-TRI 模型；(e) 滑移型模型

确定函数形式时，应该考虑试验结构的特点，考虑试验内容的范围和特性。例如是否经过原点，是否有水平或垂直，或沿某一方向的渐进线，极值点的位置等，这些特征对确定函数形式很有帮助。严格地说，所确定的函数形式，只是在试验结果的范围内才有效，只能在试验结果的范围内使用；如要把所确定的函数形式推广到试验结果的范围之外，应该要有充分的依据。

2. 求函数表达式的系数

对某一试验结果，确定了函数形式后，应通过数学方法求其系数，所求得的系数使得这一函数与试验结果尽可能相符。常用的数学方法有回归分析和系统识别。

(1) 回归分析

设试验结果为 (x_i, y_i) ($i=1, 2\cdots n$)，用一函数来模拟 x_i 与 y_i 之间的关系，这个函数中有待定系数 a_j ($j=1, 2\cdots m$)，可写为

$$y = f(x, a_j; j = 1, 2\cdots m) \tag{8-34}$$

式中 a_j——回归系数。

求这些回归系数所遵循的原则是：当将所求到的系数代入函数式中，用函数式计算得到数值（也称回归值），应与试验结果呈最佳近似。通常用最小二乘法来确定回归系数 a_j。

所谓最小二乘法，就是使由函数式得到的回归值与试验值的剩余误差平方之和 Q 为最小，从而确定回归系数 a_j 的方法。Q 可以表示为 a_j 的函数：

$$Q = \sum_{i=1}^{n}[y_i - f(x, a_j; j = 1,2\cdots m)]^2 \tag{8-35}$$

式中　x_i，y_i——试验结果。

根据微分学的极值定理，要使 Q 为最小的条件是把 Q 对 a_j 求偏导数并令其为零，即

$$\frac{\partial Q}{\partial a_j} = 0 \qquad (j = 1,2\cdots m) \tag{8-36}$$

求解以上方程组，就可以解得使 Q 值为最小的回归系数 a_j。

1）一元线性回归分析

设试验结果 x_i 与 y_i 之间存在着线性关系，可得直线方程如下：

$$y = a + bx \tag{8-37}$$

相对的偏差平方之和 Q 为

$$Q = \sum_{i=1}^{n}(y_i - a - bx_i)^2 \tag{8-38}$$

把 Q 对 a 和 b 求偏导、并令其等于零，可解得 a 和 b 如下：

$$b = \frac{L_{xy}}{L_{xx}} \tag{8-39}$$

$$a = \bar{y} - b\bar{x} \tag{8-40}$$

式中　$\bar{x} = \frac{1}{n}\sum_{i=1}^{n}x_i, \bar{y} = \frac{1}{n}\sum_{i=1}^{n}y_i, L_{xx} = \sum_{i=1}^{n}(x_i - \bar{x})^2, L_{xy} = \sum_{i=1}^{n}(x_i - \bar{x})(y_i - \bar{y})$。

设 γ 为相关系数，它反映了变量 x 和 y 之间线性相关的密切程度，γ 由下式定义

$$\gamma = \frac{L_{xy}}{\sqrt{L_{xx}L_{yy}}} \tag{8-41}$$

式中　$L_{yy} = \sum_{i=1}^{n}(y_i - \bar{y})^2$。

显然，$|\gamma| \leqslant 1$。当 $|\gamma| = 1$，称为完全线性相关，此时所有的数据点（x_i，y_i）都在一条直线上；当 $|\gamma| = 0$，称为完全线性无关，此时数据点的分布毫无规律，$|\gamma|$ 越大，线性关系越好；$|\gamma|$ 很小时，线性关系很差，这时再用一元线性回归方程来代表 x 与 y 之间的关系就不合理了。表 8-6 为对应于不同的 n 和显著性水平 α 下的相关系数的起码值，当 $|\gamma|$ 大于表中相应的值，所得的直线回归方程才有意义。

表 8－6 相关系数检验表

$n-2$ \ α	0.05	0.01	$n-2$ \ α	0.05	0.01
1	0.997	1.000	21	0.413	0.526
2	0.950	0.990	22	0.404	0.515
3	0.878	0.959	23	0.396	0.505
4	0.810	0.917	24	0.388	0.496
5	0.754	0.874	25	0.981	0.487
6	0.707	0.834	26	0.374	0.478
7	0.566	0.798	27	0.367	0.470
8	0.632	0.765	28	0.361	0.463
9	0.602	0.735	29	0.355	0.456
10	0.576	0.708	30	0.349	0.449
11	0.553	0.684	35	0.325	0.418
12	0.532	0.661	40	0.304	0.393
13	0.514	0.641	45	0.288	0.372
14	0.497	0.623	50	0.273	0.354
15	0.482	0.606	60	0.250	0.325
16	0.468	0.590	70	0.232	0.302
17	0.456	0.575	80	0.217	0.283
18	0.444	0.561	90	0.205	0.267
19	0.433	0.549	100	0.195	0.254
20	0.423	0.537	200	0.138	0.181

2）一元非线性回归分析

若试验结果 x_i 和 y_i 之间的关系不是线性关系，可以利用表 8－5 进行变量代换，转换成线性关系，再求出函数式中的系数；也可以直接进行非线性回归分析，用最小二乘法求出函数式中的系数。对变量 x 和 y 进行相关性检验，可以用下列的相关指数 R^2 来表示：

$$R^2 = 1 - \frac{\Sigma(y_i - y)^2}{(y_i - \bar{y})^2} \quad (8-42)$$

式中 $y = f(x_i)$——把 x_i 代入回归方程得到的函数值；

y_i——试验结果；

$\bar{y}$——试验结果 y_i 的平均值。

相关指数 R^2 的平方根 R 也可称为相关系数，但它与前面的线性相关系数不同。相关指数 R^2 和相关系数 R 是表示回归方程或回归曲线与试验结果拟合的程度，R^2 和 R 趋近 1 时，表示回归方程的拟合程度好；R^2 和 R 趋向零时，表示回归方程的拟合程度不好。

3）多元线性回归分析

当所研究的问题中有两个以上的变量，其中自变量为两个或两个以上时，应采用多元回归分析。另外，由于许多非线性问题都可以转化为多元线性回归问题，所以，多元线性回归分析是最常用的。设试验结果为（x_{1i}，x_{2i}，…，x_{mi}，y_i；$i = 1, 2, \cdots, n$），其中自变量为 x_{ji}（$j = 1, 2, \cdots m$），y 与 x_j 之间的关系由下式表示：

$$y = a_0 + a_1x_1 + a_2x_2 + \cdots + a_mx_m \quad (8-43)$$

式中 a_j（$j = 0, 1, 2, \cdots m$）——回归系数，用最小二乘法求得。

(2) 系统识别方法

在结构动力试验中，常常需要由已知对结构的激励和结构的反应，来识别结构的某些参数，如刚度、阻尼和质量等。把结构看作一个系统，对结构的激励是系统的输入，结构的反应是系统输出，结构的刚度、阻尼和质量等就是系统的特性。系统识别就是用数学的方法，由已知的系统的输入和输出，找出系统的特性或它的最优的近似解。在模拟地震振动台试验中，可以用系统识别方法来确定试验结构的某些动力参数，如刚度、阻尼和质量，或恢复力模型，通常是已有结构特性的模型形式，要求模型中的参数，基本步骤如下：

1) 建立数学模型和选定需要识别的参数

建立试验结构在地震加速度作用下的运动方程，选定一个恢复力模型和阻尼形式，选定刚度或恢复力模型中的控制点参数和阻尼作为需要识别的参数。通常，不把质量作为要识别的参数。

2) 构造误差函数

以在确定的动力激励时间内，结构的实际反应与计算反应之差的平方和作为误差函数。结构的实际反应为试验中实际测得，即结构的系统输出；计算反应是以振动台台面运动加速度作为输入，利用假定的恢复力模型和阻尼等参数，通过对运动方程的积分得到。

3) 对选定的系统参数进行优化

选用一种参数优化方法，对参数进行优化迭代，直至误差函数值小于某一规定的数值。常用的参数优化方法是单纯形法。从一系列给定的参数出发，计算动力反应和误差函数，如果误差函数不满足规定的精度要求，则用反射、压缩和扩张三种方式形成新的参数系列，进行迭代；用新的参数系列计算动力反应和误差函数，并进行判别，如果误差函数仍不满足要求，则再进行迭代；直到某一个参数列的误差函数满足要求时，该参数列就是需要识别的参数，迭代终止。

用以上方法得到的函数，应该在试验结果的范围内使用，一般不要外推。即使有相当的根据，也应谨慎从事。

参考文献

1. 湖南大学，太原工业大学，福州大学合编．建筑结构试验．北京：中国建筑工业出版社，1991
2. 王娴明编著．建筑结构试验．北京：清华大学出版社，2001
3. 姚谦峰，陈平编著．土木工程结构试验．北京：中国建筑工业出版社，2001
4. 李忠献．工程结构试验理论与技术．天津：天津大学出版社，2004
5. 马永欣，郑山锁．结构试验．北京：科学出版社，2001
6. 姚振纲，刘祖华主编．建筑结构试验．上海：同济大学出版社，1996
7. 张亚非编著．建筑结构检测．武汉：武汉工业大学出版社，1995
8. 宋彧，李丽娟，张贵文编．建筑结构试验．重庆：重庆大学出版社，2001